新型 La-TZM 钼合金制备及性能

王快社 胡 平 著

科学出版社

北京

内 容 简 介

本书主要介绍了新型 La-TZM 钼合金的制备技术与性能调控方式，系统地研究了新型 La-TZM 钼合金的力学性能及强韧化机理、低氧控制、防氧化和抗腐蚀性能，可为制备高性能的钼合金提供技术支持。全书共 4 章，主要内容包括：钼合金强韧化和性能研究进展及其存在的问题、新型 La-TZM 钼合金的力学性能及强韧化机制、新型 La-TZM 钼合金的低氧和抗氧化性能研究及新型 La-TZM 钼合金的抗腐蚀性研究。

本书可供从事难熔金属、钼材料及粉末冶金相关研究的科研人员、高等学校教师或相关企业工程技术人员阅读，也可作为金属材料及相关专业本科生和研究生的教学参考书。

图书在版编目（CIP）数据

新型 La-TZM 钼合金制备及性能/王快社，胡平著. —北京: 科学出版社，2022.6
　ISBN 978-7-03-072229-4

Ⅰ. ①新… Ⅱ. ①王… ②胡… Ⅲ. ①钼合金–制备 ②钼合金–性能
Ⅳ. ①TG146.4

中国版本图书馆 CIP 数据核字（2022）第 077518 号

责任编辑：赵敬伟　杨　探 / 责任校对：彭珍珍
责任印制：吴兆东 / 封面设计：无极书装

科 学 出 版 社 出版
北京东黄城根北街 16 号
邮政编码：100717
http://www.sciencep.com

北京建宏印刷有限公司 印刷
科学出版社发行　各地新华书店经销
*
2022 年 6 月第 一 版　开本：720×1000　B5
2022 年 6 月第一次印刷　印张：18 3/4
字数：375 000
定价：189.00 元
(如有印装质量问题，我社负责调换)

序

钼 (Mo) 是一种重要的稀有难熔金属和战略资源，钼合金因其高温强度高、高温蠕变速率低、耐磨耐蚀性能好、线膨胀系数低等优点，广泛应用于航空航天、核能核电、国防军工、现代医疗、金属加工等领域，是不可或缺的高温结构材料。如在国防领域用作火箭鼻锥、发动机喷管、飞行器前缘、导向舵、隔热屏及各种固定零件；在核电领域用于高温液态金属冷却反应堆的燃料包壳和堆芯结构材料、热离子堆二极管的发射极材料；在机械加工领域，用作无缝钢管的穿孔顶头；在医疗器械领域，用作 CT 球管用旋转阳极靶；在照明领域用作支架、引入导线、阳极、阴极、栅极、封接材料；在玻璃纤维行业常作为电极材料。但是，钼脆性大、塑-脆转变温度高和比强度低的本征缺陷，严重限制了其深加工可行性和进一步的推广应用。因此，研究高强韧钼合金材料关键制备技术及应用，保障我国战略基础材料高质高值化，是国家的重大需求。

由于钼缺乏随温度变化发生晶体学相变的性质，所以通过热处理强韧化的可能性不大。另外，钼塑性差，仅依靠有效的变形量产生晶粒破碎作用达到细晶强韧化的效果不易实现。因此，钼强韧化的主要途径是合金化。为此国内外陆续开发了 Mo-Ti、Mo-La、TZM、TZC 等系列钼合金。其中，TZM (0.4%~0.6%Ti，0.07%~0.12%Zr，0.01%~0.04%C) 合金是应用最广泛的钼合金之一。TZM (钼钛锆) 合金中 Ti 和 Zr 固溶到钼基体后由于原子半径差会使钼发生晶格畸变，且能形成颗粒增强相，对合金同时起到固溶强化和弥散强化的效果，使钼合金强度和再结晶温度提高。但 TZM 合金的强韧化作用有限，并且合金在烧结中锆、钛易与基体中的杂质氧生成氧化锆、氧化钛等氧化物，变形时氧化物形成晶间脆性相，引发裂纹源，使合金的塑性降低。而随着科技的发展，高端装备对钼合金综合强韧性能的要求进一步提高。

王快社教授团队十余年来一直致力于钼合金的强韧化和综合性能的研究。他们将材料科学与工艺技术相结合进行创新性研究，立足于国家重大战略高端装备关键基础材料的需求，设计制备了新型 La-TZM 高性能钼合金。其基本思想是：综合稀土掺杂细晶强韧化、多元固溶强韧化、第二相错配弥散强韧化等多种强韧化机制，制备多元多相复合强韧化新型钼合金。开发了超声加湿均匀合金化技术、有机低碳控氧和细晶均质化烧结技术，攻克了钼合金难以兼备高强度高韧性的难题，揭示了 La-TZM 钼合金"高弥散-低错配"复合强韧化机制，并分析了其高温防氧化、电弧烧蚀、介质腐蚀和高温力学性能。

该书系统阐述了钼合金强韧化机制、方式及其力学、防氧化及抗腐蚀性能的最新研究进展；揭示了新型 La-TZM 钼合金微观组织调控对室温、高温力学性能的影响规律，结合多元强化相错配度计算和界面电子经验理论阐明了 La-TZM 钼合金强韧化机制；研究了低氧高致密 TZM 钼合金制备，分析了不同球磨工艺、颗粒级配及不同碳源引入方式对合金致密度及氧含量的影响规律。另外，揭示了 La-TZM 钼合金的高温氧化机制，设计制备出多元体系抗氧化涂层；对比分析了纯 Mo、TZM 及 La-TZM 钼合金在不同介质中的腐蚀行为，阐明了钼在不同介质中的腐蚀规律，并从第二相的角度分析了 La-TZM 钼合金在不同介质中耐腐蚀性能的行为规律。同时，该书还汲取了国内外同行的研究成果，丰富了其内容。相信该书对于难熔金属粉末冶金和材料加工领域的研究生、科研工作者和企业技术人员了解高性能钼合金的发展现状和国内外动态具有重要的作用。

特作序推荐。

中国工程院院士

2022 年 06 月

前　　言

钼是重要的战略资源，具有熔点高、导电导热性好、强度大和热膨胀系数低等一系列性能优势，被广泛应用在军事工业、航天技术、冶金工业和电子工业等领域，在国防军工和国民经济领域具有不可取代的关键作用。然而，钼材料由于具有脆性大、难变形、易氧化等本征特性，致使加工过程中成材率较低，易产生缺陷，且高温服役过程中极易被氧化，显著弱化其力学性能，降低使用寿命，极大地限制了钼材料的工业应用。与此同时，随着钼及钼合金应用领域的不断扩大，合金在强蚀环境中的使用要求越来越高，抗腐蚀性也成为一个亟待解决的关键问题。因而，开发新的钼合金及相关技术来攻克以上难题有利于充分发挥钼材料的优势，扩大钼合金的应用领域。本书将为读者介绍一种新型 La-TZM 钼合金 (镧-钼钛锆合金) 的制备技术与性能调控方式，采用多元强化相的错配度和界面电子经验理论计算实现了合金的强韧化，并揭示了调控后合金的组织与力学性能、抗氧化和抗腐蚀性能之间的关系，全面提高了钼合金的综合性能，拓宽了钼合金的研究内涵和应用范围，一定程度上满足了国家重大战略高端装备关键基础材料的需求。

然而，La-TZM 钼合金作为一种尚在快速发展的新型合金与新技术，在笔者成书之前，还没有一本系统论述新型 La-TZM 钼合金制备及性能的专著问世，相关技术与理论只散见于大量的期刊和会议文献中。为了促进新型 La-TZM 钼合金相关理论与技术的发展，笔者系统地总结了近十年研究新型 La-TZM 钼合金的学术成果，同时也吸纳了世界上本领域学者已经公开的研究成果，撰写了这部学术著作。本书对新型钼合金的设计和工程应用具有一定的指导和借鉴意义，希望对相关领域的研究和应用工作有所帮助。本书不仅可作为高等院校和研究院所金属材料及相关专业的教师和研究生的教学与科研用书，也可供从事难熔金属及高温结构材料研究和生产的科技工作者阅读。

本书分为 4 章，第 1 章为绪论，主要论述了钼与钼合金的特点及其脆性的主要来源，并综述了钼合金强韧化机制以及其力学性能、抗氧化及抗腐蚀性能最新研究进展，指出了现如今研究中存在的问题，引出了本书研究的内容和重要意义。第 2 章为 La-TZM 钼合金的力学性能及强韧化机制，论述了新型钼合金组织调控的多种手段，从掺杂方式、合金元素含量与加工工艺参数等多个维度分析了对新型 La-TZM 钼合金室温与高温力学性能的影响规律，并利用多元强化相的错配度和界面电子经验理论阐明了合金的强韧化机制；第 3 章为 La-TZM 钼合金的低氧性和抗氧化性能，介绍了低氧高致密 TZM 钼合金制备过程，对比分析了不同球磨工艺、颗粒级配工艺以及不同碳源引入方式对合金组织致密程度及氧含量的影响规律。同时，阐述了 La-TZM 钼合金的高温氧化机制，设计了 La-TZM 钼合金及 TZM 钼合金多体系钼合金抗氧化涂层。第 4 章为 La-TZM 钼合金的抗腐蚀性研究，对比分析了 Mo 金属、TZM 及 La-TZM 钼合金在不同腐蚀介质中的腐蚀行为，揭示了钼材料在不同介质中的腐蚀规律和机理，并从第二相的角度阐述了 La-TZM 钼合金在不同腐蚀介质中耐腐蚀性能的变化规律。

　　本书的相关工作主要依托于西安建筑科技大学功能材料加工国家地方联合工程研究中心完成。感谢课题组的研究生胡卜亮、杨帆、王鹏洲、康轩齐、何欢承、于志涛、谭江飞、宋瑞、邓洁、李秦伟等为本书研究工作做出的贡献，感谢华兴江、李世磊、邢海瑞、刘通、何朝军等同学为本书编辑工作提供的帮助。

　　由于作者知识水平有限，书中难免有不足之处，敬请广大读者批评指正。

王快社　胡　平

2021 年 8 月

目　　录

第 1 章 绪 论

1.1 钼 的 概 述

钼是一种银白色，硬且坚韧的难熔稀有金属，与普通金属相比难熔金属钼及其合金能在更高的温度下使用。钼元素发现于 1778 年，瑞典科学家卡尔·威尔海姆·舍勒 (Scheele) 用硝酸分解辉钼矿时得到了钼酸，同年成功制取了钼酸并得到了氧化钼 [1,2]。钼在地球上的蕴藏量非常少，其含量仅占地壳质量的 1×10^{-4}%，其在地壳中的丰度为 1×10^{-6}%。根据美国地质勘探局 (USGS)2018 年的统计数据，全球钼储量约为 1700 万吨，其中将近 50% 分布在中国，而美国、智利及秘鲁三国合计拥有全球钼存储量的 39%，其余分散在其他国家。我国钼资源主要集中在河南、陕西和吉林三省，占全国钼资源储量的 56.7%。钼得益于其高熔点、高弹性模量、高耐磨性、良好的导电导热性能、低热膨胀系数、良好的耐腐蚀性等性能而在机械加工、化学工业、石油工业、冶金工业、金属加工工业、航天航空、核能技术、国防军工、高端医疗等领域都具有不可替代性，是重要的战略材料。

1.1.1 钼的物理性质

钼属于元素周期表中第五周期 (第二长周期) 的 VIB 族。其熔点为 2622℃，仅次于碳、钨、铼、锇和钽。室温下其密度为 $10.2g/cm^3$，仅为钨的 1/2。与钨相比钼更易于加工，可以加工成很薄的箔材和很细的丝材。钼的主要物理性质见表 1-1。

表 1-1   钼的主要物理性质 [3-6]

物理量	参数值
原子序数	42
相对原子质量	95.94
自由原子的电子层结构	$1s^2\ 2s^22p^63s^2\ 3p^6\ 3d^{10}4s^2\ 4p^64d^55s^1$
原子体积/(cm^3/mol)	9.42
密度/(g/cm^3)	10.2
晶体结构	立方晶体
晶格常数/nm	0.31467～0.31475
熔点/℃	2622±10
沸点/℃	4804
比热容/$(W/(g\cdot K))$	20℃: 0.245；100℃: 0.260；1400℃: 0.314
热导率/$(W/(m\cdot K))$	20℃: 146.5；1000℃: 98.8

续表

物理量	参数值
电阻率/(Ω·cm)	0℃: 5.2
	27℃: 5.78
	727℃: 23.9
	1127℃: 35.2
	1330℃: 41.1
	1730℃: 53.1
	2327℃: 71.8
硬度/(HB/MPa)	烧结态: 1470~1568
	锻造态: 1960~2254
	轧制态: 2352~2450
	退火态: 1372~1813
极限抗拉强度/MPa	钼丝 (与直径相关, 伸长率 2%~5%): 1372~1568
	退火态钼丝 (伸长率 20%~25%): 784~1176;
	单晶钼丝 (伸长率%): 343
弹性模量 (钼丝 (直径 0.5~1.0mm))/MPa	$2.79 \times 10^{-5} \sim 2.94 \times 10^{-5}$
屈服点 (钼丝 (未退火态))/MPa	400~600
热膨胀系数/(1/K)	0~20℃: 5.3×10^{-6}
	25~700℃: $(5.8 \sim 6.2) \times 10^{-6}$
韧脆转变温度 (变形率 90% 以上)/℃	$-40 \sim +40$

1.1.2 钼的化学性质

钼的化学性质如下[7-9]。

钼可以呈 0 价、+2 价、+3 价、+4 价、+5 价、+6 价。+5 价、+6 价是其最常见的价态。常温下, 钼在空气中是稳定的。钼的低氧化态化合物呈碱性, 而高氧化态化合物呈酸性。钼的最稳定价态为 +6 价, 欠稳定的低价态为 +5 价、+4 价、+3 价和 +2 价。

钼与某些非金属元素、金属元素及酸碱的作用情况分别见表 1-2、表 1-3、表 1-4。

表 1-2 钼与非金属元素的作用情况

物质	作用情况
O_2	钼在空气中几乎不反应; 当温度在 400℃ 时, 发生轻微氧化 (可看到氧化色); 500~600℃ 时, 迅速氧化, 平均氧化速度 (g/(cm²·min)) 为 400℃: 1.7×10^{-4}; 500℃: 27×10^{-4}; 600℃: 600×10^{-4}; 在 600~700℃ 时, 氧化成 MoO_3 挥发, 速度受 MoO_3 挥发速度控制; 当温度高于 700℃ 时, 水蒸气会将钼强烈氧化成 MoO_2
H_2	钼一直到它熔化都不会与 H_2 发生任何反应。但钼在 H_2 中加热时, 能吸收一部分 H_2 生成固溶体。例如: 在 1000℃ 时, 100g 金属钼能吸收 0.5cm³ 的 H_2, 而在 300℃ 时钼粉就可以吸收 H_2。

物质	作用情况
N_2	1200℃ 以上时，氮气会迅速溶于钼。
F_2	在室温下迅速反应，60℃ 生成 MoF_6，当有 O_2 存在时生成 Mo_2OF_2 或 $MoOF_4$。
Cl_2	在 230℃ 以下对干燥的氯气有很强的耐蚀性，温度超过 250℃ 易被湿氯腐蚀。
Br_2	在 450℃ 以下对干燥的溴有很强的耐蚀性，与湿溴在空气中易发生作用。
I_2	碘在 500~800℃ 开始与钼发生反应。
S	干燥硫蒸气在赤热下与钼发生反应。
C	石墨在 1200℃ 左右与钼作用生成 MoC。

表 1-3　钼与金属元素的作用情况

物质	作用情况
Bi	在液体铋中 1430℃ 下 2h 无明显腐蚀。
Li	在液体锂中 1200~1600℃ 时，钼的表观溶解度为 $(9\pm5)\times10^{-6}$。
Na	在液体钠中 900~1200℃ 钼具有良好的耐蚀性，1500℃ 浸 100h 后发现晶界腐蚀，在含 0.5%O_2 的钠中 700℃ 时钼开始腐蚀。
K	在液体钾中 1205℃ 下钼有耐蚀性，在含 15×10^{-6} 的 O_2 的液体钾中在 767℃ 和 1043℃ 时钼的溶解度分别为 6×10^{-6} 和 13×10^{-6}，在含 $5\times10^{-3}O_2$ 的液体钾中 923K 时溶解度为 0.02%。
Rb	在液态铷中 1040℃ 浸 500h 未发现钼被腐蚀。
Be	1000℃ 时与钼反应生成 $MoBe_2$，Mo-Be 二元系中存在 $MoBe_2$、$MoBe_{12}$ 等化合物。
Pb	在 1098℃ 下钼具有良好的耐蚀性。
Hg	在 600℃ 下钼具有良好的耐蚀性。

表 1-4　钼与酸碱的作用情况

物质	作用情况
盐酸	常温下稳定，5%HCl 在 70℃ 和沸腾下对钼的腐蚀速度分别为每年 1.1×10^{-6}m 和 3.6×10^{-6}m。
硫酸	常温下稳定，20%H_2SO_4 在 70℃ 和 205℃ 下对钼的腐蚀速度分别为每年 0.82×10^{-6}m 和 3.7×10^{-6}m。
氢氟酸	常温下稳定，25%HF 在 100℃ 时对钼的腐蚀速度为每年 20×10^{-6}m。
硝酸	在 H_2F_2 和 HNO_3 中钼迅速溶解，在硝酸及王水中常温下钼溶解缓慢，HNO_3:H_2SO_4:H_2O=5:5:2(体积) 的混合酸迅速与钼反应。
碱溶液	在常温及高温下钼稳定，但有氧化剂存在时，迅速氧化成钼酸盐。

1.2 钼合金研究现状

1.2.1 钼金属的脆性

现代钼结构材料的工业应用对其尺寸稳定性与抗蠕变性提出了更高的要求,尺寸稳定性和抗蠕变性能需要材料具有足够的强度和韧性。脆性断裂是影响金属材料使用寿命的一项重要因素,若材料中应力过于集中,则其塑性变形小,金属材料容易发生脆性断裂[10]。采用粉末冶金法生产的钼制品经过锻造、轧制、拉拔等变形后,在高温使用过程中,组织逐步松弛,在 900℃ 便开始发生再结晶。再结晶后金属钼容易出现脆性断裂,材料的性能会大幅度降低[11]。钼的脆性主要有三个来源:一是钼的本征脆性;二是间隙杂质在晶界上的富集;三是低温再结晶脆性。

1.2.1.1 钼的本征脆性

钼的本征脆性主要由钼原子外层和次外层电子分布特点所决定[12]。钼原子的最外层和次外层电子均为半满状态 ($4d^5 5s^1$),即存在不饱和的最外层 d 电子层。d 电子层呈非对称分布,呈四瓣花瓣形 (图 1-1(a)),原子结合力有方向性,因此 d 层电子相互作用时表现出共价键本性,而次外层 s 电子层为球对称 (图 1-1(b)),体现了金属键的本性[13]。

(a)   (b)

图 1-1 Mo 原子外层电子运动形式[12]

(a) d 层电子; (b) s 层电子

在高温的作用下,最外层的电子因为受到原子核的束缚作用比较小,它会脱离原子轨道,成为自由电子,所以高温下钼主要是金属键起作用,以塑性变形为主;随着温度不断地降低,$4d^5$ 外层电子开始起主导作用,当温度低于韧脆转变温度 (DBTT) 时表现出共价键特征,与此同时,材料中晶格阻力急剧增大,可动位错减少，交滑移变得困难，位错运动开始倾向于平面滑移，导致在钼晶界上产生局部应力集中，发生沿晶脆性断裂 [12]。

钼在变形过程中易形成平行于 (001) 轧面的织构和平行于 (111) 轧面的织构。平行于 (111) 轧面的晶粒具有较高的间隙原子溶解度，使大量的杂质偏聚到 (111) 轧面上，从而极大地影响了平行于 (111) 轧面的晶粒表面结合能，45° 裂纹便沿此方向形成并扩展 [13]。研究发现，钼合金的横向塑性差与 ⟨110⟩ 织构有很大关系 [14]，这是因为 ⟨110⟩ 纤维织构导致了横向大尺寸晶粒的产生，而且杂质元素极易在此晶界上偏聚，导致界面结合强度显著降低，合金横向塑性较差 [15]。

表 1-5 是通过估算和实验观测钼的滑移面的应力值。$F(a)_{max}$ 是作用于 {110} 和 {112} 型滑移面位错单位长度的最大力，$\gamma_{max}/\sigma_{max}$ 为裂纹尖端最大剪应力与正应力之比，$f(a)$ 为对应滑移体系中位错单位长度所受的力。裂纹尖端位错分布在一个固定的滑移系统 {110}⟨111⟩ 和 {112}⟨111⟩。在 {100} 平面疲劳裂纹的萌生过程中，同时形成多个疲劳裂纹源，这些疲劳裂纹源的尺寸从中心到试样边缘逐渐减小，⟨110⟩ 方向的 $f(a)$ 最小 [16]。从实验结果也证明了织构与材料的脆性相关。

表 1-5　估算和实验观测钼的滑移面的应力值 [16]

滑移系	$F(a)_{max}$	$f(a)$ 系统中的滑移		滑移系统的准则 $\gamma_{max}/\sigma_{max}$	
		{110}⟨111⟩	{112}⟨111⟩	{110}⟨111⟩	{112}⟨111⟩
{100}⟨100⟩	1.06	0.629	0.680	0.163	0.189
{100}⟨110⟩	1.03	0.740	0.855	0.163	0.189
{110}⟨100⟩	0.997	0.817	0.752	0.163	0.189
{110}⟨110⟩	1.00	0.740	0.855	0.163	0.189

1.2.1.2　C、O、N 引发的脆性

杂质元素是影响钼合金脆性的另一个主要原因，影响钼脆性的间隙杂质主要是 C、O、N 等，钼金属对这些间隙原子在晶界的偏聚非常敏感 [13]。在 C、N、O 中，O 使钼脆性增强的作用最强。研究发现 [17]，当 O 的含量仅为 6×10^{-6} 时，钼就表现出沿晶界脆性断裂。O 易与 Mo 元素形成 MoO_2 片层状偏聚于晶界，降低晶界强度，对钼的塑性危害较大。左铁镛等使用俄歇电子能谱 (AES) 研究了间隙杂质元素的分布，结果表明断面上确有氧、氮、碳的富集，氧 (510 eV)、氮 (381 eV)、碳 (272 eV) 的俄歇峰值，特别是氧峰值相当高。氧、氮、碳的富集只限于脆裂断面的几个原子层内，即间隙杂质只在晶界富集 [18]。少量的氮 (15×10^{-4}% ~30×10^{-4}%) 增大钼的沿晶脆性断裂风险 [17]，这些杂质沉淀于晶界处偏聚，导致应力集中，产生裂纹源，根据 C-Mo 相图，在低温下 C 在 Mo 中的溶解度很小，温度达到 2100 ~2200°C 时，C 在 Mo 中的溶解极限为 0.02%。钼和碳的原子结构不同，它们的电子结构和电化学性质相差很大。加之它们晶格结构

的特点和受加工造成晶格畸变等因素的影响使碳在钼中的溶解常以偏聚状态存在[18]。但是，适量的碳在晶界分布能减小钼的脆性，一方面，碳与氧之间的结合能远大于其他杂质元素与氧的结合能，可降低氧原子向晶界偏聚的驱动力[19]；另一方面，碳在钼合金中形成的 β-Mo$_2$C、β'-Mo$_2$C、β''-Mo$_2$C、MoC$_{1-x}$、MoC 等碳化物[20]与钼基体具有很强的结合力，且多析出于钼晶界，能降低晶界能。但大量的碳元素在晶界上富集将导致钼的脆性。此外碳氧原子比也对钼的脆性产生影响[21]。当 C/O 含量比例小于 2 时，杂质元素氧含量较多，导致钼的塑性变差；当 C/O 超过 2 时，碳元素能够形成碳化物析出，碳化物的形成使钼晶界得到强化，脆性降低。

随着检测技术的发展，使用原子探针技术检测晶界处的原子分布和元素种类，原子探针可以检测少量杂质及其位置，Babinsky 等[22]研究了纯钼晶界处的偏析，图 1-2 所示为试样的"偏析区域"和晶界，分别用绿色和蓝色箭头表示。如图 1-2(a) 所示，在这个原子探针层析技术 (APT) 的重建中，只显示了钼-氧、镓和氧的分子和离子。

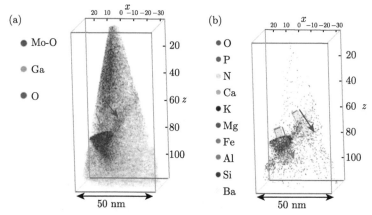

图 1-2　聚焦离子束 (FIB) 在单晶界再结晶条件下从钼片中制备出 APT 试样的扫描电子显微镜 (SEM) 图像[22]

(a) 试样的 APT 重建；(b) 重建的晶粒边界和偏析区

用原子探针在晶界处检测磷、氮、氧，如图 1-2(b) 所示对同一试样进行重构，除钼、镓外，其余元素均显示。元素镁、氧、氮、钙、钾、铝、钡、铁和硅都集中在"偏析区"。证明在原子探针试样中晶粒和亚晶粒边界不存在偏析，偏析元素主要存在于晶界区域，此区域能量最低，元素易于扩散至此区域，形成"偏析区"。此外，在工业加工和再结晶钼片中可以成功地检测到氧、氮、钾的边界偏析，分离区域被认为形成于烧结前孔隙。气体元素在孔隙形成过程中，存在于孔隙中，孔隙烧结过程中，粉末颗粒物质扩散连接、缩小、圆润后形成小的孔洞，气体未排除，所以在孔隙处易检测到氧、氮气体杂质元素。

Miller 等通过在 ppm(1ppm=1×10^{-6}) 水平上加入 Zr、Al、C 和 B，使 6.35 mm 厚钼焊件的拉伸韧性较传统的 3%~20% 有所提高。从图 1-3(a) 和 (b) 所示的光学显微图中可以看出，这些焊缝延展性可以从截面的减少看出。原子探针层析揭示了 Zr、B、C 在母材和热影响区 (heat affected zone, HAZ) 晶界的偏析以及 O 的耗尽[23]。

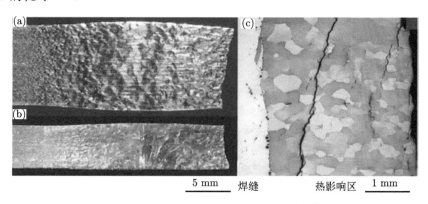

5 mm 焊缝 热影响区 1 mm

图 1-3 断裂拉伸试样的光学显微图 [23]

(a) 俯视图；(b) 侧视图；(c) 热影响区裂纹和焊缝区域图

用 APT 测定了引起这些亮斑的溶质种类。在母材和 HAZ 中包含晶界的试样区域的原子图如图 1-4 所示。在这些原子图中，每个球表示原子在分析体中的位置。为了清楚起见，省略了钼原子。很明显，锆、碳和硼在基体金属中发生了明显的晶界偏析。此外，在基体金属中没有发现氧向晶界偏析的迹象。硼偏析在热影响区更为普遍。

通过对溶质界面和基体区域的选择性体积分析，确定了溶质界面的吉布斯过渡。HAZ 晶界硼的过量比母材高两个数量级，而锆和碳的过量在 HAZ 中富集，但明显低于母材。与基体相比，HAZ 晶界处的氧含量略有增加，而基体中晶界处的氧含量显著降低。

对钼晶界进行原子探针成像表明，钼中氧明显富集。这些结果表明硼和锆的加入抑制了基体晶界的氧偏析。此外，HAZ 中晶界的硼偏析可以使焊接过程中产生的粗晶粒长大，使晶界的氧偏析最小化或抑制氧偏析，也可以减少晶粒长大量。

这些 APT 结果表明，在这种高韧性锆、硼和碳掺杂的晶界中，氧没有明显的偏析钼合金。由于锆的存在，氧的分离可能受到抑制，在基体和 HAZ 中，碳和硼都位于晶界。这种分离行为的变化与所观察到的断裂模式的变化有关，通常在商业钼合金中观察到晶界从这种锆、硼和碳掺杂的钼合金中被破坏。

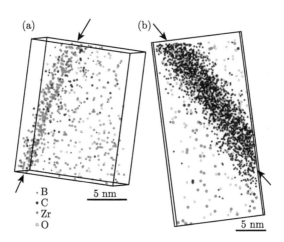

图 1-4　　(a) 母材；(b) HAZ 中晶界的原子图 [23]

在搅拌摩擦焊接后试样的母材和焊接区域不存在氧元素的偏析，氧元素偏析主要是因为基体的能量分配不均匀，氧元素主要集中在能量较低的区域，其他元素的存在增加了偏析区域，所以氧元素的偏析受到了抑制。钼合金的偏析可以通过合金元素来调控，特别是碳元素和锆元素。因此，合金化是降低合金中脆性偏析元素的一种方法。

1.2.1.3　低温再结晶脆性

处于结晶状态的工业纯钼在室温下表现出与面心立方结构的金属材料不同的力学行为。经再结晶退火处理的面心立方结构金属材料形成等轴的再结晶组织，具有优良的室温塑性，可以在室温下加工成形。而 W、Mo、Nb 等材料，经过再结晶后，在室温下表现出严重的脆性，加工及其使用中易产生各种形式的脆性断裂。但 W 与 Mo 所表现的低温再结晶脆性的程度是有差别的。

深加工细纤维状组织的工业纯钼 (形变量 >80%) 韧脆转变温度可降低到室温以下，因而具有很好的室温韧性，拉伸伸长率可达 15%～20%。实践证明，对其进行高温回复或再结晶 (初期) 热处理后，其拉伸伸长率最高可达 30%～40%。在匀速的拉伸实验中，明显观察到一定应力作用下其长时间 (2～3min) 地均匀变形而不出现颈缩。断裂后，其断口呈现韧性断裂的特征。随着退火温度的升高 (或加工终了温度过高而产生动态再结晶)，等轴再结晶晶粒长大、粗化，室温伸长率急剧下降，甚至达到零，即完全脆性断裂。近年来的科学研究表明，W、Mo 可以通过低合金化，掺杂某些合金元素，改善再结晶行为，特别是改变再结晶等轴晶形状为沿主变形方向拉长的大晶粒，韧性可以明显提升。

韧脆转变温度的表现之一就是室温再结晶脆性。当 Mo 再结晶成球状组织时，韧脆转变温度严重上升到室温以上，造成了室温脆性，这可能是 O、N 的等间隙原子大量地向晶界扩散聚集所致。当再结晶成长成等轴晶粒时，晶界面积较大，虽然 O、N 等原子向晶界扩散，但尚不足以完全隔断金属原子的连接，所以在一定条件下表现有一定的韧性；而加工变形使晶粒拉长，晶界逐步消失、隔断，成为纤维状流线，此时 O、N 被分散在金属原子间，从而消除了沿晶断裂的可能性。所以出现了反常规的"加工韧化"现象和"再结晶脆性"现象。

1.2.2　钼合金的强韧化研究进展

针对钼合金的脆性问题，现有的钼合金强韧化方式主要包括固溶强韧化、弥散强韧化、气泡强韧化，复合强韧化等。固溶强韧化的合金主要有 Mo-Ti 合金、Mo-Zr 合金、Mo-Re 合金、Mo-Hf 合金、Mo-W 合金、Mo-Cu 合金、Mo-Nb 合金、Mo-Ta 合金；弥散强韧化的合金主要有 Mo-La 合金、钼钇/氧化铈、TZM(Mo-Ti-Zr-C) 钼合金、MHC 合金；气泡强韧化的合金有 Si-Al-K 合金；还有固溶、弥散复合强韧化的 TZM 钼合金、MHC 合金、La-TZM 钼合金等。不同的合金化种类和方式通过不同的机制解决钼合金的强韧化难题。以下是钼合金不同的强韧化机制。

1.2.2.1　钼合金的固溶强韧化

钼合金的固溶分为微量固溶和大量固溶，主要根据固溶元素与钼基体的固溶度决定，如图 1-5 所示，固溶元素通过在钼晶体内部的置换固溶产生畸变，固溶元素的原子尺寸一般大于钼原子尺寸 (1.4 nm)，主要包括 Ti(1.45 nm)、Zr(1.60 nm)、Hf(1.59 nm)、Ta(1.48 nm)、W(1.41 nm)、Re(1.46 nm)，其置换固溶结果示意图如图 1-5(a) 所示。最小原子尺寸差为 0.71%，根据相图可达到无限固溶体，最大原子尺寸差达到 14.29%，在晶体内部一般产生压应力。现有的固溶强韧化方式主要是将大于钼原子的微合金元素加入钼基体。

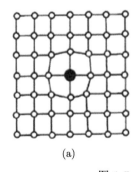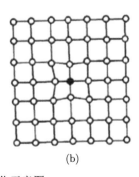

(a)　　　　　　　　　　　　　(b)

图 1-5　固溶强韧化示意图

(a) 大尺寸置换固溶；(b) 间隙固溶

Mo-Ti、Mo-Hf 属于微量固溶体，而 Mo-Ta 合金属于无限固溶体，特别的是

Mo-Re 二元合金体系，在质量分数为 25% 的 Re 元素可以无限固溶，Mo-Re 相对而言固溶度较大，也在合金中产生了"铼效应"[24]。所谓"铼效应"即不仅可以提高钼合金的再结晶温度，提升钼合金的高温性能，而且能够大幅度地降低韧脆转变温度，减弱钼合金的各向异性，提高钼合金的加工性能、理化特性和热电特性等，是一种价格昂贵、功能强大的合金元素[25]。所有这些固溶元素的选择有两方面作用，一方面产生固溶强韧化，另一方面降低产生脆性的 C、O、N 等元素含量。

还有一部分元素通过间隙固溶产生强化作用，主要包括 C(0.86 nm)、B(0.95 nm) 等元素，在基体内部也产生压应力强化。这主要是因为钼合金在高温下使用，置换固溶和间隙固溶的元素振动幅度较大，如果是小于钼原子尺寸的固溶原子很容易脱溶形成第二相。

如图 1-6 所示，分别是 Mo-W、Mo-Ta、Mo-Re、Mo-Hf、Mo-Zr、Ti-Mo 合金的二元相图，Mo-W 合金两元素属于无限固溶体，W 和 Mo 在液态和固态下均无限溶解，W 和 Mo 生成的连续固溶体具有体心立方结构。Mo-Ta 合金体心中 Ta 和 Mo 无论液态和固态都无限互溶，合金温度随 Ta 含量增加而平稳地提高。Mo-Re 体系中存在两种中间相：$\delta(Mo_2Re_3)$ 和 $\chi(MoRe_3)$ 以及以 Mo 和 Re 为基的固溶体。δ 相在温度 (2570 ± 70)℃ 时按包晶反应生成。$\chi(MoRe_3)$ 可能在 1100~1150℃ 由共析分解获得。

Mo-Hf 体系中只有一个中间相 $HfMo_2$，它是在 (2170 ± 40) ℃ 时按包晶反应 $L+Mo \longrightarrow HfMo_2$ 生成，并有两种变异体。Mo-Zr 体系中形成微量固溶体，当 Zr 含量为 33 at.%~40 at.% 时形成 Mo_2Zr 相。更高的 Zr 浓度时才会形成 Zr 的固溶体。Ti-Mo 合金体系中由于 Mo 与 β-Ti 具有相同晶格类型，所以 Mo 在 β-Ti 中无限固溶，形成了连续固溶体。Mo 是 Ti 的强 β 稳定元素，它急剧地降低 Ti 的 $\alpha \to \beta$ 转变温度。

钼合金的二元固溶体系中，不同合金元素固溶度不同，Mo-W 和 Mo-Ta 合金中，随温度的升高其固溶度增加，而 Nb 元素的固溶度随温度升高而降低，Mo-Re 合金体系在常温下固溶度最高可达到 25%，而铼元素形成团簇，影响层错能和反相畴界能、与 γ/γ' 相界面的相互作用等，但是都不能明确解释"铼效应"的形成机理[26]。Mo-Zr、Mo-Hf、Ti-Mo、Cu-Mo 中固溶度较低，基本上在常温下会形成不同的金属间化合物。

总结上述固溶强韧化的钼合金，合金元素与钼原子的尺寸相差小于 15%，相差最小为 W(0.71%)，此元素可以无限固溶，而最大为 Zr(14.29%)，其强化效果最明显。每种可固溶元素的固溶量不一，总的来说，原子尺寸相差越小，其固溶度越大。但是 Hf 元素有所不同，虽然原子尺寸相差达到 13.57%，但是固溶度却达到 15%，说明合金元素的固溶除了与原子尺寸相关，更与原子结构相关。但是，钼合金通过固溶强韧化对合金的强化作用有限。

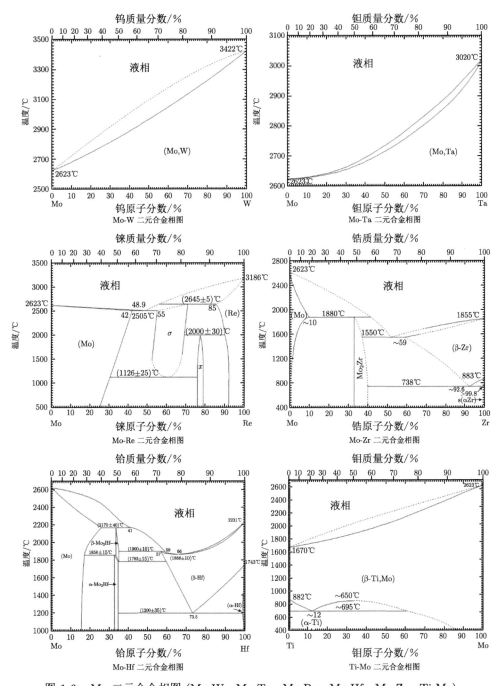

图 1-6　Mo 二元合金相图 (Mo-W、Mo-Ta、Mo-Re、Mo-Hf、Mo-Zr、Ti-Mo)

1.2.2.2 钼合金的弥散强韧化

弥散强韧化是通过在钼材料中加入硬质相颗粒的一种材料的强韧化手段。采用不固溶于钼金属基体的微米或者纳米第二相强化材料。第二相主要是氧化物、碳化物或氮化物等高熔点的颗粒，所以其可在较高温度下保持强化作用。钼合金弥散强韧化，主要的弥散强韧化相为陶瓷相，陶瓷相包括 TiC、ZrC、MoC 等碳化物和 TiO_2、ZrO_2、HfO_2、La_2O_3、CeO_2、Al_2O_3 等氧化物，弥散强韧化相虽然可以显著提高钼合金的强度和硬度，但这种强化方式会使材料的塑性和韧性下降，颗粒尺寸越小，分布越均匀，塑性和韧性下降越少 [27]。

稀土元素不但有强化效果，还具有韧化效果，其中以 La 元素作为最常用的稀土元素。稀土元素 La、Ce、Pr、Nd 等因具有独特的电子结构而使其化学活性很高，单质元素与 H、O、S 等杂质元素有强烈的亲和力 [28]，并能与杂质元素形成第二相强化质点。

弥散强韧化材料的强度不但取决于基体和弥散相的本性，而且还取决于弥散相的含量、粒度、分布、形态以及弥散相与基体的结合情况，同时也与工艺 (如加工方式、加工条件) 有关 [29]。

1.2.2.3 钼合金的气泡强韧化

现有的钼合金中，再结晶温度最高是 Mo-AKS(Al-K-Si) 材料，其再结晶温度可达 1800℃。Mo-AKS 钼合金在烧结过程中由于钾元素熔点低，易融化后在晶界上形成孔壁为钾元素的气泡；在合金压力加工过程中，形成的密集气泡被压缩和拉拔成密集的毛细管状；退火使被拉长的毛细管状气泡"箍断"形成细小的气泡列，阻止了再结晶过程中的晶界移动和位错运动，从而起到强韧化效果。Mo-AKS 合金中不仅存在气泡，还存在硅酸铝钾 ($KAl(SiO_3)_2$) 颗粒，可以和钾泡一样阻碍晶界和位错移动，最终有效提高钼的再结晶温度，抑制合金在高温下再结晶时晶粒的长大 [30]。

1.2.2.4 钼合金的复合强韧化

为了达到在温度连续不断升高下材料连续的强韧化作用，如今已经提出了"接力强韧化"的概念，其本质就是在一种基体内应用多种强韧化机制，在不同温度、不同强韧化体系下发挥作用，随着温度的升高，前一种机制作用可能变弱，主要依靠另一种强韧化机制发挥主要作用，通过温度升高后一段一段地接力达到综合强韧化的目的 [31]。

利用固溶强韧化、细晶强韧化和弥散强韧化的综合作用，但是每种强韧化方式其实都不是单一的，固溶强韧化中存在弥散强韧化，而弥散强韧化中存在细晶强韧化，特别的，稀土作为一种晶界纯净化的元素，能够有效地强化和韧化 [32]。

在强韧化作用方面,高于 2000℃ 气泡强韧化起主要作用,1500~1800℃ 稀土强韧化起主要作用,1400~1500℃ 碳化物弥散强韧化起主要作用,1100~1300℃ 固溶强韧化起主要作用。现有的复合强韧化将固溶强韧化、细晶强韧化、弥散强韧化结合起来,还有的将固溶强韧化、细晶强韧化、弥散强韧化和稀土强韧化四种强韧化方式结合起来。

但是现有的复合强韧化其实主要的设计是强化,韧化作用不明显,但是钼合金作为立方脆性金属,脆性一直是钼合金在粉末冶金过程中需要解决的主要问题,只有 Mo-Re 合金不但提高了塑形和韧性,而且提高了再结晶温度,但是由于 Re 元素价格昂贵,所以此种合金一直没有被工业化应用。

以上四种强韧化方式,现有的合金中以复合强韧化为主,而在复合强韧化中,起主要作用的强韧化方式是弥散强韧化,特别是稀土元素的弥散强韧化作用,特别是能够在高温下保持稳定性,微量固溶强韧化主要在 1100~1300℃,当温度继续升高时则会失效;碳化物弥散强韧化作用在 1400~1500℃ 时最为明显,在 1500~1800℃ 时则软化、不稳定;高熔点稀土氧化物在 1500~1800℃ 时的强韧化效果显著,高于 2000℃ 时稀土氧化物才开始软化[33]。气泡强韧化则可以作用在更高温度,但是气泡强韧化易在短时间内失效。复合强韧化是钼合金发展的趋势。

1.2.3 钼合金的力学性能研究进展

1.2.3.1 稀土掺杂钼合金的力学性能

20 世纪 80 年代末期,日本、德国、奥地利、中国等国家几乎同时开始了稀土氧化物掺杂钼合金的研究。日本的 Endo 系统地研究了掺杂 5 种不同稀土氧化物钼丝 (Mo-La$_2$O$_3$、Mo-Y$_2$O$_3$、Mo-Nd$_2$O$_3$、Mo-Sm$_2$O$_3$、Mo-Cd$_2$O$_3$) 的组织和性能,结果表明:掺杂稀土氧化物的钼丝较纯钼丝具有更高的再结晶温度和室温强度,并具有更好的抗下垂性能。奥地利的 Eck 对稀土氧化物掺杂钼合金的研究表明:在一定添加范围内,随着 La$_2$O$_3$ 含量的增加,掺杂的稀土钼合金强度增加,再结晶温度也变高,且再结晶的开始温度在 1300~2000℃,Mo-Y$_2$O$_3$ 合金的化学稳定性很好,在 1800℃ 下蠕变速率极小。奥地利的 Leichtfried 对不同稀土氧化物掺杂钼合金的研究表明:添加 La$_2$O$_3$ 和 Gd$_2$O$_3$ 的钼合金表现出极好的抗蠕变性能和延展性,以及更高的再结晶温度[34]。近年来国内的相关研究也比较多,取得了一系列成果。

1) 稀土 La 对钼合金组织和性能的影响

范景莲等[35] 以四水仲钼酸铵 ((NH$_4$)$_6$Mo$_7$O$_{24}$·4H$_2$O) 和六水硝酸镧 (La(NO$_3$)$_3$·6H$_2$O) 为原料,采用溶胶-喷雾干燥制备 Mo-La 合金,利用 X 射线衍射仪 (XRD)、扫描电子显微镜 (SEM) 以及能量色散光谱仪 (EDS) 等分析了稀土 La 在粉末和合金中的存在形式,以及稀土 La 对钼合金的力学性能与组织结构的影响。结果表明，在粉末中稀土 La 以 La$_2$O$_3$ 形式存在；在合金中，超细第二相粒子均匀分布在钼晶粒的晶内和晶界。稀土 La 的添加明显细化了 Mo 晶粒，抑制了晶粒的异常长大。

他们将不同 La 含量的粉末，在 1890℃ 烧结 2h 后，测定合金的相对密度、抗拉强度与伸长率，见图 1-7。当 La 含量为 0.2% 时，相对纯钼而言，合金的抗拉强度和伸长率没有提高。La 含量为 0.5%～2% 时，合金的抗拉强度随 La 含量的增加而提高，但当 La 含量达到 3% 时，合金的抗拉强度急剧下降。同样，合金伸长率也随着 La 含量的增加，呈现出先升后降的趋势。当 La 含量在 0.5%～1% 时，合金的伸长率随之增加，并在 1% 时达到最大。但 La 含量大于 1% 时，合金的伸长率下降。综合分析可得，在室温下，稀土 La 的加入改善钼合金的力学性能，当 La 含量为 2% 时，抗拉强度达到最大 525MPa；当 La 含量为 1% 时，伸长率达到最大值。

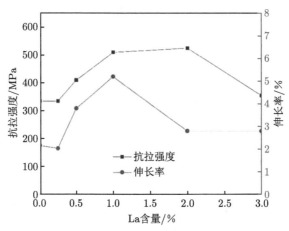

图 1-7   La 含量与钼合金抗拉强度和伸长率之间的关系

钼合金的性能与组织结构密切相关，根据金属学原理[36]：在相同的应力作用下，细小晶粒内部和晶界附近的应变度相差较小，形变比较均匀，相对来说，应力集中引起开裂的机会也较少，这就使得材料在断裂之前能承受更大的变形量，此外，由于细晶粒金属中的裂纹也不易传播，因而在裂纹的扩展过程中能吸收更多的能量，从而具有较高的拉伸强度。稀土 La 的添加，形成的含 La 超细二相粒子阻碍晶界迁移速度，细化了钼合金晶粒，强化了钼合金。合金组织结构的变化也证明了稀土 La 的添加有效细化了钼晶粒，起到了细晶强化作用。

2) 镧、钇复合稀土钼合金的研究

刘戊生[37] 发现在添加镧、钇含量均为 0.25%，再结晶温度均为 1500～1600℃时，La$_2$O$_3$-Mo 具有良好的加工性能和高温性能，却存在成型、预烧结困难的工艺缺陷；而 Y$_2$O$_3$-Mo 的成型及预烧结性能好，却存在加工困难、高温性能差的弊病；

复合稀土 La_2O_3-Y_2O_3-Mo 克服了单一稀土这两方面的缺陷，收到了良好的综合效果。

在他们的研究中由于 L_2O_3-Mo、Y_2O_3-Mo 和 La_2O_3-Y_2O_3-Mo 的合金粉末费氏粒度 (Fisher 粒度) 相近，其坯条预烧结后按同一垂熔工艺高温烧结成金属钼条，其主要物理性能见表 1-6。可以看出，其断面晶粒度相差较大，Y_2O_3-Mo 的晶粒细，La_2O_3-Mo 的晶粒粗，而 La_2O_3-Y_2O_3-Mo 的晶粒度介于两者之间。它们的显微金相照片见图 1-8。

表 1-6   不同试样的烧结坯物理性能

试验物料	密度/(g/cm³)	晶粒度/(个/mm²)	氧含量/%
La_2O_3-Mo	9.8	2780	0.045
Y_2O_3-Mo	9.68	6463	0.047
La_2O_3-Y_2O_3-Mo	9.77	3000	0.050

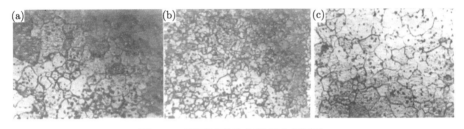

图 1-8   不同试样的烧结坯金相照片

(a) La_2O_3-Mo；(b) Y_2O_3-Mo；(c) La_2O_3-Y_2O_3-Mo

由于稀土氧化物的化学活性、熔点和密度不同，所以在同一高温条件下形成的金属结构的金相组织也不同。La_2O_3 的熔点较 Y_2O_3 低 (见表 1-7)，在高温下容易形成液相溶解于钼中，成为钼与氧化镧的复合氧化物 $La_5Mo_4O_{14}$ 和 La_4MoO_9，随着高温烧结的延续，晶粒间相互吞蚀长粗，晶粒数明显减少。Y_2O_3 的熔点高，在同等高温下溶解于钼中的速度慢，或部分未能溶解于钼中，仍以 Y_2O_3 形式弥散在钼的晶界上。经 X 射线衍射分析，虽然也有 Y_6MoO_{12} 的复合氧化物存在，但它阻碍钼晶粒长大的作用十分明显。粉末的 Fsss 粒度虽然差不多，但在同等工艺条件下高温烧结时，坯条的密度偏低。即是说 Y_2O_3 的添加可以有效地提高钼坯条断面晶粒度，但降低了高温烧结性能，必须调整垂熔工艺提高温度，才能使坯条达到同等的密度。

按照同一工艺进行加工，La_2O_3-Mo 坯条表现出良好的加工性能，最终成材率也高；而 Y_2O_3-Mo 坯条在开坯时变硬，后工序拉伸阶段的硬化现象更为严重，以致发生劈裂断丝现象，因此其成材率较低；复合 La_2O_3-Y_2O_3-Mo 坯条改善了 Y_2O_3-Mo 的加工性能 (见表 1-8)。

表 1-7   镧、钇稀土氧化物的熔点和密度

稀土氧化物	熔点/℃	密度/(g/cm³)
La_2O_3	2315	6.15
Y_2O_3	2410	4.95

表 1-8   稀土钼合金成材率

试验物料	φ1.6mm 的成材率	φ0.8mm 的成材率
La_2O_3-Mo	97.00%	95.00%
Y_2O_3-Mo	93.50%	90.50%
La_2O_3-Y_2O_3-Mo	96.07%	94.57%

由于 Y_2O_3-Mo 晶粒偏细，晶界面积大，在同等工艺条件下，加工抗力大，显得硬度高；之后的拉伸过程，由于 Y_2O_3 质点的强化作用，深加工越来越硬，需适当提高炉温，减小压缩比和增加退火道次，进行工艺改进。La_2O_3-Mo 晶粒较粗，晶界面积小，从理论上分析，晶粒粗的组织结构加工破碎变形难度更大；La_2O_3 在高温下溶于钼中形成的复合氧化物相界面，减少了氧在晶界处的严重偏聚，使晶界结合力增强，改善了坯料的室温脆性，降低了塑脆转变温度，其加工韧性反而比 Y_2O_3-Mo 好。La_2O_3-Y_2O_3-Mo 的断口晶界面上，既存在 $La_5Mo_4O_{16}$、La_4MoO_9，同时又存在 Y_6MoO_{12} 复合氧化物，综合了 La_2O_3-Mo 和 Y_2O_3-Mo 性能，明显改变了开坯和深加工状况。

稀土元素加入钼中能显著地提高钼的高温性能。纯钼丝再结晶发生在 1000~1200℃ 温区；拉伸后的掺杂钼丝，再结晶发生在 1500~1600℃ 温区。该试验将 La_2O_3-Mo、Y_2O_3-Mo 和 La_2O_3-Y_2O_3-Mo 三种坯条均加工至 0.8 mm 作性能对比，其再结晶温度与文献报道相一致。1320℃ 退火后坯条为纤维状组织结构，1650℃ 退火后均已发生再结晶 (见图 1-9)。

表 1-9 为 3 种稀土钼合金丝 (φ0.8 mm) 退火后的力学性能，La_2O_3-Y_2O_3-Mo 合金强度和塑性高于 La_2O_3-Mo 和 Y_2O_3-Mo 合金，但弯折次数与 Y_2O_3-Mo 合金相同，低于 La_2O_3-Mo 合金。

从显微金相照片观察，它们结晶后的状况不一样，其性能也不一样 (见表 1-9)。可清楚地看到，La_2O_3-Mo 发生再结晶后具有锁状燕尾搭接晶粒结构，检测其主要性能良好；而 Y_2O_3-Mo 发生再结晶后形成大的和小的等轴晶，性能较差。这是由于加工丝材中 Y_2O_3 阻碍晶界运动的效果较差，只能形成短的颗粒列线。La_2O_3-Y_2O_3-Mo 综合了以上两种情况，在同等温度下退火，再结晶组织复杂，既有等轴晶又有锁状搭接晶，性能检测结果较 Y_2O_3-Mo 好。特别是将退火温度提高到 1900℃ 时仍能保持较好的力学性能。La_2O_3-Y_2O_3-Mo 合金因有 La_2O_3，弥补了 Y_2O_3-Mo 合金的缺陷，但在同等工艺条件下加工，Y_2O_3 较 La_2O_3 难破碎，因此必须加大压缩率，尽量减小粒子直径，形成有效的稀土元素颗粒列线，确保加工

材的高温性能。

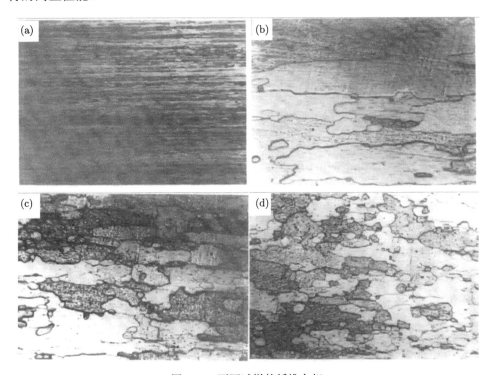

图 1-9　不同试样的纤维金相

(a) 纯钼 1320℃ 退火 (×200)；(b) La$_2$O$_3$-Mo 坯条 1650℃ 退火 (×200)；(c) Y$_2$O$_3$-Mo 坯条 1650℃ 退火

(×200)；(d) La$_2$O$_3$-Y$_2$O$_3$-Mo 坯条 1650℃ 退火 (×200)

表 1-9　三种稀土钼合金丝 (φ0.8 mm) 退火后性能

试验物料	退火温度 /℃	抗拉强度 /(N/mm^2)	伸长率 /%	弯折次数
La$_2$O$_3$-Mo	1650	509	11.8	6~7
Y$_2$O$_3$-Mo	1650	505	9.8	2~3
La$_2$O$_3$- Y$_2$O$_3$-Mo	1650	497	9.8	3~5
La$_2$O$_3$- Y$_2$O$_3$-Mo	1900	523	12.0	2~3

3) 掺杂方式对 La$_2$O$_3$/Mo 合金微观组织的影响

罗建海等 [38] 研究了掺杂方式对 La$_2$O$_3$(0.26%，质量分数)/Mo 合金粉末状态的影响。图 1-10(a) 和 (b) 分别为液-液掺杂和固-液掺杂两种试样的透射电子显微镜 (TEM) 图，其中白色区域为钼基体，黑色颗粒的衍射花样 (图 1-11) 经标定后判断这些颗粒均为 La$_2$O$_3$。

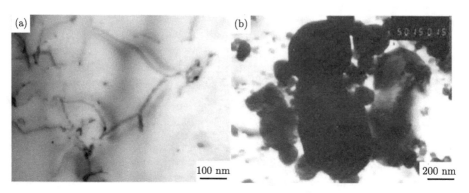

图 1-10　Mo-La 合金烧结态的 TEM 照片

(a) 液-液掺杂；(b) 固-液掺杂

图 1-11　Mo 基体中 La₂O₃ 的衍射图谱

　　根据罗建海等的研究可以看出：液-液掺杂 La₂O₃ 颗粒大小一致，分散均匀，形状为球形，位错被钉扎在 La₂O₃ 颗粒之间；固-液掺杂的 La₂O₃ 大颗粒呈橄榄球状团聚在一起，球状小颗粒分散在团聚体周围。

　　罗建海等对不同掺杂方式 Mo 基体中 La₂O₃ 的粒径进行统计分析发现，液-液掺杂的试样中，粒径在 40 nm 以下的 La₂O₃ 粒子占总数的 97.8%，其平均粒径为 16.8 μm，标准偏差为 16.8；固-液掺杂的试样中，粒径在 200 nm 以下的 La₂O₃ 粒子占总数的 78%，平均粒径为 151.3 nm，标准偏差为 170，如图 1-12 所示。研究结果表明，液-液掺杂能够充分细化和分散钼基体中的 La₂O₃ 粒子，且液-液掺杂的 La₂O₃ 颗粒形状统一，粒径离散程度较低。

　　从研究结果可以得出结论：液-液掺杂实现了合金元素在更微观层面上的混合，相较于固-液掺杂其混合均匀度更好，混合后的粉末均匀度高且球状颗粒更多，更有利于成形。此外，液-液掺杂的合金中 La₂O₃ 颗粒更为细小、分散且分布均匀，对于合金的性能提升也更明显。

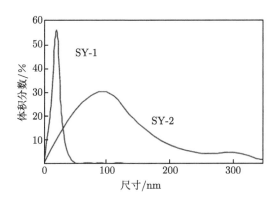

图 1-12　Mo 基体中 La_2O_3 的粒径分布

烧结钼合金的微观结构如图 1-13 所示。从图 1-13 中可以看出第二相粒子主要由氧和镧组成。固-固掺杂钼合金的第二相颗粒大多分布在晶界上,固-液掺杂以及液-液掺杂钼合金中的第二相颗粒大都分布在晶粒内部,并且大部分晶界上的第二相要比晶粒内的粗糙。固-固掺杂钼合金大部分第二相颗粒较大,能阻止烧结过程中晶界的迁移。因此,固-固掺杂钼合金中大多数 La_2O_3 颗粒粗糙并且分布在晶界上。而对于固-液掺杂钼合金,大多数 La_2O_3 颗粒都很细,可以在烧结过程中包裹到晶粒内部以使晶界迁移。此外,大比表面积的粉末具有高烧结活性、高晶界迁移率和能力。具有大的比表面积的固-液掺杂钼合金粉末同时具有相对细小的颗粒,这可以提高晶界迁移速率和能力。因此,固-液掺杂钼合金中的大多数 La_2O_3 颗粒都很细,并且分布在晶粒内部。液-液掺杂钼合金含有最细小的 La_2O_3 颗粒和一些核-壳结构的混合粉末,这有助于细化 La_2O_3 颗粒和烧结样品中颗粒在晶粒内部的分散。因此,液-液钼合金掺杂具有最细的 La_2O_3 颗粒,并且大多数 La_2O_3 颗粒分布在晶粒内部。

Yang 等 [39] 研究了旋转锻造 Mo-La 的横截面和纵截面的微观结构,如图 1-14 所示。纯钼和固-固掺杂钼合金的晶粒规则且均匀,旋转锻造后晶粒尺寸粗糙。固-液掺杂和液-液掺杂钼合金的晶粒细长,旋转锻造后其尺寸精细且不均匀。颗粒的形状和尺寸差异较大,这是因为旋转锻造的预热温度为 1250℃,而纯 Mo 和固-固掺杂钼合金的晶粒将分别在 1300℃ 和 1500℃ 再结晶,故旋转锻造纯 Mo 的大部分晶粒和旋转锻造固-固掺杂钼合金的大部分晶粒可能发生再结晶。因此,这两种晶粒规则且均匀。但是,对于固-液掺杂和液-液掺杂钼合金的再结晶温度约为 1800℃,因此颗粒不会再结晶。而且,旋转锻造的变形导致位错增殖和运动,结果形成了亚晶结构。Sandim 等 [40] 的研究中也有这种结构。从图 1-14 中还可以看出,旋转锻造 Mo 的孔变得比烧结的 Mo 更少、更小。由于旋转锻造的变形,因此材料内的孔可以收缩并焊接在一起。

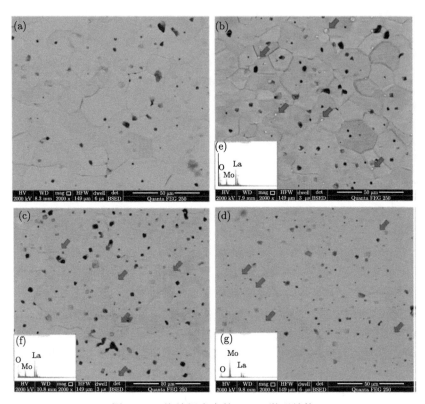

图 1-13   烧结钼合金的 SEM 微观结构

(a) 纯钼；(b) 固-固掺杂；(c) 固-液掺杂；(d) 液-液掺杂；(e)~(g) 是 (b)~(d) 第二相粒子的 EDS[21]

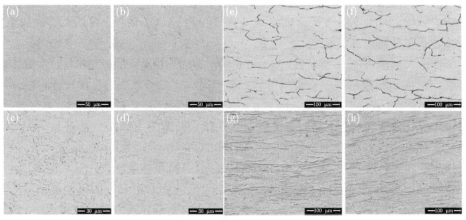

图 1-14   旋转锻造 Mo-La 合金的横截面微观结构：(a) 纯 Mo，(b) 固-固掺杂，(c) 固-液掺杂，(d) 液-液掺杂；旋转锻造 Mo-La 合金的纵截面微观结构：(e) 纯 Mo，(f) 固-固掺杂，(g) 固-液掺杂，(h) 液-液掺杂

4) 掺杂方式对 La_2O_3/Mo 合金的断裂韧性和断口形貌的影响

罗建海等[38] 的研究表明,液-液掺杂 Mo 合金的断裂韧性 K_Q 为 11.9 MPa·m$^{1/2}$,而固-液掺杂 Mo 合金的断裂韧性 K_Q 为 7.3 MPa·m$^{1/2}$。两试样的断口形貌见图 1-15。液-液掺杂钼合金断口凹凸不平,裂纹在扩展时发生偏转,这种现象能够有效吸收断裂功;除在三角晶界处有凹陷外,基本观察不到烧结孔;晶粒大小不均,某些晶粒断口表现为穿晶断裂 (见图 1-15(a) 和 (b));固-液掺杂 Mo 金属断口平整,在许多三角晶界处存在烧结孔,晶粒均匀细小,为典型的沿晶断裂 (图 1-15(c) 和 (d))。

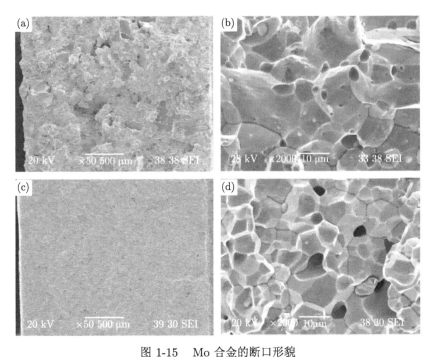

图 1-15 Mo 合金的断口形貌

(a) 和 (b) 液-液掺杂;(c) 和 (d) 固-液掺杂 [28]

5) 掺杂方式对 La_2O_3/Mo 合金抗拉强度的影响

王林等[41] 将液-液掺杂的 La_2O_3/Mo 合金试样拉拔至 0.6 mm,1550 ℃ 退火 40 min,试样抗拉强度达到 1150 MPa,伸长率为 30.8%。钼丝呈塑性断裂,裂纹从断口中部向边部扩展 (图 1-16(a)),裂纹呈放射状,有明显的颈缩和韧窝出现,断面凹凸不平。固-液掺杂的试样经同样的退火工艺后,抗拉强度为 995 MPa,伸长率为 12.8%。从断口图片 (图 1-16(b)) 可见,试样只有一个主裂纹,另有短裂纹出现,断面平整。

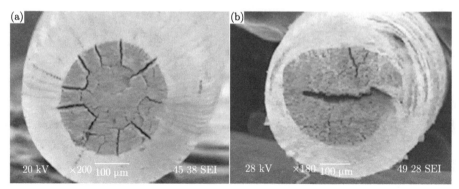

图 1-16　直径 0.6 mm 钼丝拉伸断口的 SEM 照片 [32]

(a) 液-液掺杂；(b) 固-液掺杂

这是由于 La_2O_3 对钼的韧化使 La_2O_3 粒子周围的微孔松弛及 La_2O_3 对晶界净化共同作用的结果。对于纯钼，低温塑性变形过程导致大量位错滑移到晶界，在晶界处塞积 [42]，使晶界处应力集中，晶界处偏聚的间隙杂质降低了晶界强度，导致裂纹形核、扩展，这是钼致脆的主要原因。

钼基体中存在的第二相颗粒会引起位错分布的变化，均匀分散、细小的 La_2O_3 粒子对位错起到钉扎作用。变形量增加引起多晶体中位错密度的增加，根据位错塞积理论，塞积群中的位错数与障碍物至位错源的距离 L 成正比，每个 La_2O_3 颗粒既是一个位错源，也作为位错障碍物，塞积群在障碍处产生的应力集中 τ 为

$$\tau = n\tau_0 \tag{1-1}$$

式中，τ_0 为位错滑移方向的分切应力值，在塞积群前端，即障碍处产生的应力集中是 τ_0 的 n 倍。L 越大，则塞积的位错数目 n 越多，造成的应力集中便越大。液-液掺杂在钼基体中形成的 La_2O_3 颗粒平均粒度更小，虽然液-液掺杂的样品中 La_2O_3 含量与固-液掺杂的样品中相同，但前者 La_2O_3 颗粒数高于后者，因而液-液掺杂的样品中 La_2O_3 颗粒间的距离较短，故障碍物至位错源的距离 L 也较短，塞积的位错数目较少，产生的应力集中相应较小。

当位错扩展受到第二相颗粒阻碍时，会通过奥罗万机制将其绕过，位错增殖得快则强度相应提高。对于较大的第二相颗粒，位错绕过粒子消耗的能量较多，难度增大，因此在颗粒前段更易形成位错塞积。因固-液掺杂的试样中 La_2O_3 颗粒粒径较大，所以由位错塞积产生的应力集中也将高于液-液掺杂的试样。在相同应力条件下，作用在固-液掺杂试样中 La_2O_3 颗粒周围的应力首先达到钼基体与第二相的界面结合强度，微裂纹在相界面处产生。微裂纹产生后，积聚在 La_2O_3 颗粒前端的应力集中得到瞬间松弛，裂纹尖端钝化。La_2O_3 颗粒愈多，吸收的能量

也愈多。随着变形进一步加强，产生的裂纹发生分支、偏转、贯通，最终形成宏观裂纹，导致材料断裂。

液-液掺杂使 La_2O_3 颗粒粒径细化、均匀分散，净化了晶界，提高了晶界强度。位错网的存在促使位错均匀分布；使塑性变形更为均匀，缩小了位错滑移面的有效长度；减轻了晶界附近的位错塞积，降低了晶界和滑移带附近的位错密度；延缓了裂纹形核过程。液-液掺杂试样的放射状裂纹 (见图 1-16(a)) 说明，La_2O_3 粒子均匀分散，裂纹向各方向扩展所克服的断裂功基本相同。固-液掺杂试样中 La_2O_3 粒子粒径离散，大颗粒团聚，La_2O_3 粒子周围位错塞积程度不均。一定的塑性变形会导致施加的应力未得到充分松弛，在某一位置出现最大应力集中，裂纹沿最弱的界面扩展，导致试样断裂。

Yang 等的研究中旋转锻造钼合金的拉伸强度和断裂伸长率如图 1-17 所示。当形变从一个晶粒扩展到另一个晶粒时，难以穿过具有复杂结构的晶界，并且这种变形过程需要大的能量。更细的晶粒尺寸可以制造更多的晶界，而更多的晶界将导致更高的强度和伸长率。因此，固-液掺杂钼合金和液-液掺杂钼合金的强度高于固-固掺杂钼合金，并且固-固掺杂钼合金的强度高于纯钼。另外，在固-固掺杂钼合金中大多数 La_2O_3 颗粒分布在晶界，而在固-液掺杂钼合金和液-液掺杂钼合金中大多数 La_2O_3 颗粒分布在晶粒内部。液-液掺杂钼合金中 La_2O_3 颗粒的 TEM 显微结构如图 1-18 所示。从图 1-18(a) 可以看出，La_2O_3 颗粒分布在晶粒内部，尺寸为 100~200 nm。图 1-18(c) 和 (d) 分别显示了 EDS 和 TEM 衍射斑点。根据以往的研究，晶粒内的颗粒可以产生、固定并因此积累颗粒内的位错 [23]。对于固-液掺杂钼合金和液-液掺杂钼合金，分布在晶粒内部的 La_2O_3 颗粒具有阻止位错和在变形期间存储位错的双重效果。从图 1-18(b) 可以看出，La_2O_3

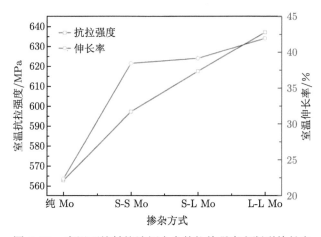

图 1-17 室温下旋转锻造钼合金的拉伸强度和断裂伸长率

颗粒周围存在一些位错。在变形过程中，位错不断产生和移动，当它穿过晶粒时，La_2O_3 颗粒可以阻挡和固定位错，然后在晶粒内积累位错。缠绕在 La_2O_3 颗粒周围的位错可以增加抗滑移性并产生加工硬化和提高韧性[21]。

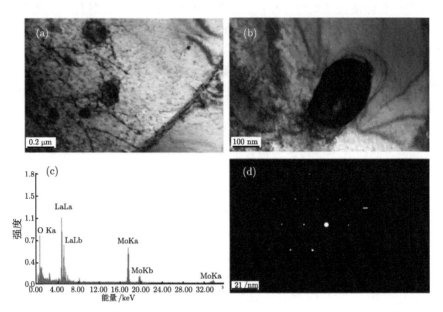

图 1-18　(a) 和 (b) 旋转锻造液-液掺杂钼合金的 TEM 微观结构; (c) 为 (b) 中第二相粒子的 EDS 图; (d) 为 (b) 中第二相粒子的衍射斑

6) 掺杂新工艺对 La_2O_3/Mo 组织和性能的影响

如今，钼合金分为低含量固溶强韧化合金 (即 Mo-0.5Ti、Mo-0.5ZrO$_2$)、连续固溶强韧化合金 (即 Mo-W、Mo-3Re、Mo-5Re、Mo-41Re、Mo-50Re)、碳化物弥散强韧化合金 (包括 TZM、TZC 和 MHC 系列合金)、稀土氧化物弥散强韧化合金 (ODS-Mo，包括 Mo-La$_2$O$_3$、Mo-Y$_2$O$_3$)、Mo-ASK 合金等[43-45]。其中，稀土氧化物掺杂钼合金表现出优异的力学性能，并在许多高温工程领域得到了主要应用。由于混合会产生污染且均匀性不理想，固-固混合技术几乎没有用于工程生产。在液-液混合处理中，将含有掺杂剂的硝酸盐溶液 (包括 La(NO)$_3$、Y(NO$_3$)$_3$、CeNO$_3$·6H$_2$O 等) 均匀混合在钼酸铵的孕育液中，钼基体和掺杂剂在分子水平上实现最佳均匀混合，但它受钼酸铵连续结晶过程的影响，无法工业化生产。

对此，Feng 等[46]研发了一种新型的纳米颗粒掺杂技术，示意图如图 1-19 所示。在此基础上研究了掺杂技术对 Mo-La 合金力学性能和显微结构的影响。

图 1-20 显示了传统固-液喷雾技术和新型纳米粒子掺杂技术制备的 Mo-0.3La 合金的不同微观结构。从图 1-20 中可以清楚地看到在固-液掺杂的 Mo-La 合金

中，不仅第二相颗粒在内部 Mo 晶粒内很少见，在位错的堆积区周围也难以发现 (图 1-20(a))，少量可被观察的 La$_2$O$_3$ 颗粒大都处于微米级 (图 1-20(b))。TEM 观察结果表明，La$_2$O$_3$ 颗粒分布不均匀，不易发挥延缓微裂纹扩展和运动的作用。与此相反，纳米颗粒喷射掺杂的 Mo-0.3La 合金中，纳米级尺寸的大量 La$_2$O$_3$ 颗粒均匀分布在晶粒内和晶粒间的钼基底上 (图 1-20(c) 和 (d))。第二相颗粒的形态和尺寸保证了颗粒能发挥更好的弥散强韧化效果。

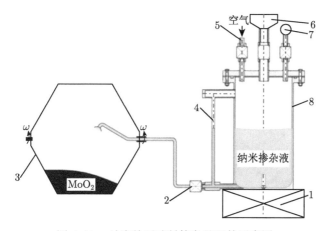

图 1-19　纳米粒子喷射掺杂处理的示意图

1. 电磁搅拌器；2. 类固醇的出口；3. 双锥掺杂罐；4. 液位计；5. 进气口；6. 类溶素填充剂；7. 气压计；8. 悬浮液存储区

　　而在纳米掺杂技术中，纳米粒子被均匀喷射到钼化合物中，并且几乎没有分离的机会。同时，纳米粒子中含有大量的边界原子，配位数很低，具有很高的表面能和化学活性 [43,44]。因此，一旦纳米粒子与氧化钼粉末结合，在纳米粒子和钼基底之间将存在很强的化学键合，使纳米粒子不能与基底分离并在随后的还原和热机械加工过程中一起移动。

　　表 1-10 和表 1-11 列出了用两种掺杂方式制备的直径为 1.8 mm 的 Mo-La 合金丝的力学性能。在室温下，无论是 Mo-0.10La、Mo-0.15La 还是 Mo-0.30La 合金，纳米喷雾掺杂技术制备的 Mo-La 合金的屈服强度和抗拉强度均比固-液喷雾技术制备的 Mo-La 合金高出约 50%，前者的伸长率与后者相比有 54.55%～316.67% 的提升。在 1500℃ 时，用两种掺杂方法制备的 Mo-La 合金丝具有概率相同的伸长率，但用纳米喷雾掺杂技术制备的 Mo-La 合金丝比固-液喷雾技术制得的 Mo-La 合金丝具有更好的强度，前者的屈服强度和抗拉强度比后者高出 12.44%～47.85% 和 16.85%～36.47%。

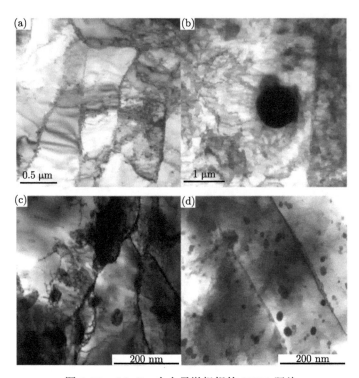

图 1-20　Mo-La 合金显微组织的 TEM 照片

(a) 和 (b) 固-液喷雾掺杂技术制备的 Mo-0.3La；(c) 和 (d) 纳米粒子喷雾掺杂技术制备的 Mo-0.3La

表 1-10　直径为 1.8 mm 的 Mo-La 合金丝的室温力学性能

掺杂方式	Mo 合金	$R_{p0.2}$/MPa			R_m/MPa			A/%		
		1	2	3	1	2	3	1	2	3
纳米粒子喷雾掺杂技术	Mo-0.10La	1090	1080	1100	1210	1250	1190	12.5	10.5	10.5
	Mo-0.15La	1040	940	1080	1270	1260	1270	11.5	11.5	10.5
	Mo-0.30La	1020	1040	1020	1200	1210	1210	8.5	11.0	10.0
固-液喷雾掺杂技术	Mo-0.10La	759	752	744	906	902	872	3.0	3.5	5.0
	Mo-0.15La	800	836	792	941	968	946	5.0	4.0	5.5
	Mo-0.30La	847	823	830	1027	999	989	5.5	6.0	5.5

　　综上可以看出，通过新型纳米粒子掺杂技术制备的 Mo-0.30La 合金中的 La_2O_3 颗粒不仅尺度处在纳米级，而且更加均匀地分布在晶粒和晶界上。活性更高的纳米粒子与基体之间的化学键更强，第二相粒子对于位错的钉扎作用更加明显，使得通过新型纳米粒子掺杂技术制备的 Mo-0.3La 合金拥有更好的力学性能。无论哪种稀土氧化物，纳米尺寸的第二相颗粒都倾向于分布在位错周围。如果没有这些微粒，位错就会平滑地滑移到晶界处，造成晶界处严重的应力集中，并在非常

小的塑性变形之后发生过脆性断裂。由于分散的第二相颗粒的钉扎作用，与纯钼相比，Mo-0.3La 中许多位错在钼基体中分布更均匀且同步滑移。同时，晶界附近的位错堆积程度大大降低，有利于延缓晶间微裂纹的形成和扩散。

表 1-11　在 1500℃ 时，直径为 1.8 mm 的 Mo-La 合金丝的力学性能

掺杂方式	Mo 合金	$R_{p0.2}$/MPa	R_m/MPa	A/%
纳米粒子喷雾掺杂技术	Mo-0.10La	120.60	252.13	9.31
	Mo-0.15La	124.44	296.76	8.50
	Mo-0.3La	155.43	288.97	8.82
固-液喷雾掺杂技术	Mo-0.10La	108.20	127.60	9.30
	Mo-0.15La	104.50	126.80	7.50
	Mo-0.3La	104.60	192.10	9.40

在 Mo 基体变形过程中，La_2O_3 颗粒的横截面形状保持椭圆形 (图 1-20(c) 和 (d))，所以推测 La_2O_3 颗粒在热加工过程中没有与钼基体一起发生变形，La_2O_3 和 Mo 之间没有一定的结晶取向关系。这可能是由于 La_2O_3 在高温下的晶体结构转变引起的。在 650 ℃ 以后，晶格常数 $a=1.13$ nm 的体心立方 La_2O_3 将转化为晶格常数 $a = 0.393$ nm、$c = 0.612$ nm 的六面体结构。此外，Wang 等认为晶界上的 La_2O_3 颗粒也起到烧结坯的细化晶粒的作用。

Fisher 理论可以解释纳米粒子喷雾掺杂技术的优异增强效果。基于 Fisher 理论，当位错绕过不可变形的第二相颗粒时，额外的剪切应力 $\Delta \tau h$ 被评估如下：

$$\Delta \tau h = \frac{cf^{3/2}nGb}{r} \tag{1-2}$$

式中，$\Delta \tau h$ 是由于第二相颗粒的存在而引起的附加强度，c 为常数，f 为第二相的体积分数，n 为每单位体积的第二相颗粒的数量，G 为剪切模量，b 为伯氏矢量的大小，r 为第二相粒子的大小。从式 (1-2) 可知，在相同掺杂剂 (即相同的体积分数 f) 下，颗粒尺寸 r 越小，其数目越大，强化效应越强。目前的工作中，纳米粒子掺杂技术提供的 La_2O_3 粒子的尺度比传统固-液掺杂技术小 3 个数量级，因此采用该新技术制备的 Mo-La 合金的增强效果优于固-液掺杂工艺制备的 Mo-La 合金。

对比 Feng 等所研发的新型纳米粒子掺杂技术与传统的掺杂工艺所制备的 Mo-La 合金，从微观结构可以看出前者基体中的纳米级第二相颗粒分布更加广泛、均匀，对位错及晶界的钉扎作用更加明显。从力学性能可以看出前者在屈服强度、拉伸强度以及伸长率方面均明显领先于后者。综上，Feng 等所研发的新型纳米粒子掺杂技术是一种能满足更高性能需求的钼合金生产方式 [46]。

1.2.3.2 TZM 钼合金的力学性能

1) TZM 钼合金简介

TZM 钼合金是钼合金中常用的一种高温合金，也是目前商业用途中一种重要的高温合金。它是在纯钼中添加质量百分比不超过 1% 的 Ti、Zr 和 C 元素，这些微量元素在钼基体中生成 Mo-Ti、Mo-Zr 固溶体以及弥散分布的 TiC、ZrC 颗粒，对合金起到弥散强韧化的效果，既提高了合金的室温力学性能，也提高了合金的再结晶温度，从而使合金的高温性能得到明显的提高。因此，TZM 钼合金相对于纯钼具有更好的力学性能，尤其是在高温时表现更为明显。

2) 高温退火对 TZM 钼合金拉伸性能的影响 [48]

王振东等通过室温拉伸试验和组织断口形貌分析，研究了 TZM 钼合金在不同退火温度下的性能与组织变化现象。结果表明，随着退火温度升高，TZM 钼合金抗拉强度下降，塑性增强。研究中观测到材料基体存在较多的夹杂缺陷，不同退火温度使夹杂的尺寸发生变化是影响力学性能改变的主要因素。

由于 TZM 钼合金材料在挤压制备过程中产生很大的内应力，可通过改变去应力退火温度来改变合金硬度及韧性等性能，以改善其机械加工性能，使其在实际应用中具备良好性能。图 1-21 为合金的伸长率、抗拉强度与退火温度的关系曲线。从图 1-21 可看出，随着退火温度的升高，伸长率增加，加工硬化现象逐渐减弱。同时从图 1-21 可得出，在 850~1050℃ 范围内，随着退火温度的升高，伸长率保持较低而且变化幅度很小。这主要是由于在这个范围内，材料的组织没有太多改变，仍然为加工态纤维组织。在很大的温度范围内 (850~1050℃) 材料处在回复初始阶段，宏观内应力经过低温加热后虽然大部分可以除去，而微观应力仍然残存。在 1150~1600℃ 范围内随着退火温度的升高，伸长率增加。在回复阶段，强度、塑性等力学性能几乎无变化。但在再结晶阶段，强度显著下降，塑性显著升高。当晶粒长大时，强度继续下降，塑性在晶粒粗化不十分严重时，仍有继续升高的趋势，晶粒粗化严重时，塑性也下降。材料完成了回复-再结晶-晶粒长大的过程，组织由细长的纤维状晶粒变成等轴晶，同时材料韧性得到很大改善，伸长率甚至可以达到 37%。

从抗拉强度与退火温度的关系曲线来看，随着退火温度的升高，材料的抗拉强度有所下降。低温下强度高的原因是碳化物等增强相粒子经过变形加工后变成纤维状，分布于晶界和晶内。经过高温退火后这些增强相又均匀弥散分布于基体上。所以高温下表现为强度低、塑性好。从拉伸-温度曲线中可以看出 950℃ 下的伸长率几乎为零。从金相照片图 1-22 可以看出，在该温度下晶界处存在大量由于夹杂脱落留下的尺寸较大的孔洞。在拉伸过程中，这些孔洞处首先形成裂纹源，并相互连接导致样品断裂。850℃(图 1-22(a)) 和 1050℃(图 1-22(c)) 下的伸长率相对也较低。观察组织发现，晶界处和基体也存在较多的夹杂。因此可以说明夹杂缺陷是影响材料力学性能的主要因素。在 TZM 钼合金的制备过程中，从材料的熔炼到挤压都不够充分，导致合金元素及其增强相没有完全形成固溶体，而是形成大量的夹杂分布在材料内部，脱落后形成孔洞如图 1-22(a)~(d) 所示。

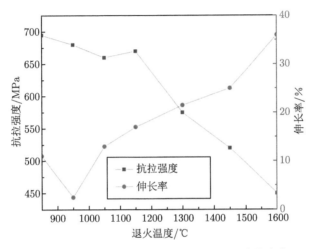

图 1-21　抗拉强度与伸长率曲线随退火温度的变化

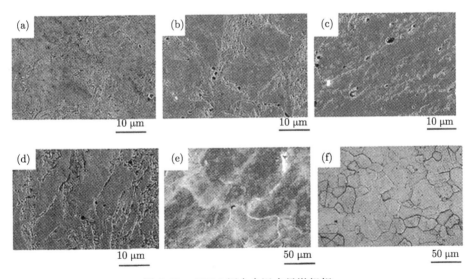

图 1-22　TZM 钼合金退火显微组织

(a)850℃；(b)950℃；(c)1050℃；(d)1150℃；(e)1450℃；(f)1600℃

TZM 钼合金在不同温度下进行退火处理后的显微组织示于图 1-22。从图 1-22

可以看出，样品组织受到了不同退火温度的影响，850℃样品金相组织局部晶界和晶内存在许多尺寸较小的夹杂，且分布均匀，表现为组织疏松。950℃样品在晶界存在尺寸较大的夹杂孔洞，尺寸大约 3μm，这是导致该温度下伸长率低的主要原因。1150℃下退火样品金相图局部仍存在孔洞，但尺寸较小，组织相对致密。挤压后的纤维展开并宽化，内应力得到部分去除，表现为拉伸性能有所改善。该材料的再结晶温度约为 1200℃，从选择的处于再结晶温度之下的几个退火温度来看，图 1-22(a) 为回复初始阶段，温度低，材料内部存在的夹杂等缺陷没有长大，表现出材质相对致密。而随着温度的升高，晶体内的各种缺陷长大，一些夹杂脱落，留下大的孔洞。温度继续升高，一些化合物又重新溶解到基体中。对组织中的夹杂进行成分分析得到，该杂质成分为碳硅等元素及其氧化物和钛、锆的碳化物，正是这些夹杂粒子和颗粒增强剂的存在使得合金的高温性能得到了很大的提高，同时使得塑性下降。另外，从缺陷孔洞的尺寸大小与温度的关系 (图 1-23(a)) 看，在 850~1050℃ 范围内，随着温度的升高，组织中孔洞尺寸变大。当温度达到 1150℃时，孔洞尺寸变小，主要因为在低温下夹杂等缺陷在基体中长大，表现为显微组织存在孔洞。随着温度进一步升高，一些碳化物重新溶解到基体中。从夹杂尺寸与抗拉强度的关系曲线图 1-23(b) 看，随着夹杂尺寸的增加，抗拉强度减小，这与温度对抗拉强度的影响是一致的。

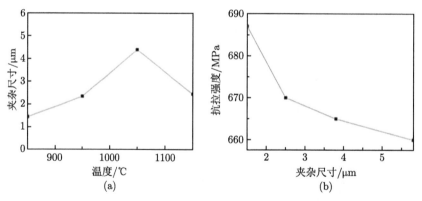

图 1-23　夹杂尺寸与温度 (a) 和抗拉强度 (b) 的关系曲线

　　从图 1-24 断口宏观金相照片可以看出经过不同退火温度的拉伸试样的微观断口大致相似，断口组织几乎均是准解理河流花样 (图 1-24(a))，断口中大的夹杂 (图 1-24(b)) 的存在，是影响合金拉伸性能的最主要因素。因为断裂源的产生是从夹杂开始的，并且许多夹杂的孔洞连在一起会导致整个材料的断裂，从而影响到材料的塑性，这与金相照片图 1-22 是一致的。

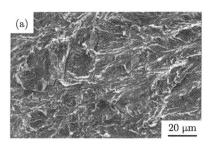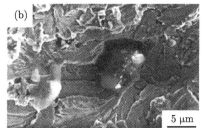

图 1-24 断口形貌图

3) 再结晶态 TZM 钼合金热变形特征 [49]

孙远等采用 Gleeb-3500 热模拟实验机,对再结晶态 TZM(Mo-0.39Ti-0.093Zr-0.017C) 合金的热变形特征进行了研究。试样用粉末冶金的方法制备,经过 70％变形量的高温锻造,然后分别在 1100℃, 1200℃, 1300℃, 1400℃, 1500℃ 和 1600℃ 的温度下退火,观察了 TZM 钼合金的再结晶过程。热模拟实验在 1200℃ 的温度下进行,应变速率为 0.1 s^{-1},变形量为 30％,得到了压缩过程的真应力-应变曲线。研究结果表明:TZM 钼合金的硬度随着退火温度的升高而显著降低,且下降的速率为 0.13HV/℃,1600℃ 退火后,晶粒已经充分长大,再结晶完成,TZM 钼合金明显变软;完全再结晶后的 TZM 钼合金在 1200℃ 下热压缩变形,当应变量小于 5％时,应力随着应变的增加而迅速增加,加工硬化现象明显;当应变量大于 5％时,应力随着应变的增加而缓慢增加,加工硬化速率降低。

1.2.3.3 Al_2O_3 颗粒增强钼合金的力学性能

Al_2O_3 晶体又称刚玉,具有抗腐蚀性能强、耐热性能好、强度和硬度高等特点,是耐火氧化物中化学性质最稳定、机械强度最高的一种。低温下 Al_2O_3 存在几种晶型,当温度超过 1600℃ 时,所有晶型均变为稳定的 α-Al_2O_3,并且这个转变过程是不可逆的。结合 Mo 与 Al_2O_3 的性能制备出的陶瓷复合材料具有耐高温、导热好、抗热震等性能,在金属熔炼容器、热电偶保护管、非熔化电极等领域得到了广泛应用。

图 1-25 为不同掺杂方式所制备 Al_2O_3/Mo 合金密度随 Al_2O_3 掺杂量的变化曲线。由图 1-25 可以看出,同一掺杂量下,液-液 (L-L) 掺杂所制得的 Al_2O_3/Mo 合金密度最大,固-液 (S-L) 掺杂次之,固-固 (S-S) 掺杂最小。随着 Al_2O_3 掺杂量的增加,三种方式所制备复合材料的密度均呈现先增大后减小的规律。这说明 Al_2O_3 对材料整体致密化起到一定的作用,但因 Al_2O_3 密度比 Mo 小,当 Al_2O_3 掺杂量达到一定值后,致密化引起的密度增加将小于 Al_2O_3 体积增加所引起的密度减小,故反而使材料的整体密度趋于减小 [50]。

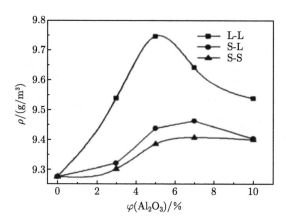

图 1-25   不同掺杂方式所制备 Al_2O_3/Mo 合金密度随 Al_2O_3 掺杂量的变化 [50]

图 1-26 为使用三种掺杂方式所制备的 Al_2O_3/Mo 合金的显微硬度随 Al_2O_3 掺杂量的变化曲线，可以看出合金材料的显微硬度与纯钼相比均有一定增加，这是由于 Al_2O_3 作为硬质相而提高了合金的显微硬度。

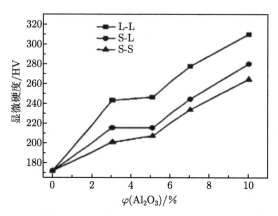

图 1-26   不同掺杂方式所制备 Al_2O_3/Mo 合金显微硬度随 Al_2O_3 掺杂量的变化 [50]

综合图 1-25 和图 1-26 可以发现，掺杂方式对 Al_2O_3/Mo 合金的密度及硬度影响较大。这主要是因为液-液掺杂合金粉末最细小、分散均匀，粉末之间结合性最好，粉末流动性最佳，故而减少了粉末之间的空隙，使压坯更为密实、孔隙填充程度更高，最终使钼合金制品的密度增大。结合图 1-25 和图 1-26 还可以看出，在掺杂量相同的情况下，液-液掺杂对合金显微硬度的提高最为显著，固-液掺杂次之。这是因为液-液掺杂所制得的 Al_2O_3 颗粒最小，烧结时对合金中晶界的扩散起到明显的阻碍作用，并且增加了颗粒附近的位错密度，产生细晶强化 [25]，因而硬度的提高也更明显。

　　张丹丹[51] 利用溶胶-凝胶法和机械合金化 (MA) 相结合的方法探讨原位制备细小 Al_2O_3 颗粒增强钼基复合粉体的工艺，并采用粉末冶金法制备复合材料。对制备的材料进行显微组织观察和力学性能检测，研究球磨对不同掺杂方式的复合材料的组织影响，通过对比分析得出最佳的复合材料制备工艺条件。

　　图 1-27 分别为不同球磨时间复合粉末压制成坯烧结后的掺杂钼坯的显微组织，其中黑色颗粒为氧化铝，钼为基体连续相，复合材料中除存在基体 Mo 和 α-Al_2O_3 之外，没有其他杂质相。从图 1-27 (a) 中可以看到，未经球磨的粉末烧结后的掺杂钼坯中，氧化铝和钼基体的颗粒都比较粗大，其中氧化铝有大量的颗粒聚集现象，小颗粒一般在 1μm 左右，大颗粒在 2μm 左右，几乎全部分布在晶界处。从图 1-27 (b) 可知，球磨 14h 的粉末烧结后掺杂钼坯，其氧化铝较图 1-27 (a) 分散性好，颗粒大小相对均匀，大部分颗粒大小在 1μm 左右，少量的颗粒在 1.5μm 左右。图 1-27 (c) 为球磨 33h 的粉末烧结后的钼坯形貌，此时，氧化铝颗粒弥散分布得更为均匀，颗粒大小也趋于一致，大小在 1μm 左右。图 1-27 (d) 为球磨 60h 之后粉末烧结后的掺杂钼坯形貌，氧化铝的颗粒非常细小均匀，大小在 500nm 左右，此时氧化铝颗粒除了非常均匀地弥散分布在晶界处外，在晶界内部的分布也非常多。随着球磨时间的增加，掺杂钼坯的形貌也发生了很大的变化，氧化铝和钼随着球磨时间的延长，颗粒逐渐被细化，分散也越来越均匀，氧化铝从晶界处

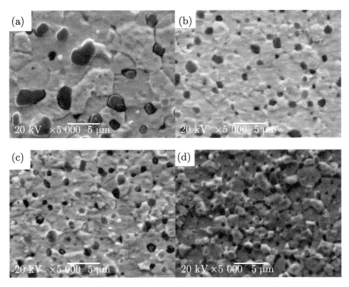

图 1-27　经过不同球磨时间制取的掺杂钼坯显微组织照片

(a) 未球磨复合粉体的烧结坯；(b) 球磨 14h 复合粉体的烧结坯；(c) 球磨 33h 复合粉体的烧结坯；(d) 球磨 60h 复合粉体的烧结坯

分布变化到晶界和晶内的分布。

图 1-28 为不同球磨时间下，复合材料的显微硬度变化曲线，从图 1-28 可以看出，随着球磨时间的增加，由相应粉末制备出的钼坯的显微硬度值一直上升。这种变化与粉末的组织结构变化相一致。主要是因为两个方面：一方面，球磨后的粉末经压制烧结为钼坯，随着球磨时间的延长，Mo 基体和 Al_2O_3 颗粒得以细化，晶粒变得细小，晶界因此增多，而晶界能阻碍位错的移动，造成位错的塞积，起到细晶强化的作用；另外一方面，由于大量的晶体结构缺陷，位错密度增加，显微硬度显著提高。Al_2O_3 颗粒以第二相质点的形式在 Mo 基体晶界或晶内弥散均匀分布，也能阻碍位错的移动，以"绕"过和"切"过机理，起到弥散强韧化的作用。

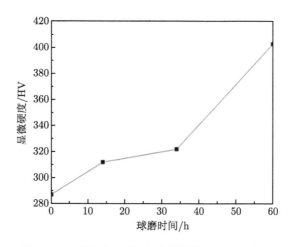

图 1-28　不同球磨时间复合材料的显微硬度变化

图 1-29 为复合粉体球磨前后制备的复合材料的 TEM 像，其中黑色区域的能谱图如图 1-30(a) 所示，主要成分为 Mo 元素，说明黑色部分为钼基体，白色区域的能谱图如图 1-30(b) 所示，主要由 Al 和 O 两种元素组成，为氧化铝颗粒，对比球磨前后复合材料的 TEM 像，可以看出，图 1-29(a) 为球磨前即溶胶-凝胶法制备的混合钼粉经压制烧结后得到的复合材料的 TEM 像，氧化铝颗粒比较粗大，近似为球形；图 1-29(b) 为溶胶-凝胶法制备的混合钼粉球磨 60h 后经压制烧结得到的复合材料的 TEM 像，氧化铝颗粒大小在 500nm 左右，形状不太规则，同时氧化铝颗粒周围伴随有晕环，说明球磨后形成了微晶和非晶。图 1-31 为球磨 60h 的复合材料中钼与氧化铝的界面情况，黑色区域为钼基体，白色区域为氧化铝，通过对图 1-31(a) 高分辨像的观察，氧化铝和钼界面结合状态良好，界面干净无污染、平滑，并且呈直线状，实现了良好的冶金相容。从图 1-31(b) 的高分辨像可以看出，钼和氧化铝的界面处有共格的现象发生。

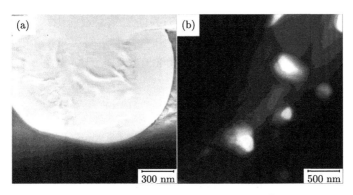

图 1-29 球磨前后复合材料的 TEM 像

(a) 球磨前制备的复合材料的 TEM 像；(b) 球磨 60h 后制备的复合材料的 TEM 像

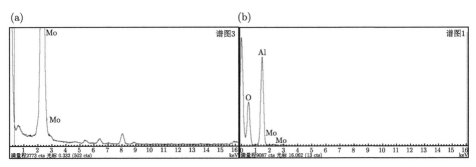

图 1-30 复合材料的 EDS 能谱图

(a) 黑色区域能谱图；(b) 白色区域能谱图

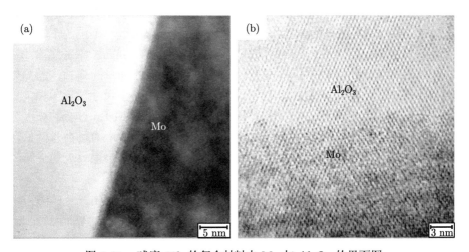

图 1-31 球磨 60h 的复合材料中 Mo 与 Al_2O_3 的界面图

为了进一步验证相结构,对复合材料的界面层做了透射电镜电子衍射分析,得到如图 1-32 所示的衍射斑点。界面结构中共有两套衍射斑点,其中基体 Mo(000, 110, $\bar{1}0\bar{1}$,01$\bar{1}$) 为体心立方结构,α-Al$_2$O$_3$(000,01$\bar{1}$,2$\bar{1}$0,20$\bar{1}$) 为六方晶系,且它们的衍射斑点几乎处于平行状态。

图 1-32   球磨 60h 后复合材料中 Al$_2$O$_3$ /Mo 界面处的透射电子衍射斑点

1.2.3.4   钼铼合金的力学性能

安乐 [52] 采用传统的粉末冶金工艺成功地制备了不同 Re 添加量的以 Mo 为基体的 TZM-Re 合金材料。运用 XRD,SEM,EDS 等手段对材料的显微组织进行了表征后发现:一定量的元素 Re 能够明显改善 TZM 钼合金的硬度、强度、孔隙率及韧性等力学性能。元素 Re 对 TZM 钼合金强度和硬度的改善,并不是随添加量的增多而增强的,而是在添加量为 3%～5% 时,出现小范围的下降;添加量达到 7% 之后,TZM-Re 合金各方面的性能都有明显的提高。添加元素 Re 之后,改变了 TZM 钼合金中第二相粒子的原有分布。随添加量的增加,晶界处尺寸较大的第二相粒子明显减少,取而代之的是弥散分布的小尺寸球形颗粒,更有利于发挥第二相粒子对合金中位错的钉扎作用,对提高 TZM-Re 合金的强度和硬度有重要贡献。元素 Re 与基体 Mo 固溶后,使合金的弹性应力场能量降低,减少了位错聚集,降低了 O 在合金中的扩散和富集,有利于减少晶界处脆性第二相的产生,对提高 TZM-Re 合金的室温韧性有积极意义。

图 1-33 是不同 Re 添加量的 TZM-Re 合金的布氏硬度变化。从图中可以明显发现,随着金属元素 Re 添加量的增加,TZM-Re 合金的硬度总体趋于增加,尤其当添加量为 13% 时,布氏硬度值达到 227HB,比 TZM 钼合金 (154HB) 增加了 47.4‰。但值得注意的是,在微量添加 Re 时,硬度值发生小幅度降低,最低为

150HB(添加量为 3%)，只有 TZM 钼合金硬度的 97.4%。这表明，在一定范围内添加稀有金属 Re 对 TZM 钼合金硬度有明显的改善。

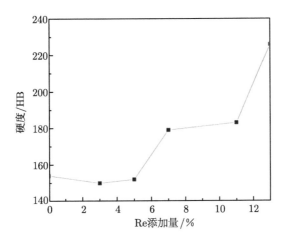

图 1-33　不同 Re 添加量的 TZM-Re 合金的布氏硬度

图 1-34 是不同 Re 添加量的 TZM-Re 合金腐蚀后的 SEM 照片。通过图中可以看到，TZM 钼合金中，第二相粒子在晶内和晶界处均有分布 (图 1-34(a))，利用 OLYCIA m3 软件分析可知，黑色粒子占总面积的 12.7%。当加入元素 Re 后，合金中第二相粒子的数量和分布都发生了明显变化。图 1-34(b) 是添加 Re 含量为 5% 的 TZM-Re 合金照片，黑色粒子占总面积的 9.4%，而当添加量达到 13% 后，黑色粒子只占总面积的 4.9%。可以初步认为，稀有金属 Re 的引入减少了晶界处 Zr、Ti 的析出。为进一步解释 Re 对 TZM 中 Ti、Zr 元素的影响，本实验利用 EDS 数据，更深入地分析 TZM-Re 合金中不同相的元素组成。

图 1-35 是 TZMRe-13 合金中某第二相粒子的线扫描分析曲线图。图 1-35(a) 中显示了，实验分析的第二相粒子位于晶界，其尺寸与基体晶粒尺寸相当。图 1-35(b) 是图 1-35(a) 中对应部位元素分布图，由谱线可知，黑色的第二相粒子主要是 Ti 和 Zr 的固溶体，O 元素的含量很少，也就是说，Re 的加入明显减少了 Zr 和 Ti 在晶界的富集，并且降低了其对 O 元素的敏感性。

对于这一现象产生的原因，可以利用 Kurishita[53] 关于位错和杂质原子相互作用的研究，做出合理的解释。位错和杂质原子的相互作用主要取决于位错和杂质原子周围所具有的弹性应力场，相互作用总是指向降低材料整体弹性应力的方向。这就是说当溶质原子比溶剂原子直径大时，会形成放射状的压缩应力场，并使其周围位错形成拉应力区。当加入少量溶质元素时，其原子分布在基体中最大的位错堆积区内，从而降低了晶格中这些区域内的弹性不完善性。当加入少量的

Zr、Ti 元素时，由于其原子半径均大于溶剂原子 Mo 的原子半径，故其分布必在基体 Mo 中最大的位错堆积区内。因此在 TZM 钼合金中，类似的黑色第二相粒子在晶界处的分布，明显多于晶内，并且尺寸更大。

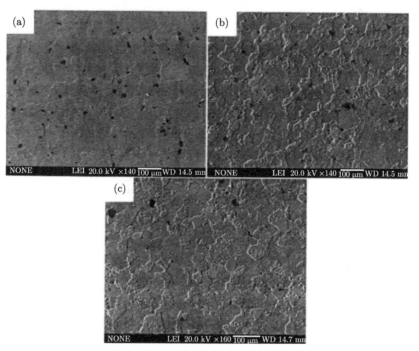

图 1-34　不同 Re 含量 TZM-Re 合金腐蚀后 SEM 照片

(a) TZM；(b) TZM-Re5；(c) TZM-Re13

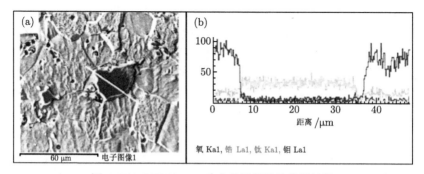

图 1-35　TZM-Re13 合金显微组织及分析结果

　　而当少量的稀有金属元素 Re 加入基体 Mo 中时，由于二者电子结构相似，易于形成稳定的固溶体结构，有效降低了材料整体的位错密度，因此 Ti、Zr 原子沿晶界富集现象趋于减少。随着 Re 含量的增多，这一现象越发明显。由于 Re 和 Mo 的外层电子排布相似，容易发生次外层电子轨道杂化，形成稳定的金属键，因而 Re 比 Ti 更容易形成固溶体，而且 Re 与 Mo 固溶后，由于 Re 的原子半径小于基体 Mo，形成放射状的拉伸应力场，有利于与基体 Mo 原子半径相差较小的 Ti 固溶入 Mo-Re 合金内。

从放大腐蚀后的 TZM-Re13 合金表面可以发现，除上述大尺寸的黑色第二相粒子之外，还存在一种在晶内和晶界处大量弥散分布的球形白色第二相颗粒 (图 1-36(a))。利用 EDS 分析可知，这种白色小球主要是 Ti 的氧化物，其原子配比接近 TiO_2(图 1-36(b))。这种白色小球的尺寸大都在 1μm 以下，是 Ti 在烧结过程中与 O 结合发生氧化还原反应，生成的 TiO_2。由于球形最有利于降低体系的自由能，所以就会出现大量白色小球弥散分布的现象。

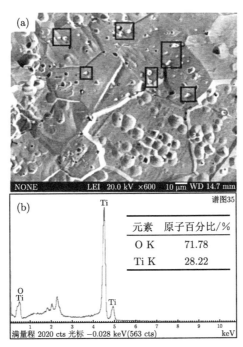

图 1-36　TZM-Re13 合金 SEM 照片及能谱分析

大量事实表明，第二相粒子的弥散分布在很大程度上提高了基体的强度和韧度。这主要是两种机制发挥了作用：① 微孔松弛机制，即第二相粒子钉扎位错，降低了晶界处应力集中的速率，延缓沿晶裂纹的形成与发展，且在塑性变形过程中，粒子周围的微裂纹松弛了变形积聚的应力，使材料得到更大的变形量 (如图 1-37 所示)；② 裂纹转向机制，即裂纹在第二相粒子处偏转，或在粒子处产生孔洞，需吸收更多的能量，使材料韧性提高。也就是说第二相粒子的存在，可以为裂纹的长大提供阻力，有效增加材料的强度。然而，在脆性合金中，第二相粒子若为脆性氧化物相，容易造成与基体结合不紧密，产生应力集中，促使裂纹的形成，降低材料的强度。氧化物相粒子尺寸越大，表现出来的脆性越明显，只有当粒子细小弥散时，其对合金的强化作用才占主导地位 (如图 1-38 所示)。

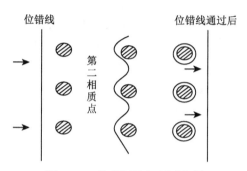

图 1-37   位错钉扎机制示意图

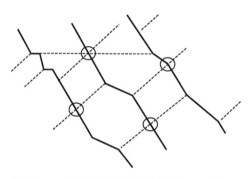

图 1-38   被弥散相质点钉扎的位错网示意图

通过以上分析可以发现，稀有金属元素 Re 添加入 TZM 钼合金中以后，元素 Ti 有两种存在形式：一方面固溶入 Mo-Re 合金中，形成组织致密，与基体结合性好的 Mo-Ti-Re 固溶体，对提高组织致密度有积极贡献；另一方面，形成小尺寸的 TiO_2 球形颗粒，大量弥散分布在 TZM-Re 合金的晶界和晶内，对提高合金强度有重要贡献。

氧元素在 TZM 钼合金晶界处富集是导致合金沿晶脆断的主要原因，所以对 TZM 钼合金而言，要提高其强韧性就必须改变氧在晶界富集的问题。添加金属 Re 后，TZM 钼合金的强度和韧性都有了明显的提高和改善，说明金属 Re 有效地降低了 O 对基体 Mo 力学性能劣化的影响。要解释 Re 对 O 元素的影响，首先应研究清楚 O 元素使金属 Mo 的力学性能劣化的原因。

从金属和气体作用的一般规律来看，TZM-O 平衡体系应包括三个层次：大气中的氧气分子扩散到 TZM 钼合金表面，部分分子被 TZM 钼合金表面吸附，这是第一层 (图 1-39(a))；被吸附住的 O_2 受到基体 Mo 的吸引，部分结合较弱的分子发生解离 (公式 (1-3))，生成单原子并强烈吸附在 TZM 钼合金表面，这是第二层 (图 1-39(b))；由于 Mo 和 O 的化学势不同，为使体系自由能降低，O 原子穿透 TZM 表层逐渐向合金内部扩散，这是第三层 (图 1-39(c))。当 O 原子达到第三层后，其扩散速度就与合金内部的晶界、位错及其他缺陷有主要关系。这是由于缺陷处能量较低，利于 O 原子的扩散和富集 (图 1-39(d))。O 原子运动的每一层次都是热激活过程，即随温度的升高，O 原子的运动速度会明显加快。同时整个过程中都伴随着相反方向的解吸附过程，构成一个整体的 Mo-O 的动态平衡体系。

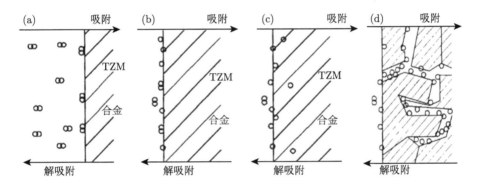

图 1-39　氧气在 TZM-Re 合金中的扩散规律示意图

TiH_2 和 ZrH_2 在升温过程中分解 (公式 (1-4) 和 (1-5))，生成 Ti、Zr 和 H_2。少部分 Ti 和 Zr 固溶入基体 Mo 中，其余部分在晶界处富集，与氧结合形成硬质的第二相 (公式 (1-6) 和 (1-7))；同时 H_2 和 O 结合形成水蒸气逸出后，在合金中形成气孔 (公式 (1-8))。在前面的分析中已经阐述过，第二相粒子和气孔的弥散分布，在一定程度上对位错有钉扎作用，对提高合金高温力学性能有突出贡献，但对合金的室温韧性和加工性能都有不利影响，这是 TZM 钼合金最终发生脆断的主要原因。

$$O_2 \longrightarrow 2O \tag{1-3}$$

$$TiH_2 \longrightarrow Ti + H_2 \tag{1-4}$$

$$ZrH_2 \longrightarrow Zr + H_2 \tag{1-5}$$

$$\text{Ti} + 2\text{O} \longrightarrow \text{TiO}_2 \qquad\qquad (1\text{-}6)$$

$$\text{Zr} + 2\text{O} \longrightarrow \text{ZrO}_2 \qquad\qquad (1\text{-}7)$$

$$\text{H}_2 + \text{O} \longrightarrow \text{H}_2\text{O} \qquad\qquad (1\text{-}8)$$

当 TZM 钼合金中加入金属 Re 以后, 形成结构致密的 Mo-Re 固溶体, 增加了 O 在 Mo 中扩散的阻力, 也就降低了晶内氧化物形成的可能。同时通过改变位错应力场, 减少了 Ti 和 Zr 在晶界处大量富集的现象, 使晶界处硬质第二相的含量明显减少 (图 1-34), 有利于改善 TZM 钼合金的室温脆性。另外, 结合图 1-36 可以发现, 添加金属 Re 以后, 合金中仍然存在大量分布的 TiO_2 相, 只是尺寸更小, 分布更广泛。整体来看, 添加 Re 以后, 没有改变 TZM 钼合金中 O 元素的扩散方式, 但改变了氧化物的数量和分布区域, 更有利于提高合金的室温力学性能。

1.2.4 钼合金其他性能研究进展

1.2.4.1 低氧 TZM 钼合金研究进展

1) TZM 钼合金的制备方法

TZM 钼合金常用的制备方法包括真空熔炼法和粉末冶金法 [54]。真空熔炼法是将 Ti、Zr 和其他合金元素按一定比例加入纯钼中, 然后进行真空电弧熔炼, 制得 TZM 钼合金。采用真空熔炼法制备出的 TZM 钼合金杂质含量 (特别是气体杂质含量) 低, 并且析出相较少。然而, 采用真空熔炼法生产的 TZM 钼合金存在晶粒粗大、尺寸分布不均、生产操作繁杂、能耗高、成品率低等缺点。因此, 无法满足特殊环境下的服役要求 [54]。粉末冶金法是将钛和锆的氢化物或碳化物粉末、石墨粉和其他合金元素加入高纯钼粉中, 经过等静压压制, 然后在还原性气氛下进行烧结。烧结坯再经过后续轧制、热处理以及精整等工序处理, 制得 TZM 钼合金。粉末冶金法与真空熔炼法相比, 工艺简化、能耗低、生产周期短、成品率较高, 因此很大程度上降低了生产成本 [55]。然而, 采用传统的粉末冶金法生产出的 TZM 钼合金的性能也存在一定程度的缺陷, 由粉末冶金生产特点所决定, TZM 钼合金的孔隙率较高, 内部存在大量的孔隙, 氧聚集在内部孔隙之中, 无法排除也难以被还原, 导致合金氧含量过高, 影响合金力学性能。Chakraborty 等 [56] 采用铝热反应法制备出的 TZM 钼合金, 以廉价的 Mo、Ti、Zr 三种元素的氧化物和石墨粉为原料, 加入铝热还原剂, 以铝热反应释放的大量的热作为热源制备 TZM 中间坯, 采用惰性气氛保护, 对 TZM 中间坯进行电弧熔炼制得 TZM 钼合金。采用这种方法, 以价格相对低廉的金属氧化物作为原料, 制备出的 TZM 钼合金与传统 TZM 钼合金产品相比, 力学性能和加工性能均有提高, 并且在合金坯料的最外层形成一种致密的铝-硅氧化物二元复合层, 使得合金的抗氧化性得到改善。

但目前,该制备工艺还未完全成熟,存在工艺复杂、设备占用大等问题,暂不适合在工业生产中投入使用。

2) TZM 合金中氧的来源

大量研究表明,TZM 钼合金中氧的来源主要是钼粉,环境介质与钼粉颗粒中夹杂的氧可以与金属钼形成 MoO_3、$MoO_{2.89}$、$MoO_{2.875}$、Mo_4O_{11} 和 MoO_2 等一系列氧化物,其中 MoO_3 和 MoO_2 的化学性质最为稳定,MoO_3 具有较高的蒸气压,它在 700℃ 时升华为气态,在 795℃ 时熔化为液态。因此 MoO_3 在高温条件下,即使在真空中也极易以气态的形式挥发。由氧和钼的二元相图可知,钼粉在高温条件下被氧化,将主要生成 MoO_2。环境介质与合金粉末中的氧在烧结过程中,进入 TiH_2、ZrH_2 脱氢生成的 Ti、Zr 单质中,生成金属氧化物或固溶体。

曹冬和朱琦[57]对氧的引入机制和氧化物形式进行了研究。TZM 钼合金的烧结结果表明:在合金中仅存在少量的固溶态金属氧化物和游离氧单质,氧含量约为 20~40ppm。因此 TZM 钼合金中,氧主要以 TiO_2 和 ZrO_2 第二相析出氧化物或者以其他形式的复合氧化物存在。由图 1-40 可知控制 TZM 钼合金的氧含量主要通过以下四种途径:① 控制原料合金粉末的氧含量;② 避免制备过程中环境介质中的氧吸附;③ 减少 TiO_2 和 ZrO_2 的生成;④ 优化烧结制度。

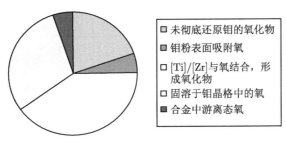

图 1-40　TZM 合金中氧的来源[57]

韩强[58]分析了氧压和温度对钼的氧化机理的影响,在 0.01MPa 的氧压下,钼在 475℃ 时形成吸附氧化膜,其氧化速率主要由氧原子和金属离子通过氧化膜的扩散速度所决定。这个阶段处于缓慢氧化阶段;当温度在 475~700℃ 时,不但形成吸附氧化膜,还生成了 MoO_3 挥发性气体,MoO_3 挥发速度与温度升高速度成正比。在这一阶段,氧化速度由金属表面的吸附和解吸所决定;在 700~875℃ 时,钼的表面不再生成氧化膜,均以 MoO_3 气体的形式挥发,挥发速度及氧化速度均随着温度的升高而不断加快;当温度高于 875℃ 时,MoO_3 挥发气体在环境介质中充当了保护气氛,将环境介质中的氧与金属钼隔绝,从而防止钼被氧化。此时,氧化速度取决于环境介质中的氧通过 MoO_3 气体层的扩散速率以及 MoO_3 气体层厚度。

3) 低氧 TZM 钼合金的研究现状

据文献记载，TZM 钼合金氧化优先在存在缺陷的晶界处发生，随着氧化的深入，不断向合金内部氧化，氧化层厚度不断增大，氧化层不稳定，易破裂，且层间存在孔隙，氧通过扩散，进入基体内部，使合金进一步被氧化，并导致明显的质量损失。

向铁根和刘海湘[59] 探讨了粉末颗粒形貌及氧含量随着制备工艺和使用原料的不同而产生的差异，以及同舟内所处不同层次的钼粉氧含量和粒度的关系。经过分析讨论得出结论：在同一烧舟内的钼粉，经过烧结后，沿垂直向下方向粉末颗粒度呈现出递增趋势。这主要是由于氢气渗入物料底层比表层需要更大的扩散能。同时，在烧结过程中，底层物料间的水蒸气扩散出粉末体系所需的逸出功远大于表层所需的逸出功，因此，从表层到底层，粉末粒度呈现出递增的现象。表面层钼粉由于受到气体的扩散速率及比表面积的影响，其氧含量较底层钼粉更容易增高。

王德志等[60] 在此基础上，进一步研究了料层厚度与钼粉性能之间的关系，如图 1-41 所示，并提出：还原钼粉氧含量与铺料厚度呈正比关系，而平均粒度与铺料厚度则呈反比关系。

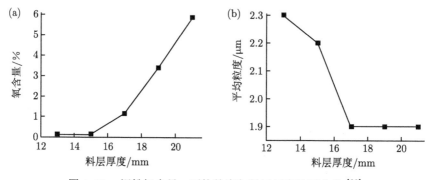

图 1-41   钼粉氧含量、平均粒度与料层厚度关系曲线[60]

图 1-41(a) 为料层厚度与氧含量的关系曲线，从图中可知，氧含量与铺料厚度呈正比关系。这是因为料层越厚，反应所生成的水蒸气扩散出粉末所需的逸出功越大，扩散越困难，还原反应越不容易进行，产物越容易被氧化。

图 1-41(b) 为料层厚度与平均粒度的关系曲线，从图中可知，铺料厚度增大，粉末的平均粒度将急剧下降，当铺料厚度大于 17mm 后，平均粒度变化相对稳定[60]。

马全智[61] 研究了钼粉还原与温度变化之间的关系。通过分析讨论得出结论：温度变化对于还原钼粉的微观结构以及物理化学性质起到重要的影响，与采用"高温-低温"还原与"低温-高温"还原的钼粉相比,其微观结构和分散度均有所改善,粒度和氧含量也有所降低。

刘仁智和李晶等[62] 分析讨论了多种温度梯度下,层状二氧化钼还原粉末的颗粒形貌,提出还原分解模型。整个还原分为六个阶段,分别为:吸附-还原-分解-形核-长大-成核,粉末经历了还原的六个阶段后,颗粒得到优化,氧含量迅速降低。但是,在此过程中,还原粉末颗粒容易因过烧而发生黏结。

郭兴敏等[63] 探究了在含碳气体的气氛下金属氧化物与含碳球团的还原机制,由此,建立了含碳球团与金属氧化物间的还原动力学的微分方程组如下:

$$\frac{\partial}{\partial r}\left[r^2\frac{D_{CO_2}}{RT}\frac{\partial p_{CO_2}}{\partial r}\right]+r^2\left(\vartheta_O-\vartheta_C\right)=0 \tag{1-9}$$

$$\frac{\partial M_C}{\partial t}+0.012\vartheta_C=0 \tag{1-10}$$

$$\frac{\partial M_O}{\partial t}+\vartheta_O=0 \tag{1-11}$$

建立了含碳气氛中含碳球团的还原模型。经验证,此还原模型所得结果能够准确反映出还原温度、气氛和气化反应活化能在含碳球团对金属氧化物还原过程中所起到的作用,以及沿球团半径瞬时还原度的分布情况和剩余碳含量。

王增民和宋光涛[64] 则提出,在一定程度上,气体活性以及合金坯料的吸附能力均与烧结温度成正比。随着烧结温度升高,氧含量将略微升高。当烧结温度进一步升高时,合金化元素的作用将使得合金坯料内气孔收缩,这也将导致气体排出体系所需的逸出功增大,使气体排出体系变得困难,随着合金被氧化,气体中的氧将以金属氧化物的形式存在于合金中。随着烧结温度不断升高,钼合金坯料开始收缩,表面积降低,合金内部孔隙率降低,部分存在于合金内部孔隙中的游离气体将被排出体系,合金组织逐渐开始致密化,同时氧含量也逐渐降低。此时,氧多以固溶态的金属氧化物形式存在。

李来平等[65] 比较分析了在真空烧结前后 TZM 钼合金的氧含量变化情况,根据热力学数据,研究了 TZM 钼合金在真空烧结过程中的脱氧机制。脱氧机制主要分两个阶段:首先,合金中氧化物在碳的还原作用下生成金属碳化物;然后,二氧化钼发生歧化反应,在高温真空条件下生成金属钼单质和三氧化钼可挥发性气体,将可挥发性气体抽出真空系统,保持系统内真空度的同时,降低气体产物的分压,能够促进脱氧反应向正方向进行,从而降低脱氧反应条件,有利于脱氧反应进行。

温治等[66] 基于材料的孔隙率建立了合金缩核模型,通过模拟计算,主要分析了在烧结床内的氧含量和烧结温度对碳的燃烧情况的影响。得出结论:当烧结温度为 700℃ 时，达到碳的着火点。碳在烧结床上燃烧，最高温度可达 1400℃。颗粒反应速率随着料层厚度的增大而降低，颗粒尺寸对烧结过程起到显著作用。

梁静和林小辉等 [67] 提出碳的添加量要使钼合金烧结坯的碳氧含量比例控制在 1:1.4~1:1.7(质量比)。在这一范围内，TZM 钼合金中 Ti、Zr 添加的原子数之和与添加的碳原子数之比约为 5:1。以此比例来添加碳，能够极大控制 TZM 钼合金的氧含量，并使合金中碳含量处于 0.01%~0.04% 的标准规定范围之内。

林宇霖等 [68] 采用固-固混料的方式按 0.55Ti-0.12Zr-0.04C-Mo 的比例配制原料；以 Mo_2C 作为碳源加入合金粉末中；采用真空度低于 $1 \times 10^{-3}Pa$ 进行真空烧结，烧结温度为 1950~2200℃，烧结时间为 4h，制备出满足美国标准指标要求的 TZM 钼合金材料，其氧含量低于 200ppm。

1.2.4.2　钼合金腐蚀性能研究进展

金属腐蚀受到的影响作用，主要分为外部因素及内部因素的影响。外部因素是指介质的组成、温度、pH、压力、合金的受力情况等；内部因素是指合金的化学成分、结构状态、金属的晶形、合金的表面结构等。不同的因素作用会引起不同程度的腐蚀 [69]，按照腐蚀环境分类，分为大气腐蚀、高温气体腐蚀、土壤腐蚀、海水腐蚀、化工介质腐蚀 (又可将其分为酸腐蚀、碱腐蚀、工业冷水腐蚀、有机介质腐蚀等)。按腐蚀破坏形态分类可以分为全面腐蚀、局部腐蚀，按腐蚀反应历程分类分为电化学腐蚀、化学腐蚀和物理腐蚀。

1) 点蚀形成机理

点蚀属于局部腐蚀的一种类型，其破坏区域很小，不易察觉，但破坏性不可预见。点蚀引起的蚀孔大小不一，仅有几十微米，点蚀表面的蚀孔直径小于或等于其深度。腐蚀产物通常覆盖在孔口处，有的呈碟形浅孔状，有的呈小而深的孔形状，且分散形成或集中分布在合金表面；当点蚀严重时，孔洞甚至会穿透合金板材。

当侵蚀性阴离子 (如 Cl^-) 与氧化剂同时存在时，点蚀极易发生在表面有钝化膜或保护膜的合金基体中。一般将点蚀分为以下三个阶段 [70]。

A. 蚀孔发生成核的初始阶段

蚀孔发生成核的初始阶段被认为，点蚀从发生到成核前存在一段长达几个月甚至几年的孕育期。现阶段的钝化膜破坏机理认为，腐蚀破坏主要是具有腐蚀性的阴离子在钝化膜表面吸附、穿过钝化膜形成化合物。钝化膜吸附理论认为活性 Cl^- 与氧竞相吸附，使得金属表面的氧被 Cl^- 所取代，且 Cl^- 黏附在氧的吸附点，使 Cl^- 进一步与钝化膜中的阳离子结合，从而生成可溶性的氯化物。合金基体新露出的某些特定点上则会生成小蚀孔，孔的平均粒径在 20~30 μm，作为点蚀核存在于合金基体表面。待形成蚀核后，该处的特定点仍可继续再钝化，当再钝化能力超出一定范围时，蚀核便不再长大 [71]。当小蚀孔呈现出开放式的状态时，蚀核则会优先在金属表面划痕、位错露头、晶界以及金属内部硫化物夹杂、晶界上碳化物沉积等处形成 [72]。

B. 蚀孔的生长阶段

蚀孔的生长阶段被认为，蚀核在大多数情况下不断长大，当点蚀核增长到一定尺寸 (一般孔径约为 30 μm) 时，合金表面会出现一些肉眼可见的蚀孔，当蚀孔出现在某些特定点时，这些蚀孔称为点蚀源。目前比较公认的蚀孔成长理论模型是闭塞电池引起的蚀孔内酸化自催化过程。

蚀孔的阳极溶解属于闭塞腐蚀电池的自催化过程。点蚀经阳极电流作用，活性阴离子不断迁移至点蚀坑，使点蚀坑中产生阴离子富集。形成的点蚀坑进一步限制了坑中溶液与外部溶液的物质传递与交换，阻碍了腐蚀介质的扩散作用，使点蚀坑内溶液成分及电极电势发生变化，加速了阳极反应。发生阳极反应导致局部腐蚀形成小孔、缝隙以及裂纹，在该处导致腐蚀液积聚滞留，导致与外界溶液的物质传递受阻；内外物质的传递由于受到腐蚀产物的遮盖也受阻，故将这种腐蚀坑内外溶液形成浓度差构成的浓差电池，称为腐蚀的闭塞电池。

在腐蚀闭塞电池中，蚀孔不断在垂直方位沿底部扩展，点蚀不断向合金深处发生，从而抑制了再钝化的过程。例如，在含 Cl^- 的腐蚀液中孔内外会形成氧浓差电池，由于蚀孔内含氧量很低，而孔外含氧量高。阳极反应作为吸氧反应，则随着腐蚀反应进一步发生，蚀孔内金属离子数量增多，此时，为了维持孔内溶液的电中性，孔外的 Cl^- 需不断向孔内进行迁移，使得孔内 Cl^- 浓度升高，此时孔内的金属离子发生水解生成 H^+。当孔内不断迁移的 Cl^- 与水解生成的 H^+ 相结合时，溶液最终变为 HCl 溶液，溶液的逐渐酸化加速了合金的活化溶解，在形成的 HCl 腐蚀液中，合金经不断溶解发生自催化反应。孔内高浓度盐溶液导电性较高，且闭塞电池的内阻很小，导致腐蚀不断向深处进行；同时氧很难溶入高浓度盐溶液中，即使溶入一小部分也很难在盐溶液中进行扩散，故再钝化过程受到阻碍。腐蚀产物的生成对溶液的扩散与对流有一定的阻碍作用，导致孔内腐蚀液长期处于高浓度的酸性环境中，所以酸化的自催化造成了闭塞电池效应。

C. 蚀孔的再钝化阶段

蚀孔的再钝化阶段被认为，实际的点蚀作用常伴随着大量蚀孔在蚀穿合金截面之前，就已经变为了非活性，即点蚀发展到一定深度后便不再进行。钝化的成像膜理论认为，蚀孔内金属的再钝化引起了点蚀的停止。引起再钝化的原因有以下三种：第一种，消除了金属表面晶间沉淀和夹杂物，由于该处的钝化膜较薄弱，当消除后很可能发生再钝化；第二种，蚀孔内电势向负向移动过程中，当电势移动到低于点蚀保护电势时进入钝化区，金属发生再钝化；第三种，点蚀生长过程中，蚀孔内部的欧姆电压降逐渐增大，导致蚀孔内的电势转移到钝化区，发生再钝化。

2) 钼合金腐蚀行为的研究现状

目前国内外工作者的研究重点主要集中在难熔金属与硬质合金的抗腐蚀性能，该类合金在海水中应用较为广泛。但由于海水中氧浓度、温度、Cl^- 浓度和 pH 对钼合金材料的耐均匀腐蚀、耐点蚀和耐应力腐蚀性能的影响，今后研究重点将放在如何能够确切地反映钼合金材料在不同服役环境中的腐蚀行为及腐蚀机理，合理地优化和选择材料等方面，在确保材料使用性能稳定的情况下制备防腐蚀性涂层，以获取最佳的经济效益。

Jeong-Min Kim 等 [73] 通过等离子喷涂和激光熔覆法制备带有硅涂层的 TZM 钼合金，并对其高温抗氧化性能及电化学腐蚀性能进行详细的分析。电化学腐蚀试样分别包括以下三组制备方式：等离子喷涂法、等离子喷涂法 + 激光熔覆法、等离子喷涂法 + 激光熔覆法 + 等温加热法，对三组试样分别进行动电势极化测试，比较合金在室温下的耐腐蚀性能。结果表明，等离子喷涂后进行激光熔覆的带有硅涂层的 TZM 钼合金腐蚀电势 (E_{corr}) 提高很明显，附加等温加热过程使得腐蚀电势进一步升高。同时，腐蚀电流密度 (i_{corr}) 在等离子喷涂处理后略微增加，但变化程度不明显。相对而言，在等离子喷涂法 + 激光熔覆法 + 等温加热法三种条件处理的情况下，硅涂层试样在 3.5% 氯化钠溶液中的耐腐蚀性是比较高的。这主要由于涂层表面完整性和致密性，使硅涂层更有效地防止溶液渗透。通过涂层制备方式及成分的设计，推测后续处理的合金试样具有更高的耐腐蚀性能。

J. Besson 等 [74] 经过大量研究表明，钼合金在水溶环境下，在其表面形成钝化层，从而表现出良好的耐腐蚀性能，许多研究者认为，钼合金在水溶液中形成的钝化膜表面主要由 Mo 和 MoO_2 组成，当钼合金在酸性溶液中，形成的表面钝化膜主要为 MoO_3，而在碱性溶液中，则主要由 MoO_3 及 $Mo(OH)_3$ 构成。但也有部分研究者对于钼合金在不同 pH 水溶条件下，对钝化膜表面形成与合金腐蚀行为持不同观点 [75,76]。

F. Bellucci 等 [77] 通过分析钼在甲醇和水中的不同极化行为，在几种不同溶液的极化曲线中均未发现钝化峰。CH^+、CCl^- 及水含量在阳极区影响甚微。在 25℃，pH 为 10~14 的氢氧化钾溶液中，金属钼的极化曲线中，过钝化区与活化溶解区相邻，无钝化区出现，将不会产生钝化，主要为金属的溶解，同时生成一层氧化膜。在 0.5 mol 硫酸溶液中，单晶钼 (100) 在 −480 mV(160 mV (饱和甘汞电极，SCE)) 范围内产生钝化。Kozhevnikov 等 [78] 利用 XPS 研究极化后钼的表面层物质组成，XPS 分析数据中，并未找到任何氧化物。由此，提出了一种假设：钝化是一种化学吸附。但是，Y. C. Lu 和 C. R. Clayton 等 [79]，通过 XPS 分析，发现钼极化后表面生成的钝化膜化学组成主要为 MoO_2 和 $MoO(OH)_2$，从而提出生成钝化膜的电化学反应顺序如下：

$$2Mo + 3H_2O \Longrightarrow Mo_2O_3 + 6H^+ + 6e^- \tag{1-12}$$

$$Mo_2O_3 + H_2O \Longrightarrow 2MoO_2 + 2H^+ + 2e^- \tag{1-13}$$

$$2MoO_2 + 2H_2O \Longrightarrow 2MoO(OH)_2 \tag{1-14}$$

美国矿业研究部门进行的原电池实验显示[80]，一般情况下，金属钼的腐蚀率较低，但在通入空气的模拟海水介质或 3% 的 NaCl 介质中，钼将和铝、镁以及 SAEI430 钢构成原电池，能够削弱钼受到的腐蚀作用。同样，钼与铜在 NaCl 溶液中也能够构成原电池，从而降低钼的腐蚀速率，然而，这种情况在模拟海水介质中，腐蚀速率将会增大。钼与 SAEI 430 钢，在 1%NaOH 溶液中，无论存在空气与否，钼均会加速腐蚀，但在有空气存在的 0.46% 硫酸溶液中，钼将会得到保护，腐蚀速率降低。钼与 Ni-Cr 合金不锈钢在硫酸溶液中构成原电池时，钼的腐蚀速率所受影响并不显著。

3) 钼合金在酸性介质中的腐蚀性能

Dieter Behrens[81] 和 F. T. Freeman 等 [82] 研究了钼合金在非氧化性酸中的腐蚀性能。结果表明，钼合金对于非氧化性酸具有较好的耐蚀性。25℃ 时，Mo 对 HCl 耐腐蚀性能良好。在沸腾的浓盐酸中，钼的初始腐蚀率为 0.5mm/a，腐蚀率将随着腐蚀周期的延长而升高。不同温度，在盐酸中通入具有氧化性的物质，钼合金的腐蚀速率将会显著升高。例如，含 0.5%FeCl_3 腐蚀速率将提高 100 倍[82]。

钼在无水 HF 中，由于受到阳极反应作用，将会迅速溶解。因此，常用此法制备钼的氟化物。而在浓度及温度较高的 H_3PO_4 溶液，钼合金表现出良好的腐蚀性能，在不同浓度的沸腾磷酸中，钼合金的腐蚀率均低于 0.03mm/a[82]。

4) 钼合金在碱性介质中的腐蚀性能

H. Jackson[83] 提出在低于 100℃ 时，钼对 NaOH 具有良好的耐蚀性。在浓度为 1.3~2.3mol/L 的氢氧化钠溶液中，电解液流速将决定阳极金属钼的溶解速度。例如，浓度为 2.3mol/L 的 NaOH 溶液中在 +2V(SHE) 和 400r/min 时，电流密度约为 5.5A/cm^2，而对于静止电极，电流密度小于 0.1A/cm^2。造成电流密度升高的原因不仅包括了钼的腐蚀，还包括了其他物质放电的过程 (如 OH^- 的放电过程)，但放电过程的电流密度与钼的腐蚀电流密度相比要小很多，通常相差几个数量级，腐蚀产物 MoO_4^- 能够很好地验证上述结论。另外，钼在氨水中将迅速氧化、溶解，但在 100℃ 雾化的氨水中，仅受到中度腐蚀[80]。

5) 钼合金在海水中的腐蚀性能

L. H. Seabright 和 R. J. Fabian[75] 在经过 34 天的电化学研究后提出，Mo 在快速流动海水中的腐蚀速度为 78 μm/a。Mo 在海洋气氛中的抗蚀性良好，在 Kure 海岸潮汐的作用下，测得其腐蚀速度为 0.002 mm/a，腐蚀坑深度达 0.006mm[75]。

1.2.4.3 钼合金的氧化行为及抗氧化涂层研究进展

1) 钼合金的氧化行为研究进展

研究表明，温度低于 400℃ 时，TZM 钼合金氧化速率很慢，合金表面生成不易挥发的 MoO_2；温度在 400~750℃ 时，氧化增重迅速增加，生成易挥发的 MoO_3；温度高于 750℃ 时，由于 MoO_3 挥发，增重急剧下降，氧化质量损失严重[84-86]。Mo 基合金在有氧环境中极易氧化，为了防止或减缓其氧化，制备高温抗氧化涂层是一种有效的防护途径。采用高温抗氧化无机涂层是降低金属高温氧化损耗行之有效的方法，尤其是料浆法涂覆制备的无机高温抗氧化涂层以制作方便、成本低廉而得到广泛应用，欧阳德刚等对抗氧化涂层进行高温氧化行为的研究[87]。

2) 钼合金抗氧化涂层制备技术进展

A. 大气等离子喷涂法

等离子喷涂法是利用等离子体热源将喷涂粉末加热至熔融状态或半熔融状态，并以一定的速度喷射和沉积到基体材料表面，形成具有各种功能涂层的一种表面处理工艺。等离子喷涂法由于喷涂效率高、快捷修复失效涂层和易于实现工业化生产等特点，使其在涂层制备中更具有商业潜力[88]。

等离子喷涂方法可以细分为：真空、水稳、气稳等离子喷涂三种类型。其中水稳等离子喷涂是利用高压水流，在容器内形成涡流，由喷枪前后部的阴极和旋转阳极得到直流电弧，产生连续等离子弧，用于稳定喷涂。气稳等离子喷涂 (APS) 与真空等离子喷涂 (VPS) 这两种工艺的原理一样，都是利用高速的工作气体 (如 Ar、N_2 等) 离子体射流的能量将原料颗粒熔化，并且加速到预处理的衬底表面上形成涂层[89]。但是 APS 和 VPS 也存在一定的差别，在 APS 中，由于在空气中工作，可能会产生一定的不利因素，如：内部颗粒会相互作用，同时考虑到氧化物的影响也会对材料的种类进行限制[90]。在 VPS 中，由于采用惰性气体进行降压沉积，熔融颗粒的速度提高，可以得到较高质量的纯涂层，且具有较低的含氧量、孔隙率与较强的附着力等优点。但是，VPS 设备较为昂贵[91]。Fei 等[90] 研究了 APS-$MoSi_2$ 与 VPS-$MoSi_2$ 涂层之间的行为比较，并且得到在喷涂后，VPS-$MoSi_2$ 具有更优良的性能，形成均匀致密的微观结构，并且含氧量低、孔隙率低、硬度较高。相比之下 APS-$MoSi_2$ 涂层表面却形成了许多微裂纹，所以 VPS-$MoSi_2$ 性能较好。

由大气等离子喷涂制备 $MoSi_2$ 涂层，其成分组成为：$MoSi_2$(四方)、$MoSi_2$(六方) 和 Mo_5Si_3(四方)，涂层表面有一定的粗糙度 (球形颗粒、孔和微裂纹)，同时随着喷涂功率增加或 Ar 流量降低，可以提高涂层的显微硬度与结合强度，并且降低涂层的孔隙率[92]。Heng Wu 等[93] 研究了制备的 $MoSi_2$ 涂层在不同喷涂功率下的影响，即得到在 40~50kW 下工作时，涂层结合更加致密，达到 55kW，涂层开始出现裂纹与孔隙，同时结合强度下降。

同时等离子喷涂所用的粉末也需要满足许多严格的要求。一方面，高流动性和高表观密度需要确保粉末均匀地、平稳地流向火焰；而另一方面，粉末的粒径应控制在 20~80μm，以确保颗粒可以在熔化喷涂过程中效果良好[94]。Jian-hui Yan 等[95] 研究了空气等离子喷涂 $MoSi_2$ 涂层的附聚粉末制备，最后得到通过喷雾干燥和随后的真空加热，可以成功地制备出理想的用于空气等离子喷涂的 $MoSi_2$ 粉末，并且 $MoSi_2$ 颗粒的球形度和孔隙率在热处理后减少。此外 $MoSi_2$ 颗粒经历了在高能等离子体火焰中进行快速液体烧结过程，所得粉末显示出光滑的表面和球形形态。

等离子喷涂技术已经被广泛使用，在其他领域也有较大建树：Mario Tului 等[96] 已经成功完成超高温陶瓷 (UHTC) 等离子喷涂沉积初步测试，表明超高温陶瓷等离子喷涂涂层能够承受高温氧化条件。Chen 等[97] 研究通过等离子喷涂法制备的纳米结构氧化锆涂层，表征了氧化锆粉末并研究等离子体射流中纳米氧化锆粉体在熔融状态下，喷涂工艺和淬火工艺后涂层的微观结构。得到所制得的涂层的平整度要好于传统涂层，并且涂层平均粒径达到 80nm，符合要求。Yao 等[98] 为了提高目标材料的抗烧蚀性能，在 C/C 复合材料表面通过超音速大气等离子喷涂技术进行了 ZrB_2 基涂层制备。研究发现烧蚀过程中 ZrO_2 的形成可以部分地阻止氧扩散，在过渡区，SiO_2 的产生同样可以阻止内涂层的烧蚀现象。

奥地利 Plansee 公司[99] 采用大气等离子喷涂法在钼制品上制备了 SIBOR(Si-10B-2C) 型涂层。氧化环境中，涂层在 1250℃、1450℃ 和 1600℃ 下对钼制品的有效保护分别达到 5000 h、500 h 和 50 h，涂层表现出优异的高温抗氧化性能。王璟等[100] 选择 $La_{1.4}Nd_{0.6}Zr_2O_7$(LNZ) 为面层材料，质量比为 1:1 的 Mo 与 LNZ 复合粉末 (ML) 为过渡层材料，利用等离子喷涂法在高温 Mo 合金上制备双层结构热障涂层 (ML/LNZ)。

B. 化学气相沉积法

化学气相沉积 (chemical vapor deposition，CVD) 法是利用气态的前驱体反应物 ($SiCl_4+H_2$)，通过原子分子间的化学反应在基体钼的表面形成 $MoSi_2$ 涂层的过程。汪昇[101] 选用二硅化钼作为钼的涂层材料，分别采用大气等离子喷涂法和原位化学气相沉积法在钼表面制备二硅化钼涂层和二硅化钼/硼化钼复合涂层，深入地研究了大气等离子喷涂工艺和原位化学气相沉积工艺对制备涂层组织结构的影响规律，阐明了二硅化钼和二硅化钼/硼化钼复合涂层高温氧化机理，以及涂层中硅的扩散机制，基于动力学偏差调整了涂层结构，有效地阻挡并延缓了高温下硅的扩散，延长了涂层的使用寿命。Edward 等[102] 用 CVD/MOCVD(化学气相沉积/金属有机化合物化学气相沉积) 方法在钼基体的表面制备出了 $MoSi_2$-SiO_2 复合抗氧化涂层。

有研究表明，采用化学气相沉积法工艺进行 MoSi$_2$ 涂层的制备，其原理主要是利用气体前驱物 (SiCl$_4$-H$_2$) 在 Mo 衬底上发生化学反应制备 MoSi$_2$ 涂层。传统工艺一般包含四个步骤：① 传输，使前驱物气体穿过气体边界层通过主气体流到达衬底表面；② 化学反应，如方程 (1-15) 所示，前驱物气体通过衬底并沉积 Si 元素；③ Si 的固态扩散；④ 在衬底表面生成 MoSi$_2$ 涂层，如方程 (1-16) 所示。化学气相沉积法制备的 MoSi$_2$ 涂层组织致密、抗氧化性能良好，设备原理简单，但是存在涂层制备耗时、不经济、效率不高的问题。图 1-42 是在 Mo 基体上通过 CVD 制备 MoSi$_2$ 涂层的原理示意图。

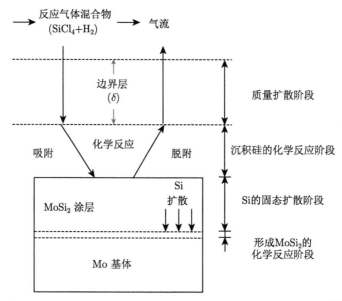

图 1-42   Mo 基体上通过 CVD 制备 MoSi$_2$ 涂层的原理示意图 [103]

$$SiCl_4(g) + 2H_2 \longrightarrow Si_{Mo\text{-}Silicide}(s) + 4HCl(g) \tag{1-15}$$

$$Mo(s) + 2Si_{Mo\text{-}Silicide}(s) \longrightarrow MoSi_2(s) \tag{1-16}$$

$$Si_{Mo\text{-}Silicide}(g) + 2HCl(g) \longrightarrow SiCl_2(g) + H_2(g) \tag{1-17}$$

Jin-Kook Yoon 等 [103] 在化学沉积条件下制备了单一的 MoSi$_2$ 涂层，研究了水平热比反应器 SiCl$_4$-H$_2$ 关于 Cl/H 输入比对 1200℃ 下 MoSi$_2$ 涂层生长速率的影响。经过测试，结果表明 MoSi$_2$ 涂层的生长始终遵循抛物线定律，且 MoSi$_2$ 涂层的生长随 Cl/H 输入呈现先增加后减少的现象，这主要是由于 Si 对 Cl/H 的 "刻蚀" 影响。同时沉积 Si 会根据上述方程重新形成气体排出，对涂层沉积造成一定的影响。

汪昇[104] 通过原位合成化学沉积法制备了 $MoSi_2$ 涂层和 $MoSi_2/MoB$ 复合涂层，研究了化学气相沉积法在不同工艺条件下对涂层生长的影响。发现复合涂层外层 ($MoSi_2$) 厚度随温度增加而增加，且通过两步气相沉积制备的复合涂层表面平整、致密、颗粒细小，同时 $MoSi_2$ 外层与 MoB 内层、MoB 内层与基体的界面明显。

金和玉[105] 采用低温反应气相渗透法制备 $MoSi_2$ 涂层，同时研究如何克服化学气相沉积法和化学气相渗透法这两种工艺同时制备 $MoSi_2$ 涂层时出现的耗时、不经济问题。进而采用反应气相渗透制备 $MoSi_2$ 沉积物并对其进行改进，实验结果表明，反应气相渗透制备的 $MoSi_2$ 沉积物表现出良好的纯度，含氧量低，同时工作时比其他粉末加工技术温度低，且通过预处理坯料孔隙度还可以控制 $MoSi_2$ 净形的单体和复合材料构件。

化学气相沉积法中有一种低压化学气相沉积法 (LPCVD)，这种低压化学气相沉积法反应一般在负压下进行，主要有两点原因：其一，该方法可以及时排出反应中的副产物，提高涂层质量、纯度；其二，反应生成 $MoSi_2$ 的沉积过程中，过饱和度达不到临界值，发生非均匀形核，获得的 $MoSi_2$ 涂层晶粒细，堆积致密[106,107]。吴恒等[106] 采用低压化学气相沉积技术在 Mo 合金表面进行 $MoSi_2$ 抗氧化涂层制备，采用该低压化学气相沉积法得到的 $MoSi_2$ 涂层结构致密，并且表现出较好的抗氧化性能，这主要是由于在涂层表面形成了一层 SiO_2 保护膜阻止了氧的扩散。之后进行了 20 次抗热震性能实验，并无脱落与开裂现象，表明所制备涂层具有较好的抗热震性能。

C. 刷涂法 (涂覆法)

针对金属钼在高温下极易氧化的问题，关志峰等[108] 开发了一种在烤窑时保护钼电极的玻璃基抗氧化涂层。该涂层是以钡硅酸盐玻璃为主相，以 Cr_2O_3 为难熔填料，加入有机黏结剂，用松油醇做溶剂，配制成悬浮液，采用刷涂法涂敷于钼电极表面。相对于真空或惰性气体加工技术、CVD 技术和粉末固体渗法，此方法具有涂敷工艺简单、成本低、保护效果显著等优点。

汪庆东等[109] 制备了一种 ZrO_2 玻璃抗氧化涂层，能较好地防止钼电极在使用过程中氧化，该涂层是以钡硅酸盐玻璃为连续相，ZrO_2 为难熔填料，加入黏结剂和松油醇，配置成料浆，然后涂覆在钼基体表面，再经过烘干后制得。该方法具有制备工艺简单、成本低廉、保护效果显著等优点。

D. 粉末固体渗法

国内用粉末固体渗法在钼合金表面制备了 $MoSi_2$ 渗层，通过多元共渗的方法在钼合金表面制备含 Al 或 B 元素的硅化物渗层，研究了铝硅共渗和硼硅共渗对渗层的结构及抗氧化性能的影响。结果表明，与渗硅相比，铝硅共渗层厚度保持不变，渗层由单层结构变成多层复合结构，抗氧化性下降；硼硅共渗层厚度减小，结构没有明显改变,抗氧化性能得到了明显改善[110]。图 1-43 是固体渗处理装置示意图。

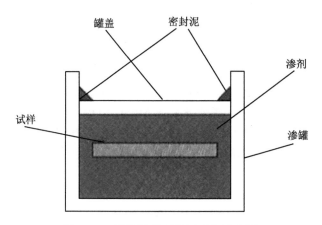

图 1-43   固体渗处理装置示意图[110]

E. 浆料烧结法

浆料烧结法是一种涂层制备的常用方法,同时具有设备要求低、工艺简单、涂层成分均匀、涂层与基体结合强度高等优点,我们还要注意避免由于粉末的熔化不能完全填充内部孔隙,使涂层结构不致密,容易产生孔洞、裂纹等缺陷[111]。

马小冲等[112]采用浆料法在钼基体上制备 ZrO_2 和 SnO_2 玻璃基抗氧化涂层,结果表明 ZrO_2 和 SnO_2 玻璃基涂层中分别有 $BaZrSi_3O_9$ 和 $BaSnSi_3O_9$ 相生成,这两种物质均具有抗氧化性质,使得涂层在一定时间内不易被氧化。在空气中经过 2h 高温氧化后,ZrO_2 玻璃基涂层中仅存在 $ZrSiO_4$ 相,而 SnO_2 玻璃基涂层中则出现了 $BaMo_2O_7$ 和 $BaMo_2O_7$ 相,使得涂层重量增加。ZrO_2 玻璃基涂层的氧化增重曲线较平缓,且增重先增加后逐渐减少;而 SnO_2 玻璃基涂层的氧化增重持续增加。

贾中华[113]介绍了浆料法制备铌合金和钼合金高温抗氧化涂层的工艺过程,涂层试验方法、性能、结构及应用情况。

研究人员对采用浆料烧结法制备 $MoSi_2$ 涂层进行了研究,如张稳稳等[114]主要研究相关工艺参数对 $MoSi_2$ 涂层结构与厚度的影响。采用浆料法制得 $MoSi_2$ 涂层,得到涂层结构由 $MoSi_2$ 外层与 Mo_5Si_3 内层组成,同时还发现 Si、NaF 可以起到活化剂的作用,缺少 NaF 无法形成硅化物层,同时添加 NaF 含量的多少对涂层厚度影响不是很大。闫志巧等[115]研究了 Mo-Si 到 $MoSi_2$-SiC 烧结转变过程,故在 C/SiC 复合材料表面刷涂一层 Mo-Si 浆料进行实验。并在 1430℃进行真空烧结,发现 Mo-Si 混合粉末全部转变为 $MoSi_2$ 与 SiC。内层呈现 $MoSi_2$-SiC 网状结构, 外层为 SiC 生长锥和晶须, 伴随 Si 含量增多, SiC 含量增多, $MoSi_2$-SiC 更加致密。

曹俊等 [116] 根据粉末包埋法和浆料烧结法制备 $MoSi_2$ 涂层的机理, 提出先进行料浆涂覆, 之后进行料浆包渗新工艺。这种料浆包渗法与普通包埋法比较, 其设备需求低, 工艺简单, 同时原料利用率高, 可以制备出组织均匀致密的涂层, 且在热处理后利于得到厚度较大的 $MoSi_2$ 外层, 还可以胜任制备大尺寸或者形状复杂的钼件表面涂层工作。

F. 磁控溅射技术

磁控溅射是一种低温环保的方法, 其对基体的损伤小, 同时也可以通过控制沉积时间来满足涂层均匀度和厚度的精确要求。但是磁控溅射法也有一定的缺点, 如其对设备有较高的要求, 制备成本高昂, 也难以胜任大型复杂钼器件表面涂层的制备工作。

研究人员对磁控溅射制备 $MoSi_2$ 薄膜进行了研究, 如邵红红等 [117] 采用射频磁控溅射在单晶 Si 基体上制备硅钼薄膜, 采用该工艺制备的薄膜完整且致密。同时所制备的薄膜具有优良的抗氧化性, 这主要是由于高温下该薄膜表面生成了一层致密的氧化物, 形成了保护层, 该氧化物层阻止氧的扩散, 进而起到保护作用。并且还发现当温度升高时, 该薄膜的抗氧化性也有一定程度的提高。

部分研究人员研究了磁控溅射工艺对制备薄膜的影响, 其中信绍广等 [118] 研究了磁控溅射气压对制备薄膜的影响, 发现溅射气压对该薄膜的结构和形貌影响较大, 工艺中退火可以显著降低钼硅薄膜中内应力, 且在退火后, 当溅射气压不断增加时, 该薄膜的均匀性变好、致密性变好, 并且薄膜的粗糙度也随之减小。而张茂国等 [119] 并且发现工艺参数中溅射气压和基底温度对所制备的薄膜结构和薄膜表面形貌有重要影响, 当溅射气压升高与基底温度下降时, 所制备薄膜的相关性能变差, 例如薄膜均匀性下降, 薄膜致密性下降, 薄膜粗糙度升高。同时对薄膜的电阻率进行研究, 发现高基底温度与高温退火, 由于强扩散效应, 薄膜电阻率升高。而退火后晶粒尺寸增大, 薄膜电阻率下降。

除了进行常规磁控溅射硅钼薄膜的制备研究外, 李公平等 [120] 采用新型磁控溅射设备进行了 $MoSi_2$ 薄膜的制备, 证实了钼团簇在离子场中加速, 具有了适当动能, 再碰撞单晶硅表面, 温度达标, 就可以在浅硅层上直接合成 $MoSi_2$ 的设想。夏立芳等采用非平衡磁控溅射 (UBMS) 产生金属等离子体, 并用射频放电进一步提高离化率, 在单晶硅基体上用等离子体基离子注入方法注入钼, 注入过程分为反冲离子注入 (包括级联碰撞位移) 和金属离子的纯注入两部分。当靶的距离不断增大时, 注入层厚度也增大, 并且纯注入层的厚度大于反冲注入层。同时 Mo 在纯注入层中主要以 $MoSi_2$ 相存在, 反冲注入层以 Mo 单质居多。

汤德志等 [121] 采用磁控溅射技术在钼合金基表面涂覆不锈钢涂层, 研究了原始表面粗糙度、负偏压与涂层成分、结构、结合强度及抗氧化性能的关系。结果表明，用磁控溅射技术在钼合金基体表面涂覆不锈钢涂层，在粗糙度为 0.005 μm 的钼基体表面，基体负偏压 −75V 条件下，溅射半小时，可获得表面光滑、结合强度较高的不锈钢涂层。在 800℃ 下涂层样品单位氧化失重小于 1.23 mg/(cm²·h)，可有效防护玻璃窑炉钼电极的氧化。

G. 包埋渗法

包埋渗法是一种将基体埋入固体粉末中，然后在保护气体环境中加热保温形成涂层的原位化学气相沉积技术 [112]。

研究人员对包埋渗法制备 MoSi$_2$ 涂层进行了大量研究，如肖来荣等 [123] 为研究硅化物涂层的形成机理和结构变化，采用包渗法在 Nb-10W 合金基体上制备 MoSi$_2$ 涂层，发现涂层主体层为 MoSi$_2$ 相，过渡层为 NbSi$_2$ 相、Nb$_5$Si$_3$ 相，扩散层为 Nb$_5$Si$_3$ 相，并且致密的低硅化物扩散层 Nb$_5$Si$_3$ 相可以有效地阻止裂纹向基体扩展。同时由该工艺制备的涂层具有良好的高温静态抗氧化性能和抗热震性能，进行实验，该涂层在 1600℃ 抗氧化 20h，室温至 1600℃ 热震达 200 次。杨涛等 [124] 在钼网表面采用包埋渗法工艺制备了 NbSi$_3$ 高温抗氧化涂层，得到的涂层表面粗糙，存在微裂纹，同时在高温氧化试验后也存在连续的、具有"自愈合"功能的 SiO$_2$ 玻璃膜对涂层进行保护。曹正等 [125] 在 Nb-Ti-Si 合金表面首先进行辉光离子渗 Mo 工艺，再进行包埋渗 Si 的方法两步制备 MoSi$_2$ 涂层，所制备的 MoSi$_2$ 涂层致密，且与基体结合良好，呈冶金结合。涂层由外向内分为三层，即为 MoSi$_2$ 层、NbSi$_2$ 层和 Nb$_5$Si$_3$ 层。

部分研究人员也采用包埋渗法进行 MoSi$_2$ 复合涂层的制备研究，如冉丽萍等 [126] 研究 MoSi$_2$-SiC 复合梯度涂层的高温抗氧化性能，采用两端包埋法在 C/C 复合材料上制备了 MoSi$_2$-SiC 复合梯度涂层，得到由 MoSi$_2$ 为主的外层、MoSi$_2$/SiC 的双向层、SiC 的致密层、SiC 的过渡层的由外到内的复合涂层结构，并且所制备涂层与基体之间结合良好，以冶金结合为主，并具有一定的机械结合。在两段式包埋工艺法之后，进行封闭处理 (采用正硅酸四乙酯)，发现形成的 SiO$_2$ 覆盖在涂层表面，形成一层保护膜，提高了涂层的高温抗氧化能力。张厚安等 [127] 主要研究所制备的复合涂层在 500℃ 和 600℃ 下的氧化行为，采用包埋渗法在钼表面原位制备了 (Mo，W)Si$_2$-Si$_3$N$_4$ 复合涂层，所制备的涂层在低温氧化时，表面覆盖一层 SiO$_2$ 保护膜，防止了"粉化瘟疫"现象的发生，涂层的抗氧化能力得到提高。同时通过该工艺制备的涂层结构致密，且涂层与基体之间的结合良好。Zhang 等 [128] 在钼衬底上通过包埋渗制备了 (Mo，W)Si$_2$-Si$_3$N$_4$ 复合涂层，经过实验研究得到阻碍硅在 Mo 基体与 MoSi$_2$ 基涂层之间的扩散是延长涂层使用寿命的关键这一结论，且我们可在涂层中添加 W 元素，对 Si 在涂层和 Mo 衬底之间的扩散具有强烈阻碍作用。

少数科研人员利用 $MoSi_2$ 涂层制备原理对工艺进行改良,如詹磊等[129] 对传统的包埋渗工艺进行了改进,不再采用传统制备方法中的真空装置或惰性保护气氛,而是使用活性炭粉进行该包埋渗工艺,目的在于利用活性炭粉消耗氧从而使高温下的氧分压下降。对改良包埋渗工艺制备的 $MoSi_2$ 涂层进行了研究,发现其具有许多优点,例如涂层结构致密且厚度均匀,涂层制备工艺简化,从而降低了成本。同时还发现钼金属表面越粗糙,渗硅工艺越迅速,涂层生长越有利,制得涂层越厚。随着热处理工艺时间的增长,所制备涂层的厚度也不断增大,且实验数据表明,当热处理超过 2h 后,制备的涂层厚度增加趋于缓慢、平稳。同时,热处理的温度对涂层的性能影响也较大,如涂层的厚度、涂层结构的致密性等。并且随着热处理工艺中温度的不断提高,涂层的厚度与涂层结构的致密性也明显升高,经过实验研究,得到在 1200℃ 时所制备的相关涂层质量最好。

汤德志[121] 又利用包埋渗法在钼基表面制备了硅铝化物、硅化物与铝化物涂层,对涂层样品进行了 750~1050℃ 静态氧化实验,探究包渗温度和包渗时间对涂层的厚度、横截面元素含量及其分布、显微形貌、物相及抗氧化性能的影响,着重研究硅铝化合物涂层高温氧化行为,初步建立了硅铝化物涂层在 1000℃ 下静态氧化反应模型。研究表明,用包埋渗法在钼基体上涂覆硅铝系、硅系和铝系涂层,包渗温度 1000℃ 保温 5h 的制备条件下,各系涂层厚度较大、组织致密、成分均匀、结合强度较好、抗氧化性能优良。在 750~1050℃ 的静态氧化实验中,包渗温度 1000℃ 保温 5h 涂层具有相对较好的抗氧化性能。

硅铝系涂层表面生成熔融态的 SiO_2 氧化膜和非熔融态的 Al_2O_3 氧化膜,具有较好的抗氧化性能;硅系涂层表面生成熔融态的 SiO_2 氧化膜,但低温 (750~850℃) 下硅系涂层表面由于 MoO_3 挥发严重,破坏了 SiO_2 膜的完整性,导致硅系涂层低温 (750~850℃) 抗氧化性能差;铝系涂层在 750~950℃ 的范围内具有较好的抗氧化性能,但在 1050℃ 下涂层逐渐失效。

H. 浆料熔烧法

周小军等[130] 用料浆熔烧法制备钼合金表面抗高温氧化涂层,即将金属 (合金) 的料浆均匀涂敷于基材表面,在惰性气体或真空中使料浆熔化,通过液体-固体扩散形成涂层,制备工艺简单,涂层成分容易控制,且成本较低。

3) 钼合金抗氧化涂层研究进展

A. 硅化物涂层

硅化物涂层具有良好的热稳定性,使用温度可达 1600℃,其表面形成的 Si_xMo_y 能有效阻止氧向基体内部扩散,而且在高温下 Si_xMo_y 的流动性使涂层具有一定的自愈能力,并能承受一定的变形。

在 20 世纪 50 年代中期,对钼涂层的兴趣从铝化物基涂层移至硅化物基涂层。由 Chromalloy 公司在 1953~1954 年发展的 W 系涂层,为研制可靠的高性能涂层系统提供了巨大的可能。在随后的年代里，12 种硅化物基涂层已由不同公司采用不同的沉积方式研制出来，如表 1-12 所示 [131]。

表 1-12   钼的硅化物涂层 [131]

类型	商业名称	研制单位	沉积方式
$MoSi_2$	DiSi	Boeing	流化床法
$MoSi_2$	PFR-6	Pfaudler	包埋渗法
$MoSi_2$	L-7	McDonnell-Douglas	料浆包埋渗法
$MoSi_2$	LM-5	Linden	等离子喷涂法
$MoSi_2$	MoSi	Vitro	电泳法
$MoSi_2+Cr$	W-2	Chromally	包埋渗法
$MoSi_2+Cr$	Durak-MG	Chromizing	包埋渗法
$MoSi_2+Cr$	PFR-5	Pfaudler	包埋渗法
$MoSi_2+Cr,B$	Durak-B	Chromizing	包埋渗法
$MoSi_2+Cr,B$	W-3	Chromalloy	包埋渗法
$MoSi_2+C,Al,Br$	Vought II,IX	Chance-Vougth	料浆包埋渗法
$MoSi_2+Sn-Al$	—	Rattelle-日内瓦	渗涂并浸渍

$MoSi_2$ 有较高的熔点、极好的抗氧化性以及适中的密度 ($6.24g/cm^3$)，在钼基体上制备的 $MoSi_2$ 涂层与基体结合紧密，高温静态抗氧化性能和动态抗热震性能良好，因此 $MoSi_2$ 作为保护钼基材料在高温下抗氧化应用已久 [132]。F. Benesovsky[133] 认为 $MoSi_2$ 具有优异的高温抗氧化性能，可作为钼合金上的高温抗氧化涂层。然而 $MoSi_2$ 在低温区 (400~600℃) 会发生 "pesting"（粉化）现象，直接影响 $MoSi_2$ 的高温抗氧化能力。Cockeram[134] 发现 B 的加入可提高硅化物涂层的抗氧化性能。

S. Majumdar 等 [135] 研究 $MoSi_2$ 及 Al 掺杂 $MoSi_2$ 在 TZM 钼合金上涂层的形成，结果表明，硅化物及 Al 掺杂到硅化物在 TZM 钼合金上形成保护性涂层，改善了其高温下的抗氧化性能，$MoSi_2$ 是硅化物涂覆工艺形成的主导层，而 Al 掺杂到 $MoSi_2$ 涂层与 $MoSi_2$ 涂层相比，在很宽的温度范围内具有更高的氧化性能。氧化后，硅化物涂覆的合金形成 SiO_2 保护层，Al 掺杂到硅化物涂覆的合金形成了 Al_2O_3 保护层。

夏斌等 [110] 用粉末固体渗法在钼合金表面制备了 $MoSi_2$ 渗层，主要通过多元共渗的方法在钼合金表面制备含 Al 或 B 元素的硅化物渗层，研究了铝硅共渗和硼硅共渗对渗层的结构及抗氧化性能的影响。结果表明，与渗硅相比，铝硅共渗层厚度保持不变，渗层由单层结构变成多层复合结构，抗氧化性下降；硼硅共渗层厚度减小，结构没有明显改变，抗氧化性能得到了明显改善。

贾中华 [113] 介绍了浆料法制备铌合金和钼合金高温抗氧化涂层的工艺过程，结果表明:① 涂层微观形貌表明，涂层致密性良好，使其抗氧化性能提高；涂层与基材存在着相互扩散层，使其抗热震性能得以提高。② 采用料浆法制备的硅化物涂层与基材的结合强度高，高温抗氧化性能和抗热震性能均良好。③ 采用料浆法在钼电极上制备硅化物高温抗氧化涂层，使钼电极的抗氧化能力大大提高，经受了七天烤窑 (1200℃，≥48h) 的考验和使用过程中料面多次下降，大大提高了铝电极的使用寿命。

孙伟等 [136] 在 GH4169 表面通过激光熔覆制备不同成分配比的 $MoSi_2$-Ni-Cr-Si-B 复合涂层，利用扫描电子显微镜对熔覆层的微观组织进行观察，测试了熔覆层的显微硬度及高温抗氧化性能。结果表明：添加不同比例的镍基合金粉末制备的 $MoSi_2$-Ni-Cr-Si-B 复合涂层试样与基体形成良好的冶金结合，无明显的裂纹、空洞，且随镍基合金粉末的添加，熔覆层组织与基体的结合越来越紧密，树枝晶状的硅钼相与合金相交错分布。添加不同比例镍基合金粉末时复合涂层的显微硬度比基体都有所提高，最高可达 540HV，是基体硬度的 1.2 倍，随镍基合金粉末的增多，复合涂层硬度降低，最多会降低 11%。添加 10% 的镍基合金粉末时试样的高温抗氧化性能最好。

古思勇等 [137] 在金属钼表面制备出 Mo-Si-N-B 涂层，对其高温抗氧化性能进行了研究。利用现代材料分析技术研究了涂层的微观结构和物相组成，并评价了涂层在 1450℃ 大气环境下的抗氧化性能。结果表明，涂层由 $MoSi_2$ 相、Si_3N_4 相和 Mo_2B_5 相组成，涂层内部致密并与基体结合紧密；高温氧化时，涂层表面生成致密硼硅玻璃氧化膜，其稳定抗氧化时间可达 100 h；高温下氧化膜的挥发和涂层的"退化"导致涂层失效。

B. 铝化物涂层

铝化物涂层属于热扩散涂层，通过与基体材料发生化学反应在基体表面形成。铝具有较高活性，高温氧化环境下易与氧发生反应，在基体表面易形成致密氧化铝保护膜，来提高其抗氧化能力。铝化物涂层的制备工艺简单，制备成本较低，一般用于静态的等温氧化环境下，是一种重要的高温抗氧化涂层。然而在较高的温度 (>1400℃) 下使用时，涂层的力学性能下降，使用寿命缩短，尤其在热冲击的情况下涂层易形成缺陷，甚至剥落，当发生机械变形时，会加快涂层的失效 [101]。

在最初试图研制飞机燃气涡轮发动机钼零件时，以铝的化合物为基的涂层曾受到相当大的关注。由 Al-Cr-Si、Al-Si、Al-Sn 合金构成的有效的涂层是由表 1-13 所示的一些公司利用不同的沉积方式来研制开发的 [131]。

闫凯 [138] 采用固体粉末包埋渗法和热浸镀法在 TZM 钼合金上制备铝化物涂层，并对该涂层的微观组织、形貌、结构、显微硬度和高温抗氧化性能等进行检测与分析，进而优化出制备铝化物涂层的理想工艺参数，探索具体工艺参数的变化对涂层质量的影响规律，并对两种涂层制备工艺进行综合比较。研究结果表明，TZM 钼合金热浸镀铝后，涂层组织由表层的纯铝层和内层的合金层组成，其中合

金层主要是由 Al_4Mo 和 Al_5Mo 等钼铝金属间化合物组成；添加 0.3％的稀土元素 Ce 有助于改善热浸镀铝层的组织；合金层的厚度随热浸镀铝温度的升高而增加，随热浸镀铝时间的延长而增加；800℃、100h 的循环氧化试验证明 TZM 钼合金经热浸镀铝后能有效地提高其高温抗氧化能力。TZM 钼合金在 1050℃ 下固体粉末包埋渗铝 12h，在其表面形成具有双层结构、均匀致密的铝化物扩散涂层，与基体之间形成了冶金结合；包埋渗铝层的相组成为金属间化合物 Al_5Mo、Al_3Mo 和 Al_4Mo，铝化物涂层表面呈颗粒状；800℃、80h 的高温循环氧化试验证实固体粉末包埋渗铝层很大地提高了 TZM 钼合金基体的高温抗氧化性能。

表 1-13　钼的铝化物涂层[131]

类型	组成	沉积方式	厚度范围/μm	研制单位
Al-Cr-Si	20％Al＋80％(55Cr-40Si-3Fe-1Al)	火焰喷涂	178～254	Climax
Al-Si	88％Al＋12％Si	火焰喷涂或热浸	12.7～178	NRC
Al-Sn	90％(Sn-25Al)＋10％$MoAl_3$	料浆浸涂或喷涂	50.8～203	Sylcor(G.T. &E.)

C. 氧化物涂层

氧化物涂层由惰性氧化物组成，能机械阻挡环境中的氧，所以不与基体材料发生化学反应，因此稳定性较好。其氧化抵抗机理是将氧扩散的路径延长至最大，通常这类涂层具有较大的厚度。为了避免在涂层内部产生大的裂纹，选用合适的涂层制备工艺是最重要的。钼在 1600℃ 以上时一般选择惰性氧化物作为氧化抵抗涂层材料，相比于通过扩散化学反应形成的涂层而言，氧化物涂层的厚度一般比较大。通常是多孔的结构，对基体材料起到适当的保护作用。大多数氧化物涂层最初是作为绝热涂层来使用的，而将抗氧化保护作为次要考虑[101]。用于防护钼的氧化物涂层，其类型概述于表 1-14[131]。

表 1-14　钼的氧化物涂层[131]

类型	商品名称	沉积方式	厚度范围/μm	研制单位
ZrO_2-玻璃	—	熔烧(珐琅)	5～30	NBS
Cr-玻璃	—	熔烧(珐琅)	5～10	NBS
Cr-Al_2O_3	GE300	在 Cr 镀层上喷涂	8～15	通用电气公司
Al_2O_3	Rockide-A	火焰喷涂	1～100	Norton
ZrO_2	Rockide-Z	火焰喷涂	1～100	Norton
ZrO_2	ZP-74	涂抹	100～300	Marquardt

关志峰等[108] 在 Mo 基体上制备了钡硅酸盐氧化物涂层。有涂层保护的基体经历 1000℃ 等温氧化 30min 后，涂覆 3 种不同成分的涂层(涂层Ⅰ、Ⅱ、Ⅲ 中，基釉 :Cr_2O_3:悬浮剂分别为 14:8:1、14:4:1 和 14:12:1)。试样的质量损失分别为 10.09 mg/cm^2、14.79 mg/cm^2 和 19.63 mg/cm^2，改善了金属钼的氧化抵抗能力，使得

涂层在较宽的温度范围内 (700~1200℃) 有效地保护钼电极, 完全可以满足烤窑条件下的使用。

D. 贵金属涂层

贵金属不但有良好的抗腐蚀能力, 而且具有延展性, 能适应基体弹塑性变形或高温蠕变造成的应力变形, 尤其是铱、钌、铂和铑等铂族金属, 以其熔点高而备受关注, 在空气中形成挥发性氧化物的氧化速率很低, 可以在大约 1426.7 ℃ 的温度下防护钼。目前较多采用的是用 CVD 的方法在难熔金属表面制备铂族金属涂层, 在所有使用温度下, 相比于双层 Cr-Ni 镀层, 它们提供的有效寿命要长得多。但这一技术目前仍在努力突破之中, 而且这种涂层成本太高, 优良的防护性能需要厚的镀层 (76.2~127μm), 这样就使得防护系统昂贵并限制了可能的应用领域 [139]。

对钼来讲, 铬作为金属镀层的首选之一。它能提供极好的氧化防护作用, 最主要是由于其热膨胀系数同钼基体一致。然而, 铬因氮气作用而变脆, 并且在重复热循环时会开裂和脱皮, 但镍和镍合金层会有效防止铬的氮化。因此, Cr 加上 Ni 或 Ni、Cr 的双重镀层在钼上可以为钼基体提供良好的防护性能。最高使用温度为 1204.4℃, 主要受到 Ni 合金镀层的抗氧化能力的限制。这种防护系统对较低温度范围内的使用具有价值, 但它没有自愈能力, 给使用带涂层的零件带来了设计和制造上的一些限制。

E. 耐热合金涂层

耐热合金涂层主要是在具有抗氧化性能的钴基和镍基合金的基础上逐步发展形成 [121]。这些合金的氧化抵抗机理是由于在其表面形成了一层致密氧化物, 这种氧化物使得金属阳离子的扩散受到了阻滞。如在钴基合金和镍基合金中加入大量 Cr, 使其抗氧化能力大幅度提高, 主要原因在于合金表面的氧与 Cr 等形成了致密的 $CoCr_2O_4$ 或 $NiCrO_4$ 尖晶石氧化物层 [101]。

Ti、Al、Cr 含量高的铌合金在 800~1200℃ 有较好的抗氧化性能, 但其高温性能不如 C103 合金。因此, 把这种材料作为涂层材料涂覆在 C103 的表面, 表面形成了 $Nb_2O_5 \cdot TiO_2$ 和 $Nb_2O_5 \cdot 6ZrO_2$ 型氧化物, 可提高 C103 的抗氧化性能。另外, Ta-Hf 合金也是一种具有抗氧化作用的耐热合金涂层 [140]。

Huang 等 [141,142] 在钼基体表面采用激光熔覆法沉积出了一种 Ni-20Cr 涂层, 该抗氧化保护涂层无裂缝和孔隙等内部缺陷。涂层与基体间以冶金结合形式存在。通过检测涂层截面元素的分布, 发现 Mo 在涂层中的含量较高。在涂层的制备过程中, 与基体间形成的熔池温度高于钼的熔点, 使得三种元素间发生了相互稀释, 使形成的 Ni-Cr-Mo 涂层出现轻微的氧化。同时, 一部分的 Cr 和 Ni 也扩散到了基体 Mo 中。在 600℃ 下经历 100 h 的 8 次等温循环氧化试验后, 涂层表面形成了一层由 NiO、Cr_2O_3 和 $NiMoO_4$ 组成的氧化物层, 而试样重量几乎没有发生任何变化，整体表现出良好的氧化抵抗能力。

尽管耐热合金涂层具有良好的氧化抵抗性能，但是 Ni 与难熔金属基体会发生扩散，尤其是 VIB 族的难熔金属，这将会导致基体金属材料再结晶温度降低，会影响到基体金属的性能，并且可能会在基体中形成脆性的金属间化合物，因此大大限制了这类涂层的应用；涂层与基体间的热应力失配问题也是限制其应用的另一个因素 [101]。

F. 电镀金属涂层

孙传富等 [143] 采用电镀的方法在钼丝表面制备出了结合力好的金属铂层，并研究了工艺参数和预镀镍层对镀铂层结合力的影响，在此基础上优化了镀液组成与工艺条件。通过 SEM 对镀铂层的表面形貌进行了表征，并总结出采用预镀镍的方法能够提高镀层与基体的结合力的结论。

1.2.5 钼合金研究存在的问题及研究意义

1.2.5.1 存在问题

1) 力学性能

钼合金属于本征脆性材料，在加工过程中成材率较低，易产生缺陷。La-TZM 钼合金通过多元多相产生强韧化作用，但对于掺杂方式对合金组织和性能的影响规律，La-TZM 钼合金中起强韧化作用的多种第二相形成机制没有研究，对于 La-TZM 钼合金第二相组织与性能的匹配没有关联性研究，因此，对于多种第二相的协同作用机理及合金综合强韧化机理尚未揭示。

2) 其他性能

TZM 钼合金具有熔点高、强度大、弹性模量高、导电导热性好、线膨胀系数小、蒸气压低、抗蚀性强以及高温力学性能良好等特点，被广泛应用在军事工业、航天技术、冶金工业和电子工业等领域。但它极易被氧化，氧含量高会增大碳化物转变成氧化物的概率，从而弱化了弥散强韧化效果，使材料的抗拉强度和伸长率急剧降低，影响材料的性能 [144−148]。

目前国内外工作者的研究重点主要集中在难熔金属与硬质合金的抗腐蚀性能，该类合金在海水中应用较为广泛。海水中氧浓度、温度、Cl^- 浓度和 pH 对材料的耐均匀腐蚀、耐点蚀和耐应力腐蚀性能有影响，今后研究重点将放在如何能够确切地反映材料在不同服役环境中的腐蚀行为及腐蚀机理，合理地优化和选择材料等方面，在确保材料使用性能稳定的情况下制备防腐蚀性涂层，以获取最佳的经济效益。J. G. Gonzalez-Rodriguez 等 [149] 研究了钼的硅化物在酸性溶液中的腐蚀性能。研究 Mo-22Si，Mo-24Si 和 Mo-25Si 合金在 0.5mol/L HCl 和 0.5 mol/L H_2SO_4 溶液中的抗腐蚀性能。Jeong-Min Kim 等 [73] 通过等离子喷涂和激光熔覆法制备带有硅涂层的 TZM 钼合金，并对其高温抗氧化性能及电化学腐蚀性能进行详细的分析。发现等离子喷涂后进行激光熔覆的带有硅涂层的 TZM 钼合金腐蚀电势 (E_{corr}) 提高很明显,附加等温加热过程使得腐蚀电势进一步升高。同时,腐蚀电流密度 (i_{corr}) 在等离子喷涂处理后略微增加,但变化程度不明显。

J. Besson 等 [74] 大量研究表明,钼合金在水溶环境下,在其表面形成钝化层,从而表现出良好的耐蚀性能,许多研究者认为,钼合金在水溶液中钝化膜表面主要由 Mo 和 MoO_2 组成,当钼合金在酸性溶液中时,表面钝化膜主要为 MoO_3,而在碱性溶液中时,则主要由 MoO_3 及 $Mo(OH)_3$ 构成。但也有部分研究者对于钼合金在不同 pH 水溶条件下,对钝化膜表面形成与合金腐蚀行为持不同观点 [75,76]。

综合国内外难熔金属与硬质合金的耐蚀性研究情况分析,可以看出这些研究主要集中在不同 pH、不同 Cl^- 浓度以及不同合金的添加量对合金耐蚀性的影响,而关于难熔金属 TZM 钼合金在不同腐蚀环境下的电化学行为及腐蚀机制和电弧烧蚀行为研究较少。

1.2.5.2 研究意义

1) 力学性能

本书研究了不同掺杂方式的 La-TZM 钼合金第二相的形成过程及机制,分析了 La-TZM 钼合金断裂机理,通过调控 La-TZM 钼合金成分,研究了调控后合金的组织与性能之间的关系,采用多元强化相的错配度和界面电子经验理论计算分析了 La-TZM 钼合金强韧化机理。本书将丰富钼合金强韧化理论的研究内容,对新型钼合金的设计具有基础理论的指导意义,同时对钼合金的应用发展,尤其作为高温结构材料的应用具有重要的意义。

2) 其他性能

TZM(Mo-Ti-Zr) 钼合金是钼合金中常用的一种高温合金,TZM 钼合金对于当前科技进步、社会发展起到重要的作用,它具有广阔的应用前景,尤其在航空航天和国防科工领域,是其他金属及合金材料目前均无法取代的。随着我国工业化水平的不断提升,对 TZM 钼合金的综合性能提出了更高的要求。本书通过对低氧高致密 TZM 钼合金制备技术的研究,TZM 钼合金的腐蚀行为的研究以及 TZM 钼合金和掺杂镧提高 TZM 钼合金高温抗氧化性能的机理的研究,为 TZM 钼合金综合性能及稳定性的后续研究提供了理论依据和参考。

通过研究低氧高致密 TZM 钼合金制备技术,提供性能更加优异的钼合金材料,开辟 TZM 钼合金新的应用领域已经成为 TZM 钼合金发展的关键。本书通过对低氧高致密 TZM 钼合金制备技术的研究,优化了低氧高致密 TZM 钼合金生产工艺,提高了 TZM 钼合金性能,扩大了钼合金的应用范围。

随着钼及钼合金应用领域的不断扩大,对于 TZM 钼合金在强腐蚀环境中的使用要求越来越高,因此本书采用电化学腐蚀与探究防腐蚀性涂层相结合的方法,研究应用于发电、核反应堆的 TZM 钼合金在不同腐蚀环境下的耐蚀性规律，深入分析 TZM 钼合金和 La-TZM 钼合金在不同腐蚀环境下的电化学腐蚀行为特征及腐蚀机理，并在此基础上研究合金的耐蚀性涂层，探索其防腐蚀性涂层的制备及其电化学腐蚀特性，补充 TZM 钼合金电化学腐蚀性能、腐蚀机理及防腐蚀性涂层的研究，因此不仅拓宽了 TZM 钼合金在不同腐蚀环境下的应用领域，也为 TZM 钼合金防腐蚀性涂层提供了强有力的理论依据。

为了促进钼合金的研究与发展，通过开发新的制备工艺提高钼合金的性能、开辟新的应用领域是钼及钼合金发展的关键。而在应用更加广泛的 TZM 钼合金基础上开发新的高性能钼合金，具有用途广、发展潜力大等优点，新型高强高韧高抗氧化性钼合金可以取代传统的钼合金，市场前景将十分广阔。本书主要研究高强高韧高抗氧化性掺镧 TZM 钼合金产品，形成具有自主知识产权的高性能新型钼合金产品的技术路线和生产工艺，使新型钼合金产品生产实现产业化，扩大钼合金的应用范围。总结本课题组前期的实验研究，掺杂 1% 的镧是提高 TZM 钼合金综合性能的掺镧最优方案，再通过微合金化控制、改进制备工艺，制备出了新型高强高韧的 TZM 板材。另一方面通过对掺镧 TZM 钼合金的高温氧化行为的研究，探究出掺杂镧提高 TZM 钼合金高温抗氧化性能的机理，为进一步对 TZM 钼合金抗氧化性能的研究提供了方向。

第 2 章　La-TZM 钼合金的力学性能及强韧化机制

2.1　La$_2$O$_3$-TZM 钼合金的力学性能

2.1.1　La$_2$O$_3$-TZM 钼合金材料制备技术

2.1.1.1　实验材料

本实验选择投资少、收益快的粉末冶金法制备 La$_2$O$_3$-TZM 钼合金板材，原料主要有：纯 Mo 粉、TiH$_2$ 粉、ZrH$_2$ 粉、La$_2$O$_3$ 粉、石墨粉。纯钼粉由金堆城钼业集团有限公司提供，执行标准：Q/JDC013—2000，钼粉呈纯灰色粉末状，纯度 $\geqslant 99.90\%$，松装比重 0.95~1.40g/cm^3，粒度 2.0~3.5μm，主要化学成分如表 2-1 所示。

表 2-1　钼粉化学成分

化学成分	O	C	Fe	Ni	Al	Ca	Si	Cr	W
质量百分数/%	0.02	0.0075	0.006	0.002	0.002	0.002	0.003	0.003	0.030

TiH$_2$ 粉、ZrH$_2$ 粉由西安宝德粉末冶金有限责任公司提供，TiH$_2$ 粉和 ZrH$_2$ 粉为黑色粉末，化学稳定性高，常温下对空气和水稳定，但易和强氧化剂反应。实验所选用 TiH$_2$ 粉牌号为 THP20-1，最大粒度为 35μm，化学成分 (质量百分数) 见表 2-2，ZrH$_2$ 粉牌号为 FZH-1，最大粒度为 38μm，化学成分见表 2-3。La$_2$O$_3$ 粉末呈白色，由赣州嘉润新材料有限公司提供，纯度为 99.99%，粒度为 1μm 左右，石墨粉最大粒度是 400 目 (38μm)。

表 2-2　TiH$_2$ 化学成分

化学成分	H	Cl	N	Si	C	Mg	Fe	Mn	Ti
质量百分数/%	>3.0	0.06	0.03	0.02	0.01	0.01	0.06	0.01	余量

表 2-3　ZrH$_2$ 化学成分

化学成分 (质量百分数/%)							
主要元素，最小			夹杂元素，最大				
(Zr+Hf)+H	Zr+Hf	H	Fe	Ca	Mg	Cl	Si
98	96	1.85	0.15	0.02	0.1	0.02	0.08

2.1.1.2　La$_2$O$_3$-TZM 板坯制备

本实验制备了三种不同 La$_2$O$_3$ 含量的板材，板坯设计成分见表 2-4，La$_2$O$_3$-TZM 钼合金板坯制备工艺流程主要包括：混粉、球磨、压坯成形、烧结等。

表 2-4　合金成分配比 (质量分数/%)

编号	Ti	Zr	C	La	Mo
1$^#$ (TZM)	0.45	0.06	0.02	0	余量
2$^#$ (TZM-0.1La$_2$O$_3$)	0.45	0.06	0.02	0.10	余量
3$^#$ (TZM-0.6La$_2$O$_3$)	0.45	0.06	0.02	0.60	余量

1) 球磨

按质量分数在纯钼粉中分别加入 TiH$_2$ 粉、ZrH$_2$ 粉、La$_2$O$_3$ 粉、石墨粉，然后装入轻型球磨机内进行球磨，转速为 40r/min，钼球直径 10mm，球料比为 2∶1，球磨 24h，最后在三维混料机中混料 2h，随后出料，过筛，抽真空包装。

2) 压坯成形

将掺杂好的粉末装在钢制压模内，通过模冲对粉末加压，卸压脱模后即可得到所需形状和尺寸的压制品。模压成形工艺包括称料、装模、压制、脱模、干燥、修形和压坯加工等工序。钢模压力为 21MPa，保压时间为 5s，采用单向压制。

3) 烧结

压制好的坯料先在马弗炉中进行预烧结，然后在中频感应烧结炉中烧结，预烧结温度 1200℃，保温时间为 2h；烧结温度 1900℃，保温时间为 7h。具体工艺如表 2-5 所示。

表 2-5　板坯烧结工艺

温度/℃	升温时间/h	保温时间/h
30～1200	5	2
1200～1300	1	1
1300～1400	1	1.5
1400～1500	1	2.5
1500～1650	1.5	3
1650～1800	1.5	3
1800～1900	1.5	7
降温		

2.1.1.3　La$_2$O$_3$-TZM 轧制板材

轧制工艺流程为开坯 → 热轧 → 温轧 → 冷轧。根据传统 TZM 钼合金轧制工艺，探索 La$_2$O$_3$-TZM 钼合金板开坯温度和初轧道次加工率、热轧温度及加工率、温轧温度及加工率，确定合理的中间退火温度，探索冷轧板材表面质量的控制方法。本实验分别在板厚 5mm 和 2.2mm 时进行交叉轧制,研究不同轧制方式对 La$_2$O$_3$-TZM 钼合金板材组织与力学性能的影响。

2.1.1.4 热处理

对轧后厚度为 0.5mm 的不同成分、不同轧制状态的 La$_2$O$_3$-TZM 板材进行 1000~1600℃ 等温退火处理,温度间隔 100℃,退火时间 1h,研究 La$_2$O$_3$ 对 TZM 钼合金板材再结晶行为和力学性能的影响。

2.1.2 La$_2$O$_3$ 掺杂量对 TZM 烧结坯力学性能的影响

图 2-1 为烧结板坯宏观照片。从图中可见看出,板坯有收缩现象,表面较为平整,无开裂、鼓泡等常见缺陷。1# 板坯的收缩现象较 2#、3# 板坯严重。板坯烧结后的密度和硬度值如表 2-6 所示,添加 La$_2$O$_3$ 的 2# 和 3# 板坯相对密度都达到 97.5% 以上,完全满足一般企业烧结坯料的密度要求,而 1# 板坯的密度为 9.94g/cm^3,相对密度为 97.45%。其中 2# 板坯的密度较高,达到 10.06g/cm^3,相对密度达到 98.63%。随着 La$_2$O$_3$ 粒子添加量的增大,板坯硬度增大,3# 板坯的硬度最大,洛氏硬度 (HRC) 达到 77。

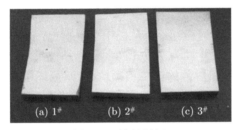

(a) 1#　　　(b) 2#　　　(c) 3#

图 2-1　烧结板坯

表 2-6　烧结板坯密度和硬度值

	1#	2#	3#
密度/(g/cm^3)	9.94	10.06	9.98
相对密度/%	97.45	98.63	97.84
洛氏硬度 (HRC)	65	71	77

板坯的收缩现象是由于钢模压制板坯内部存在大量的孔隙,烧结完成后孔隙的数量大大减少,引起板坯的收缩。由于 2# 板坯和 3# 板坯中添加了 La$_2$O$_3$ 粒子,弥散分布的 La$_2$O$_3$ 粒子填充孔隙,使板坯密度增大,同时也使板坯的收缩率减小。板坯内部的孔隙越小,组织就越致密,抵抗外力压入其表面的能力就越大,因此硬度也得到提高。烧结板坯中孔隙的变化可由球形颗粒烧结模型来说明 [4],如图 2-2 所示,在烧结初期 (图 2-2(a) 和 (b) 阶段),粉末颗粒间原始接触点的原

子由于温度升高，原子的振幅加大，发生扩散，使颗粒间的接触由点接触扩展到面接触。在这一阶段中，颗粒内的晶粒不发生变化，颗粒外形也基本未变，整个板坯不发生明显的收缩。在进入高温烧结阶段 (1800~1900℃) 之前，原子向颗粒结合面的大量迁移使烧结颈扩大，颗粒间距离缩小，形成连续的孔隙网络；同时由于晶粒长大，晶界越过孔隙移动，而被晶界扫过的地方，孔隙大量消失，板坯收缩。在高温烧结阶段 (1800~1900℃)，多数孔隙被完全分隔，闭孔数量大为增加，孔隙形状趋近球形并不断缩小。在这个阶段，整个板坯仍可缓慢收缩，但主要是靠小孔的消失和孔隙数量的减少来实现。这一阶段可以延续很长时间，但是仍残留少量的隔离小孔隙不能消除。

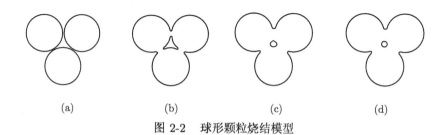

(a)　　　　　　(b)　　　　　　(c)　　　　　　(d)

图 2-2　球形颗粒烧结模型

图 2-3 是烧结板坯的显微组织。从图中可以看出，1# 板坯晶粒尺寸最大，约为 25μm，2# 板坯晶粒尺寸约为 20μm，3# 板坯晶粒尺寸最小，约为 15μm。板坯显微组织中出现了灰色和白色的第二相颗粒，1# 板坯中的白色和灰色颗粒较大，分布不均匀，2# 板坯中的灰色尺寸变化不大，但白色颗粒变得细小，分布较为均匀，3# 板坯中的灰色颗粒尺寸最小，分布也最为均匀。由图 2-3 还可以看出，由于 TZM 钼合金板坯中加入了 La_2O_3 粒子，晶粒明显细化了，且随 La_2O_3 含量的增加，这种效果越来越明显，这是因为在烧结初期，La_2O_3 粒子弥散分布于钼粉的表面，对粉末颗粒之间的黏结和晶体结合起到阻碍作用，抑制晶粒的增长；在烧结中后期，La_2O_3 粒子作为弥散质点，阻碍晶界迁移，从而使晶粒得到细化。

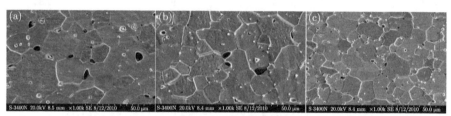

图 2-3　烧结板坯显微照片

(a) 1# 板坯；(b) 2# 板坯；(c) 3# 板坯

图 2-4 为烧结板坯 EDX 谱图。烧结坯中存在一些相对孤立的灰色和白色颗粒，这些颗粒主要由空洞、异相颗粒构成[150]。通过 EDX 能谱仪定点分析发现灰色颗粒主要是由 Ti、Zr、C、O 组成的复合氧化物粒子，见图 2-4(a)，白色颗粒由 Mo 和 O 组成，见图 2-4(b)。由图 2-4(c) 和 (d) 可见，细小的 La$_2$O$_3$ 粒子分布在晶界和晶内。

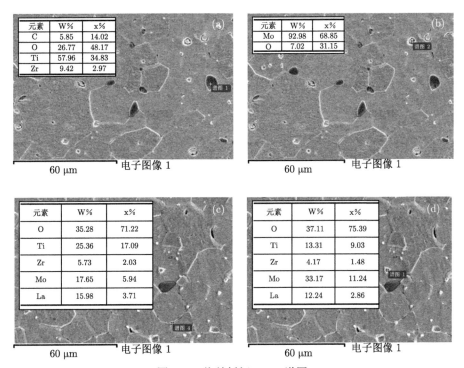

(a)

元素	W%	x%
C	5.85	14.02
O	26.77	48.17
Ti	57.96	34.83
Zr	9.42	2.97

60 μm 电子图像 1

(b)

元素	W%	x%
Mo	92.98	68.85
O	7.02	31.15

60 μm 电子图像 1

(c)

元素	W%	x%
O	35.28	71.22
Ti	25.36	17.09
Zr	5.73	2.03
Mo	17.65	5.94
La	15.98	3.71

60 μm 电子图像 1

(d)

元素	W%	x%
O	37.11	75.39
Ti	13.31	9.03
Zr	4.17	1.48
Mo	33.17	11.24
La	12.24	2.86

60 μm 电子图像 1

图 2-4 烧结板坯 EDX 谱图

由 Mo-Ti 和 Mo-Zr 相图可知，Ti 在 885℃ 时和 Mo 形成连续固溶体，高温下 Zr 在 Mo 中的固溶度也较高，在晶体中出现稳定弥散分布的 (Ti, Zr, C)$_x$O$_y$ 颗粒，这是由于在烧结过程中，TiH$_2$ 和 ZrH$_2$ 脱氢后生成化学活性较高的 Ti、Zr 原子，这些活性原子很容易与坯料中的 O、C 结合，生成复合氧化物。弥散分布的 (Ti, Zr, C)$_x$O$_y$ 颗粒不但净化了晶界氧，使晶粒间的孔隙减少，而且阻碍晶粒长大，有利于板坯性能的提高[151,152]。由于 La$_2$O$_3$ 粒子尺寸较小，在做 EDX 能谱仪定点分析时容易受其他元素的干扰，检测结果出现了偏差。La$_2$O$_3$ 粒子在细化晶粒的同时，还细化了 (Ti, Zr, C)$_x$O$_y$ 颗粒，这是由于 La$_2$O$_3$ 粒子细化晶粒使晶界增多，而 (Ti, Zr, C)$_x$O$_y$ 颗粒容易在晶界处产生，晶界越多，(Ti, Zr, C)$_x$O$_y$ 颗粒也就越细小。

2.1.3   轧制方式对 La₂O₃-TZM 钼合金板材力学性能的影响

在生产中，人们常常用交叉轧制来消除钼板的各向异性，从而在制作钼的拉深件时节省材料，实验中采用单向轧制和交叉轧制两种轧制方式，研究轧制方向的改变对 La₂O₃-TZM 钼合金板组织与力学性能的影响。

2.1.3.1   轧制方式对 La₂O₃-TZM 板显微组织的影响

以 2# 板为例，其在不同温度下退火后显微组织如图 2-5 所示，由图 2-5(a) 可以看出，单向轧制的 2# 板 1000℃ 退火后的显微组织为短粗的纤维组织。图 2-5(b) 为交叉轧制 2# 板在 1000℃ 退火后的显微组织，此时纤维流线已几乎全部消失。单向轧制的 2# 板 1400℃ 退火后显微组织为拉长状的再结晶晶粒，见图 2-5(c)，而交叉轧制的 2# 板 1400℃ 退火后再结晶晶粒已开始等轴化。

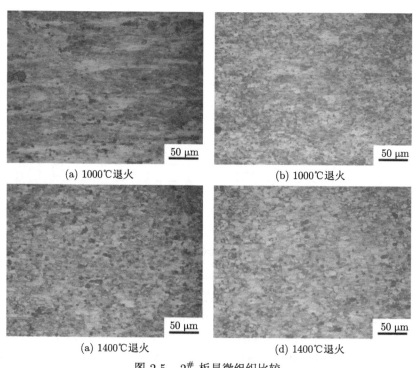

(a) 1000℃退火   (b) 1000℃退火

(a) 1400℃退火   (d) 1400℃退火

图 2-5   2# 板显微组织比较

(a) 和 (c) 为单向轧制；(b) 和 (d) 为交叉轧制

单向轧制 2# 板 1400℃ 退火后再结晶晶粒呈拉长状，而此时交叉轧制 2# 板再结晶晶粒已开始等轴化，这说明了交叉轧制 2# 板再结晶温度低于单向轧制 2# 板的再结晶温度。对于添加了 La₂O₃ 粒子的 TZM 钼合金板，在单向轧制时金属的延伸远远大于宽展，因此 La₂O₃ 粒子沿纵向 (延伸方向) 密度分布小于沿横向

(宽展方向)密度分布。由于 La$_2$O$_3$ 粒子对晶粒长大具有阻碍作用,晶粒沿横向方向生长困难,沿纵向方向生长较为容易,所以再结晶晶粒的形态呈拉长状。2# 板在热轧和温轧时两次换向,沿垂直于板坯延伸方向进行轧制,这样就改变了轧制方向。轧制方向的改变使金属流动的方向也发生了改变,缩小了 La$_2$O$_3$ 粒子在各个方向上的密度分布,再结晶晶粒向等轴晶粒转化的阻力减小,因此单向轧制 2# 板比交叉轧制 2# 板具有更高的再结晶温度。

2.1.3.2 轧制方式对 La$_2$O$_3$-TZM 板力学性能的影响

表 2-7 所示为轧制方式对力学性能的影响。如表 2-7 所示,单向轧制 2# 板 1000℃ 退火后室温抗拉强度为 838MPa,伸长率为 13.9%,此时交叉轧制 2# 板室温抗拉强度为 781MPa,是单向轧制 2# 板的 93.2%,但伸长率为 17.4%,是 2# 板的 1.25 倍。到了 1400℃ 退火后,单向轧制 2# 板室温抗拉强度为 603MPa,伸长率为 22.6%,交叉轧制 2# 板室温抗拉强度为 568MPa,是单向轧制 2# 板的 94.2%,伸长率为 25.7%,是 2# 板的 1.14 倍。交叉轧制 2# 板的室温抗拉强度和屈服强度下降,但伸长率得到了提高。

表 2-7　0.1 La$_2$O$_3$-TZM 钼合金板材力学性能

退火温度/℃	轧制方式	R_m/MPa	$R_{p0.2}$/MPa	A/%
1000	单向轧制	838	665	13.9
	交叉轧制	781	602	17.4
1400	单向轧制	603	403	22.6
	交叉轧制	568	364	25.7

单向轧制 2# 板再结晶温度较宽,1000℃ 退火后的显微组织为纤维组织,1400℃ 退火后的显微组织为带状晶胞组织,这种组织造成了 2# 板机械性能产生各向异性,即沿着带状组织纵向的强度高、韧性好,横向的强度低、韧性差[153]。交叉轧制对 2# 板纵、横两个方向进行加工,金属流动更加均匀,加强了内部组织的均匀化和等轴化作用,有效地减轻了 2# 板的各向异性。由于采用交叉变形,使 2# 板内部形成了压扁的近圆片形的晶胞组织,见图 2-5(d),板材内部组织在纵、横两个方向基本一样,从而得到纵、横两个方向力学性能一样优良的板材,为深冲变形提供了一个很好的内部组织结构条件[154]。

2.1.4 退火温度对 La$_2$O$_3$-TZM 钼合金组织和力学性能的影响

2.1.4.1 La$_2$O$_3$ 对 TZM 钼合金板回复与再结晶行为的影响

1) La$_2$O$_3$-TZM 板材的再结晶行为

图 2-6 为 3# 板与同规格的 1# 板在不同温度下退火后的显微组织,由图 2-6(a) 和 (b) 可以看出,经 1000℃ 退火后,1# 板和 3# 板组织都为纤维

组织，再结晶晶粒尚未出现，说明此时板材还处于回复阶段。1# 板在 1100℃ 退火后纤维组织已经明显宽化，说明此时位错通过重排，已完成了回复中的多边形化过程，回复阶段趋于结束，见图 2-6(c)。1200℃ 退火后在已经宽化的纤维边界出现了细小的再结晶晶核，见图 2-6(e)，这表明 1200℃ 时 1# 板已经开始了再结晶。而 3# 板经 1200℃ 退火后组织无明显变化，回复过程进行得还很不充分，这说明 La_2O_3 的加入明显延缓了再结晶的进行。1# 板在 1300℃ 退火后还可以看见拉长状的晶粒，但到了 1400℃ 退火后，拉长状的晶粒全部消失，整个纤维组织为比较均匀的等轴晶组织，表明 1# 板在 1400℃ 退火后已完成了再结晶过程。随着退火温度的升高，晶粒开始长大，经 1600℃ 退火后，1# 板显微组织全部为粗大的等轴晶。对于 3# 板，从 1300~1400℃ 依然保持着纤维组织，但到了 1500℃ 以后，再结晶现象已经开始出现，到 1600℃ 时，整个显微组织充满了拉长状的晶粒，没有出现等轴晶，表明再结晶还未结束。所以从显微组织上可以看出，$0.6La_2O_3$-TZM 钼合金板的再结晶开始温度为 1500℃，比 TZM 板再结晶开始温度提高了约 300℃。

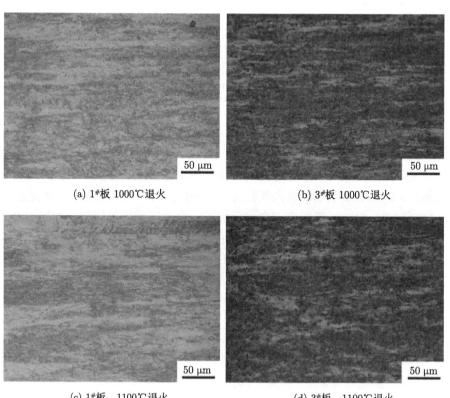

(a) 1#板 1000℃退火　　　　　　　　　　(b) 3#板 1000℃退火

(c) 1#板，1100℃退火　　　　　　　　　　(d) 3#板，1100℃退火

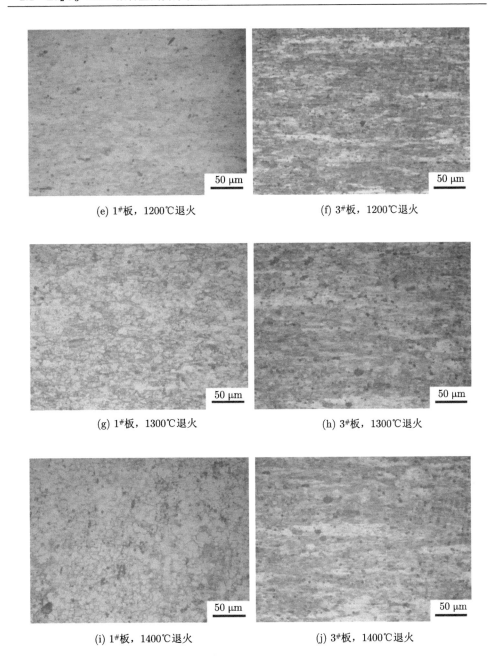

(e) 1#板，1200℃退火　　　　　　　　　　(f) 3#板，1200℃退火

(g) 1#板，1300℃退火　　　　　　　　　　(h) 3#板，1300℃退火

(i) 1#板，1400℃退火　　　　　　　　　　(j) 3#板，1400℃退火

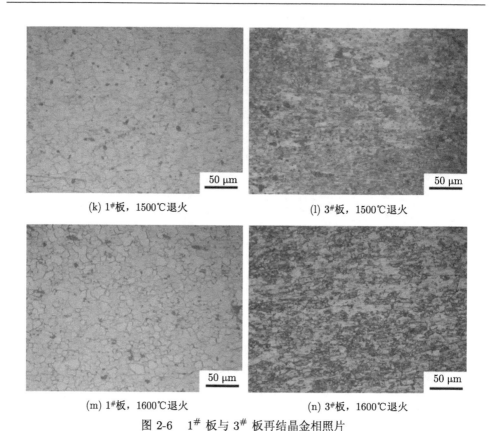

(k) 1#板，1500℃退火   (l) 3#板，1500℃退火

(m) 1#板，1600℃退火   (n) 3#板，1600℃退火

图 2-6   1# 板与 3# 板再结晶金相照片

图 2-7 为 2# 板和 3# 板的再结晶行为对比，2# 板在 1100℃ 时处于回复阶段，1300℃ 时显微组织开始出现再结晶晶核，在 1500℃ 退火后显微组织为拉长状的晶粒。3# 板在 1400℃ 退火后的显微组织中还可以发现纤维流线，直到 1500℃ 退火后显微组织上才出现再结晶晶核。对比 2# 板和 3# 板的再结晶行为，可以发现随着 La$_2$O$_3$ 含量的提高，再结晶被延缓的情况更加明显。和 1# 板相比，2# 板再结晶开始温度提高了 100℃ 左右。

2) La$_2$O$_3$ 对 TZM 钼合金板回复的影响

钼板在冷轧过程中内部产生了大量的空位、位错等缺陷，造成了钼板的加工硬化。钼板中添加 La$_2$O$_3$ 粒子后，其内部缺陷的数量增多，加工硬化现象更加明显，所以未退火态的 La$_2$O$_3$-TZM 钼合金板的强度、硬度要高于 TZM 钼合金板。钼板经冷轧后在组织、结构和性能等方面都发生了变化，形变后的钼板材处于不稳定的高自由能状态，具有了一种向形变前低自由能自发恢复的趋势，即变形钼板要进行回复。低温回复主要是点缺陷的运动，这种运动可以使空位和间隙原子陷入位错或晶界中而消失,硬度和强度变化很小。变形钼板在较高温度下具有明显

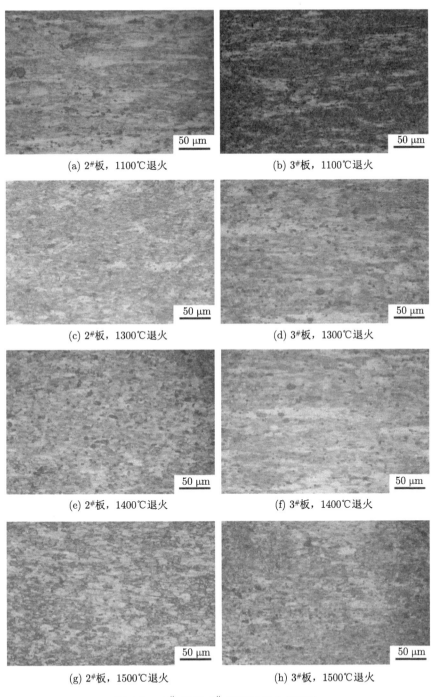

(a) 2#板，1100℃退火

(b) 3#板，1100℃退火

(c) 2#板，1300℃退火

(d) 3#板，1300℃退火

(e) 2#板，1400℃退火

(f) 3#板，1400℃退火

(g) 2#板，1500℃退火

(h) 3#板，1500℃退火

图 2-7　2# 板和 3# 板再结晶金相照片

的回复，位错有足够的能量运动起来，出现位错的滑移和攀移、亚晶的合并和多边形化 [155]。高温回复阶段位错大量运动造成了位错密度的急剧降低，并通过硬度、强度降低和塑性增加表现出来。

回复过程中空位的运动和消失不影响显微组织，只有涉及位错运动时才会影响显微组织，位错的运动和重新排列所引起的显微组织的变化主要是多边形化和亚晶的形成 [156]。TZM 钼合金板中加入 La_2O_3 粒子后大大延缓了位错的运动过程，对位错的运动起到了强烈的钉扎作用，位错想要摆脱 La_2O_3 粒子的阻碍作用，就需要更多的能量，因此回复的过程受到了阻碍。

3) La_2O_3 对 TZM 钼合金板再结晶的影响

钼是层错能较高的金属，再结晶核心将通过亚晶合并产生 [157]。变形金属在高温回复阶段时，亚晶界通过向前移动或相邻亚晶的合并两种方式长大，当退火温度高于回复温度时，将以回复阶段产生的小角度亚晶为基础，产生再结晶核心。在再结晶的成核阶段，小角度亚晶吸收周围的位错，从而形成大角度亚晶，并在位错溶解的同时，产生了大量的空位，由于空位的迁移速率较高，所以再结晶核心迅速长大，完成了再结晶的第一阶段；再结晶完成后，新晶粒已完全相互靠拢在一起，随着退火温度的升高，新晶粒依靠晶界移动，使畸变能较低的晶粒吞并畸变能较高的晶粒从而使新晶粒长大，这是再结晶的第二个阶段。

TZM 钼合金板材加入 La_2O_3 粒子后，再结晶过程受到了很大的影响。在再结晶核心形成阶段，由于位错受到了 La_2O_3 粒子的钉扎作用，位错运动受到阻碍，而再结晶核心的形成与位错运动密切相关，所以再结晶核心的形成被推迟。这时要形成再结晶核心就需要更高的退火温度，因此 La_2O_3 粒子的加入提高了再结晶温度的起始温度。在再结晶晶粒长大阶段，晶粒依靠晶界移动而长大。当晶界移动遇到 La_2O_3 粒子时，会受到 La_2O_3 粒子的钉扎作用，延缓再结晶晶粒的长大过程，其机制可以通过图 2-8 来说明 [155]：设 La_2O_3 粒子为球形，其半径为 R_0，并设晶界已由图 2-8(a) 所示的位置向右迁移到图 2-8(b) 所示的位置，但由于 La_2O_3 粒子的钉扎作用，界面与 La_2O_3 粒子相接触的部分及其邻近部分落后了。界面之所以落后是由于存在着向左的作用力，拖住了晶界的移动，所以晶界要想越过 La_2O_3 粒子向前运动就需要更大的驱动力，再结晶晶粒长大受到了 La_2O_3 粒子的阻碍。

2.1.4.2　La_2O_3-TZM 钼合金抗拉强度和退火温度之间的关系

图 2-9 是不同 La_2O_3 含量的 TZM 钼合金板室温抗拉强度和退火温度之间的关系曲线。由图 2-9 可以看出，随着退火温度的升高，各种板材的抗拉强度逐渐下降。轧制态 1# 板材抗拉强度为 914MPa，1000℃ 退火后抗拉强度降为 719MPa，随着退火温度的增加，其抗拉强度迅速下降，1600℃ 退火后抗拉强度为 461MPa。

轧制态 2$^{\#}$ 板材抗拉强度为 921MPa，1000℃ 退火后抗拉强度降为 838MPa，和 1$^{\#}$ 板材相比抗拉强度提高 119MPa。随着退火温度的增加，抗拉强度呈下降趋势，1600℃ 退火后抗拉强度为 513MPa。轧制态 3$^{\#}$ 板材抗拉强度为 963MPa，1000℃ 退火后抗拉强度降为 816MPa，1600℃ 退火抗拉强度为 533MPa。由图 2-9 还可以明显看出随着 La$_2$O$_3$ 含量的增加，板材的抗拉强度也明显增加。

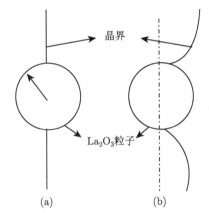

图 2-8   La$_2$O$_3$ 粒子对晶界迁移的阻碍作用

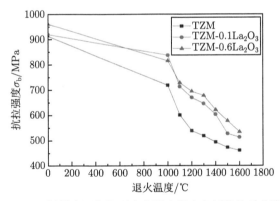

图 2-9   板材室温抗拉强度和退火温度之间的关系曲线

图 2-10 所示为不同成分 TZM 钼合金板材拉伸断口形貌。图 2-10(a) 为 1$^{\#}$ 板材 1000℃ 退火后拉伸断口形貌，由图可见断口形态与解理断口相似，断口上有河流花样，但又具有较大塑性变形产生的撕裂脊。图 2-10(b) 为 2$^{\#}$ 板材断口形貌，可以看出，和 1$^{\#}$ 板相比，第二相粒子较为细小，且分布均匀，同时出现了清晰可见的韧窝，断口呈现韧窝-准解理特征。图 2-10(c) 为 3$^{\#}$ 板材断口形貌，可以看出第二相粒子更加细小，分布也最为均匀。图 2-10(d) 为 1$^{\#}$ 板材 1400℃ 退火后拉伸断口形貌，拉伸断口呈冰糖状，表现为沿晶断裂。图 2-10(e) 为 2$^{\#}$ 板

材断口形貌，由图可见部分裂纹沿着晶界扩展，另一部分裂纹穿过晶粒内部扩展，断裂为混合型的穿晶断裂和沿晶断裂。图 2-10(f) 为 3# 板材断口形貌，拉伸断口也表现为混合型的穿晶断裂和沿晶断裂，但晶界处有较深的撕裂棱，韧性高于 2# 板材。

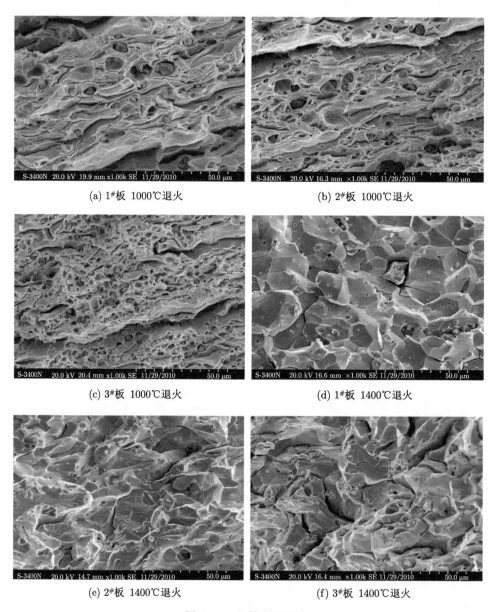

(a) 1#板 1000℃退火

(b) 2#板 1000℃退火

(c) 3#板 1000℃退火

(d) 1#板 1400℃退火

(e) 2#板 1400℃退火

(f) 3#板 1400℃退火

图 2-10   拉伸断口形貌

TZM 钼合金板坯经轧制变形后内部孔隙逐渐闭合，直至焊合，同时轧制使晶粒压扁伸长，晶粒之间的结合面积增大，相互作用增强，合金强度和伸长率都大大提高。弥散的 La$_2$O$_3$ 粒子分布在晶内和晶界上[158]，引起界面表面积增大。C、O、N 等杂质元素优先在晶界和 La$_2$O$_3$ 粒子表面富集，晶界上的杂质浓度大大降低，晶界结合强度增强，从而提高了 TZM 钼合金的韧性，断口为混合型的韧窝-准解理断口。

2.1.4.3 La$_2$O$_3$-TZM 钼合金伸长率和退火温度之间的关系

图 2-11 是添加不同 La$_2$O$_3$ 含量 TZM 钼合金板伸长率和退火温度之间的关系曲线。由图 2-11 可以看出，轧制态 1$^\#$ 板材伸长率仅为 4.6%，随着退火温度的升高，伸长率逐渐增大。1400℃ 退火后，伸长率达到最大值，为 31.3%，随后伸长率随着退火温度的升高迅速下降，1600℃ 退火后伸长率降至 10.1%。2$^\#$ 板材伸长率随着退火温度的升高逐渐增大，轧制态板材伸长率仅为 6.2%，1300℃ 退火后，伸长率为 21.2%，1600℃ 退火后增大为 27.7%。3$^\#$ 板材伸长率也随着退火温度的升高而增大，轧制态板材伸长率为 7.9%，1300℃ 退火后，伸长率为 22.9%，1600℃ 退火后增大为 29.8%。

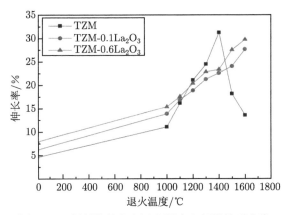

图 2-11　板材伸长率和退火温度之间的关系曲线

2.1.4.4 La$_2$O$_3$-TZM 钼合金维氏硬度和退火温度之间的关系

图 2-12 为维氏硬度和退火温度之间的关系曲线，可知，1$^\#$ 板硬度曲线变化有明显的三个阶段：第一阶段时板材发生回复，硬度下降较慢；第二阶段是再结晶阶段，硬度下降很快，即硬度曲线斜率较大；到第三阶段时，硬度下降缓慢，硬度曲线趋于平坦，说明此时再结晶已完成或将要完成。La$_2$O$_3$ 的加入不仅提高了 TZM 钼合金板材的硬度，还改变了硬度曲线各个阶段的范围，1$^\#$ 板材回复阶段

发生在 1000℃ 以下，而 2# 板材和 3# 板材的回复阶段可分别延伸到 1200℃ 和 1400℃ 左右。在第二阶段，1# 板材再结晶温度开始为 1200℃，2# 板材和 3# 板材的再结晶开始温度较高，分别提高至 1300℃ 和 1500℃ 左右，2# 板材硬度从 1400℃ 时开始迅速下降，由于未完成再结晶，硬度曲线不是很完整，也看不到第三阶段的硬度曲线。

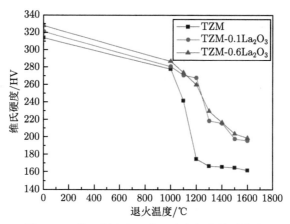

图 2-12　维氏硬度和退火温度之间的关系曲线

2.1.5　La$_2$O$_3$ 对 TZM 钼合金高温压缩性能的影响

选取 2# 试样的烧结坯制备成 φ10 mm×15 mm 的样品，采用 Gleeble-3800 热模拟实验机进行高温压缩试验。应变速率选取 0.1 s^{-1} 和 0.01 s^{-1} 两种，温度选取 800℃、900℃、1000℃、1100℃、1200℃ 五个温度，应变量为 50%。

2.1.5.1　温度对 La$_2$O$_3$-TZM 钼合金高温压缩性能的影响

图 2-13 为 La$_2$O$_3$-TZM 钼合金在应变速率为 0.1 s^{-1} 下的应力-应变曲线，分别在温度为 800℃、900℃、1000℃、1100℃ 和 1200℃ 恒温中压缩变形获得的应力-应变曲线。

从图 2-13 中可以看出 La$_2$O$_3$-TZM 钼合金在应变速率为 0.1 s^{-1} 下的应力-应变曲线的形状均为单峰值流变曲线，抗压强度均随着应变量的增加而增加。并且其抗压强度随着温度的升高逐渐降低，图 2-13(a) 为 800℃ 温度下的应力-应变曲线，抗压强度为 424.6 MPa；图 2-13(b) 为 900℃ 温度下的应力-应变曲线，抗压强度为 392.6 MPa；图 2-13(c) 为 1000℃ 温度下的应力-应变曲线，抗压强度为 374.5 MPa；图 2-13(d) 为 1100℃ 温度下的应力-应变曲线，抗压强度为 344.9 MPa；图 2-13(e) 为 1200℃ 温度下的应力-应变曲线，抗压强度为 232.5 MPa，呈现出明显的递减趋势。

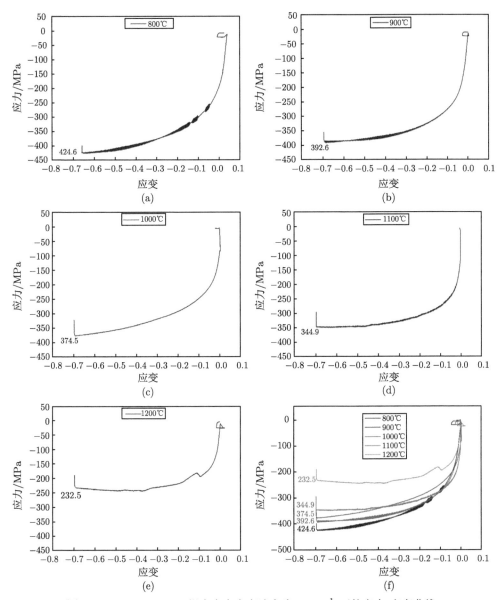

图 2-13 La$_2$O$_3$-TZM 钼合金在应变速率为 0.1 s^{-1} 下的应力-应变曲线

从图 2-13 中的单峰值曲线的形状可以看出 La$_2$O$_3$-TZM 钼合金在 800℃、900℃、1000℃、1100℃ 和 1200℃ 温度下发生了加工硬化 + 动态回复和动态回复 + 动态再结晶两个阶段，曲线在 0%~50% 应变量之间未出现抗压强度降低的趋势，主要是因为第一阶段只发生了加工硬化 + 动态回复，而第二阶段虽然发生了动态回复 + 动态再结晶，但是动态回复的效应远大于动态再结晶的效应，试样并未发生软化现象。说明 La_2O_3-TZM 钼合金的开始再结晶温度大于 1200℃。一方面,随着温度越高动态回复的效应越好,可以更有效地消除实验过程中的加工硬化和应力集中;另一方面,掺杂氧化镧后,氧化镧颗粒均匀分布在合金内部,形成第二相强化,同时起到钉扎的作用,细化晶粒、晶界的占有比例增大,随着温度的升高,晶界的强度逐渐降低,有利于位错的移动,从而降低合金抵抗被压缩的能力。

图 2-14 为 La_2O_3-TZM 钼合金在应变速率为 0.01 s^{-1} 下的应力-应变曲线,分别在温度为 800℃、900℃、1000℃、1100℃ 和 1200℃ 恒温中压缩变形获得的应力-应变曲线。

图 2-14 的应力-应变曲线与图 2-13 中有相似之处,从应变速率为 0.01 s^{-1} 下的应力-应变曲线的形状也可以看出均为单峰值流变曲线,图 2-14(a) 为 800℃ 温度下的应力-应变曲线,抗压强度为 393.9 MPa;图 2-14(b) 为 900℃ 温度下的应力-应变曲线,抗压强度为 348.4 MPa;图 2-14(c) 为 1000℃ 温度下的应力-应变曲线,抗压强度为 331.6 MPa;图 2-14(d) 为 1100℃ 温度下的应力-应变曲线,抗压强度为 315.93 MPa;图 2-14(e) 为 1200℃ 温度下的应力-应变曲线,抗压强

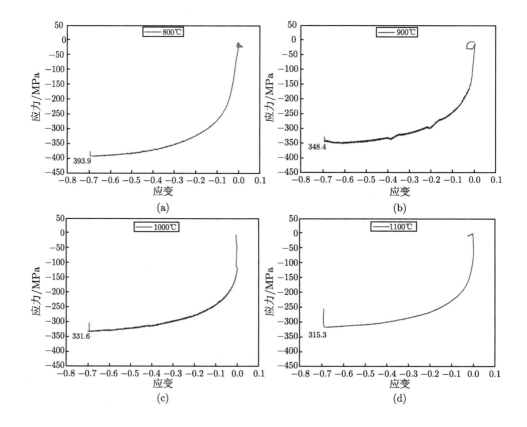

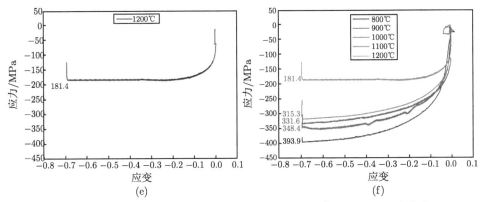

图 2-14 La$_2$O$_3$-TZM 钼合金在应变速率为 0.01 s^{-1} 下的应力-应变曲线

度为 181.4 MPa，抗压强度均随着应变量的增加而增加。并且其抗压强度随着温度的升高逐渐降低，呈现出明显的递减趋势。从图中的单峰值曲线的形状可以看出 La$_2$O$_3$-TZM 钼合金在 800℃、900℃、1000℃、1100℃ 和 1200℃ 温度下出现了加工硬化 + 动态回复和动态回复 + 动态再结晶两个阶段，曲线在 0%~50% 应变量之间未出现抗压强度降的趋势，主要是因为第一阶段只发生了加工硬化 + 动态回复，而第二阶段虽然发生了动态回复 + 动态再结晶，但是动态回复的效应远大于动态再结晶的效应，试样并未发生软化现象。说明 La$_2$O$_3$-TZM 钼合金的开始再结晶温度大于 1200℃。一方面，随着温度越高动态回复的效应越好，可以更有效地消除实验过程中的加工硬化和应力集中；另一方面，掺杂氧化镧后，氧化镧颗粒均匀分布在合金内部，形成第二相强化，同时起到钉扎的作用，细化晶粒，晶界的占有比例增大，随着温度的升高，晶界的强度逐渐降低，有利于位错的移动，从而降低合金抵抗被压缩的能力。

2.1.5.2 应变速率对 La$_2$O$_3$-TZM 钼合金高温压缩性能的影响

图 2-15 为不同应变度率下的抗压强度随温度变化的曲线，图 2-15(a) 和 (b) 分别为应变速率为 0.1 s^{-1} 和 0.01 s^{-1} 高温压缩后应力-应变曲线，曲线均为单峰值，并且应力随应变变化的趋势完全一致，图 2-15(c) 为不同应变速率的抗压强度在温度 800~1200℃ 范围内的变化情况。

从图 2-15 中可以看出，应力-应变曲线都为单峰值曲线且抗压强度未出现明显的下降趋势，所以 La$_2$O$_3$-TZM 钼合金的开始再结晶温度高于实验最高温度，未出现软化现象。整体上，应变速率 0.1 s^{-1} 和 0.01 s^{-1} 的抗压强度均随着实验温度的升高而降低，因为温度越高消除加工硬化和应力的效应越好，阻止了因变形引起的应力集中问题。从图 2-15(f) 中可以看出，不同应变速率下的抗压强度随着温度的升高在 800~1100℃ 范围内平滑下降，类似直线下降，而当温度超过 1100℃

时，抗压强度迅速下降，明显出现一个折点，说明实验温度超过 1100℃ 后晶界强
度开始降低，阻碍合金变形的抗力降低，有利于合金的变形。

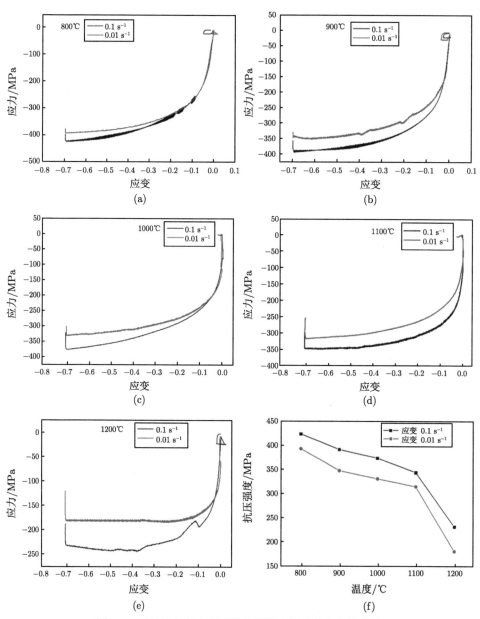

图 2-15　不同应变速率下的抗压强度随温度变化的曲线

应变速率 0.1 s^{-1} 的压缩试验变形速度为 1.1 mm/s，应变速率 0.01 s^{-1} 的压缩试验变形速度为 0.11 mm/s，试验尺寸为 φ10 mm×15 mm，变形量为 50%，所以其变形数值为 7.5 mm，两种不同速率的压缩试验所需的时间分别为 6.82 s 和 68.2 s，时间是十倍关系，低应变速率的压缩样品相当于退火时间长，能更好地发挥温度对消除加工硬化和应力集中的作用，相当于降低了合金材料抵抗压缩的能力，所以从图 2-15(c) 中可以看出 0.01 s^{-1} 应变速率的抗压强度比 0.1 s^{-1} 应变速率的抗压强度低。

2.1.5.3 La$_2$O$_3$-TZM 钼合金高温压缩后组织结构

分析 La$_2$O$_3$-TZM 钼合金经高温压缩后试样沿着压缩方向的微观组织结构形貌，与原始未经过高温压缩的 La$_2$O$_3$-TZM 钼合金样品微观组织结构进行比较，研究组织结构在高温压缩过程中的变形情况，其微观组织结构如图 2-16 所示。

图 2-16 主要是观察分析不同温度下高温压缩后样品在变形方向上组织结构变化的情况。从图 2-16(a) 中可以看第二相颗粒均匀分布在组织内部，晶内和晶界上均有其存在，且在晶内分布的数量远多于晶界处，同时也可以看到组织中存在疏松、微裂纹等缺陷的存在，晶粒呈等轴晶分布。经过 800~1200℃ 温度范围下高温压缩后试样组织内可以看到明显第二相颗粒均匀分布在晶内和晶界，在不同温度下第二相颗粒尺寸基本一致，对第二相颗粒进行能谱分析，其成分结果如图 2-17 所示，可以得到这些凸起的第二相粒子主要是含 La 的化合物，以及少量的 Ti、Zr 元素，说明第二相的强化相是由 Ti、Zr、La 组成的，且 La 在第二相的强化作用中有着重要的地位。而根据其所有元素原子百分比的数值来计算，其存在形式多以氧化物 (La$_2$O$_3$、TiO$_2$ 和 ZrO$_2$) 为主，说明在 TZM 钼合金中起第二相强化的除了 TiO$_2$ 和 ZrO$_2$ 外，还包括 La$_2$O$_3$ 颗粒，其均匀分布即起到了细化晶粒的作用，又在组织内部起到钉扎的作用，阻碍位错的移动。还可以看到晶粒形状在高温压缩过程中发生了变形，由原来的等轴晶沿着压缩方向变形，晶粒被压缩呈扁长形流线状，即出现纤维状的形貌，且纤维状晶粒的取向保持一致，垂直于压缩方向。变形后的纤维状晶粒形貌基本保持一致，并未出现再结晶现象，说明 La$_2$O$_3$-TZM 钼合金的再结晶开始温度高于 1200℃。

选取 1000℃ 温度下高温压缩后试样的横向和纵向组织结构及晶粒形貌进行比较，研究压缩过程中晶粒在不同方向上的变形情况，横向为垂直于压缩方向截面组织结构形貌，纵向为平行于压缩方向截面组织结构形貌，其组织结构形貌如图 2-18 所示。

从图 2-18 中可以看出 1000℃ 温度下高温压缩试样的纵向和横向组织结构形貌有明显的区别，图 2-18(a) 为平行于压应力方向截面组织结构形貌，晶粒受压应力作用，被压缩变形呈流线型纤维状的形状，凸起的第二相颗粒主要均匀分布在晶内；图 2-18(b) 为垂直于压应力方向截面组织结构形貌，其晶粒形貌为等轴晶，与原始未经高温压缩试样结构一致，与纵向晶粒的纤维状明显不同，说明在高温压缩过程中，晶粒是沿着压缩方向被压缩变形，承受压应力，而垂直于压缩方向上未压缩变形，未受压应力影响。

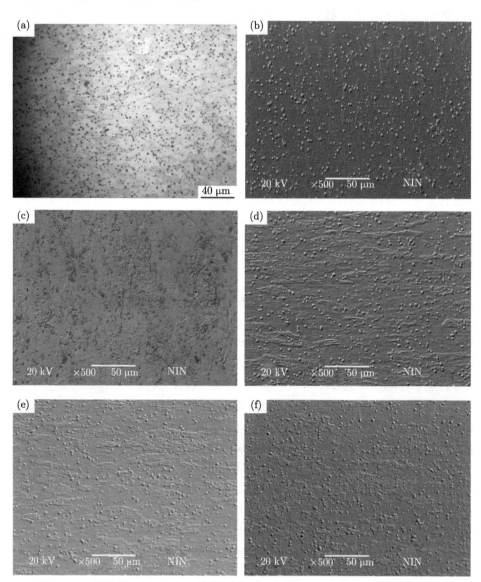

图 2-16　原始未经高温压缩试样和高温压缩后试样沿压缩方向的微观组织结构

(a) 原始未经压缩；(b) 800℃；(c) 900℃；(d) 1000℃；(e) 1100℃；(f) 1200℃

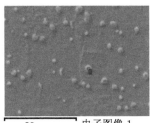

元素	质量分数/%	原子分数/%
O K	21.22	60.04
Ti K	20.29	19.18
Zr L	1.27	0.63
Mo L	10.31	4.87
La L	46.91	15.29
总量	100.00	

30 μm　电子图像 1

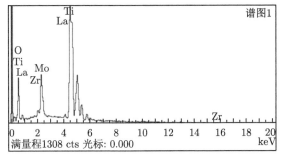

图 2-17　第二相颗粒 EDS 物性分析

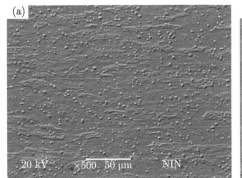

图 2-18　1000℃ 高温压缩后试样的微观组织结构

(a) 纵向；(b) 横向

2.1.5.4　La₂O₃-TZM 钼合金高温压缩后变形区的维氏硬度

在高温压缩变形过程中，试样与压头和砧板之间存在摩擦作用是不可避免的，会导致试样变形不均匀，不同区域内变形情况不一样会导致硬度分布有差异。现将压缩后试样沿轴对称中心方向剖开后，根据图 2-19 可以看出，试样的上下两端存在未变形区，主要是与压头和砧板接触的区域。因此，分析压缩后试样不同区域硬度分布情况，就包括三个区域：I-变形区边缘，II-未变形区，III-变形区中心。将压缩后试样沿轴线对半剖开后先进行了树脂热镶样，然后进行人工湿磨、抛光，

获得表面光滑的试样。然后进行维氏硬度检测，选择实验力为 500 g，保压时间为
10 s，每个区域重复检测 5 个值，求取平均值。维氏硬度检测结果如表 2-8 所示，
不同温度下维氏硬度分布情况如图 2-20 所示。

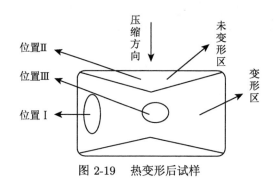

图 2-19   热变形后试样

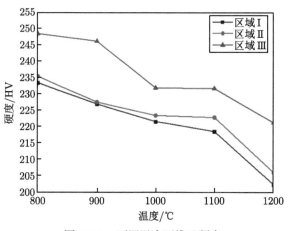

图 2-20   不同温度下维氏硬度

从表 2-8 和图 2-20 中可以看出同一压缩试样不同区域上维氏硬度是有差异
的，区域 I 变形区边缘维氏硬度最低，区域 II 未变形区维氏硬度稍高，区域 III 变
形中心区维氏硬度最高；而同一区域的硬度随温度上升而下降，产生以上现象的
主要原因是热量传导和样品不同区域变形量不同这两个方面。

样品进行高温压缩试验时受到压缩导致样品发生变形，从变形程度上分析，区
域 III 变形中心区的变形程度最大，加工硬化及应力集中最明显，区域 I 变形区边
缘的变形程度次之，应力集中现象稍微差些，而区域 II 未变形区的变形程度最小，
变形死区未发生形变，不存在加工硬化现象，按照变形程度和加工硬化的高低应
该是区域 III 变形中心区的硬度最高，区域 I 变形区边缘的硬度次之，区域 II 未
变形区的硬度最低，但是试验结果与分析结果不一致，导致此种情况的发生主要

应该从样品受热导热方面分析。

表 2-8 合金板材维氏硬度

(a) 800℃ 高温压缩

区域 (800℃) 维氏硬度/HV	1	2	3	4	5	平均值
I	235.2	236.7	242.6	228.4	225.7	233.72
II	226.8	244.9	237.4	226.7	242.5	235.66
III	246	246.7	247.5	248.6	255.1	248.78

(b) 900℃ 高温压缩

维氏硬度/HV	1	2	3	4	5	平均值
I	226.8	230.6	229.6	222.6	226.5	227.22
II	228	223.8	228.8	226.3	232.1	227.8
III	241.6	251.7	245.9	246.4	246.7	246.46

(c) 1000℃ 高温压缩

维氏硬度/HV	1	2	3	4	5	平均值
I	220.2	226.4	219.2	219.3	224.1	221.84
II	225.1	226.4	221.3	216.5	229.2	223.7
III	234.8	229.9	224.6	234.1	237.3	232.14

(d) 1100℃ 高温压缩

维氏硬度/HV	1	2	3	4	5	平均值
I	224.4	218.42	222.6	212.1	216.43	218.79
II	227.3	217.8	226.3	223.3	220.8	223.1
III	229.8	228.4	238.6	231	231.9	231.94

(e) 1200℃ 高温压缩

维氏硬度/HV	1	2	3	4	5	平均值
I	198.7	196.6	204.1	206.3	207	202.54
II	201.1	205.6	205.9	207.6	210.7	206.18
III	224.7	211.5	222.5	226.7	221.9	221.46

(f) 三个区域硬度的平均值

区域平均 值/HV	800℃	900℃	1000℃	1100℃	1200℃
I	233.72	227.22	221.84	218.79	202.54
II	235.66	227.8	223.7	223.1	206.18
III	248.78	246.46	232.14	231.94	221.46

在高温压缩实验中设备加热样品，样品接收热量并传导热量。一般的传导热量情况是热量先从样品的最外侧向样品的内部进行传导，这样导致了样品的各个区域部位受热不均。就是由于样品各个部分的热量传导不同，导致变形过程受到一定的影响。一般来说芯部得到的热量最小，样品的外侧得到的热量最多，区域 II 未变形区因与压头接触，使其受热和导热均受到影响，从而导致区域 I 变形区

边缘受热最好, 试验过程中动态回复效应最好, 区域 II 未变形区次之, 区域 III 变形中心区受热最少, 动态回复效应最低。这样综合变形程度和热量传导两方面情况, 获得区域 I 变形区边缘维氏硬度最低, 区域 II 未变形区维氏硬度稍高, 区域 III 变形中心区维氏硬度最高的结果, 解释了其反常情况。

2.1.6　小结

本节选取含 La_2O_3 重量百分比分别为 0、0.1％和 0.6％的 TZM 钼合金板为研究对象, 研究了从稀土掺杂、压坯成形和烧结, 再到成品轧制的整个过程, 总结了 La_2O_3 粒子对 La_2O_3-TZM 钼合金板材再结晶行为与力学性能 (室温及高温条件下) 的影响, 其结论如下。

(1) 弥散的 La_2O_3 粒子填充于烧结孔中, 使 TZM 钼合金烧结板坯密度增加, 相对密度达到 97.5％以上, 板坯硬度随 La_2O_3 粒子添加量的增加而增大, 板坯洛氏硬度 (HRC) 由 65 增大至 77。

(2) La_2O_3 的加入明显延缓了 TZM 钼合金板材再结晶的进行, 随着 La_2O_3 含量的增加, La_2O_3-TZM 钼合金板材再结晶开始温度逐渐升高。$0.1La_2O_3$-TZM 钼合金板材的再结晶开始温度为 1300℃, 比 TZM 钼合金板提高了约 100℃。$0.6La_2O_3$-TZM 钼合金板材再结晶开始温度为 1500℃, 比 TZM 钼合金板提高了约 300℃。

(3) La_2O_3 粒子的存在不仅提高了 TZM 钼合金板再结晶温度, 而且提高了 TZM 钼合金板的强度和伸长率。La_2O_3 粒子的强化作用主要是由于 La_2O_3 粒子与位错强烈的交互作用的结果 [159]。板材中大量的位错被 La_2O_3 粒子牢牢钉扎, 位错要挣脱粒子的钉扎作用就需要更大的应力, 因而 La_2O_3-TZM 钼合金板的室温抗拉强度较 TZM 钼合金板有明显的提高。随着 La_2O_3 粒子含量的增加, 粒子与位错的交互作用加强, 对位错的钉扎作用也显著增强, La_2O_3 粒子的强化作用更加明显。

(4) 单向轧制的 La_2O_3-TZM 钼合金板具有比交叉轧制的 La_2O_3-TZM 钼合金板高的再结晶温度和抗拉强度, 但伸长率较低。单向轧制的 La_2O_3-TZM 钼合金板材具有明显的各向异性, 交叉轧制使金属流动的方向发生了改变, 能明显消除钼板组织的各向异性, 因此交叉轧制的 La_2O_3-TZM 钼合金板组织性能更加均匀。

(5) La_2O_3-TZM 钼合金板材比 TZM 钼合金板有更高的延性, 主要原因在于 La_2O_3 粒子的微孔松弛机制 [160]。在钼中引入细小弥散分布的第二相 La_2O_3 粒子时, 一方面使形变更加均匀, 缩小了滑移面的有效长度, 使位错塞积减轻; 另一方面大量的位错被 La_2O_3 粒子钉在晶内或强滑移带内, 使晶界或强滑移带附近的位错密度显著降低, 这种位错组态有利于延缓沿晶微裂纹的形成。然而随着变形量的增加, 塞积在粒子处的位错数目不断增加, 在粒子周围产生更大的应力集中,当塑性变形使 La$_2$O$_3$ 粒子周围的应力集中达到与基体和第二相界面的结合强度时,微裂纹就在界面处形成,从而使积聚的应力得到松弛,裂纹尖端钝化。进一步的变形又会在 La$_2$O$_3$ 粒子处产生应力集中,导致粒子处的微裂纹扩展或拉长成孔洞。La$_2$O$_3$-TZM 板材的最终断裂是由于在大变形量时,晶界应力集中导致沿晶裂纹形成和扩展的结果。虽然少量分布于晶界上的 La$_2$O$_3$ 粒子可能会促进沿晶裂纹的形成,但从 La$_2$O$_3$-TZM 板材强度和塑性指标来看,这种 La$_2$O$_3$ 粒子并没有明显的不利影响,而分布于晶内的大量细小弥散的 La$_2$O$_3$ 粒子,由于可以承受很大的应变而不开裂,同时能够形成微孔使应力松弛,因而对 La$_2$O$_3$-TZM 板材的塑性有很大贡献。

(6) 在 0.1 s^{-1} 和 0.01 s^{-1} 的应变速率下,变形量为 50% 时,La$_2$O$_3$-TZM 钼合金的抗压强度均随着温度的升高而降低,且其应力-应变曲线均为单峰值流变曲线,说明 La$_2$O$_3$-TZM 钼合金在变形过程中主要发生了加工硬化 + 动态回复和动态回复 + 动态再结晶,动态回复的效应远大于动态再结晶的效应,试样并未发生软化现象。

(7) 应变速率越小,试验所需时间越长,两种不同速率的压缩试验所需的时间分别为 6.82 s 和 68.2 s,相当于退火时间更长,降低了合金材料抵抗压缩的能力。

(8) 经过高温压缩后的试样,组织内缺陷减少,组织致密度增大,晶粒变为纤维状,未出现等轴晶,说明 La$_2$O$_3$-TZM 钼合金的开始再结晶温度高于 1200℃。在压缩过程中,由于热量传导不均和变形程度不同导致不同区域的硬度存在明显差异,区域 III 变形中心区维氏硬度最高,区域 II 未变形区次之,I 变形区的边缘维氏硬度最低。

2.2 La(NO$_3$)$_3$-TZM 钼合金的力学性能

2.2.1 La(NO$_3$)$_3$-TZM 钼合金材料制备技术

2.2.1.1 实验材料

本节内容所需合金材料的成分设计如表 2-9 所示。

表 2-9 TZM 钼合金的设计成分   (单位:wt%)

试样	石墨粉	硬脂酸	Ti	Zr	La$_2$O$_3$	La(NO$_3$)$_3$	Mo
0$^{\#}$	0.06	0.00	0.50	0.10	0.00	0.00	余量
1$^{\#}$	0.00	0.25	0.50	0.10	0.00	0.00	余量
2$^{\#}$	0.06	0.00	0.50	0.10	1.00	0.00	余量
3$^{\#}$	0.06	0.00	0.50	0.10	0.00	1.99	余量
4$^{\#}$	0.00	0.25	0.50	0.10	1.00	0.00	余量
5$^{\#}$	0.00	0.25	0.50	0.10	0.00	1.99	余量

注:其中 La$_2$O$_3$ 与 La(NO$_3$)$_3$、石墨粉与硬脂酸的摩尔百分比相等。

　　原料以不同的形式加入，依据表 2-9 换算为应需加入的分量，按照分子量计算可得投料配比如下表 2-10 所示。

表 2-10　合金成分物料计算结果　　　　　　　　（单位：g）

试样	石墨粉	硬脂酸	TiH$_2$	ZrH$_2$	La$_2$O$_3$	La(NO$_3$)$_3$	Mo
0$^\#$	0.60	0.00	5.40	1.10	0.00	0.00	1000
1$^\#$	0.00	2.50	5.40	1.10	0.00	0.00	1000
2$^\#$	0.60	0.00	5.40	1.10	10.0	0.00	1000
3$^\#$	0.60	0.00	5.40	1.10	0.00	19.9	1000
4$^\#$	0.00	2.50	5.40	1.10	10.0	0.00	1000
5$^\#$	0.00	2.50	5.40	1.10	0.00	19.9	1000

　　完全按照表 2-10 中分量投料配比，开始进行合金板材的制备。依据本实验设计 TZM 钼合金成分的要求，本实验主要使用的原料有 Mo 粉、TiH$_2$ 粉、ZrH$_2$ 粉、硬脂酸晶体及酒精。

　　本实验使用由西安格美金属材料有限公司提供的 Mo 粉。其纯度 ≥99.80%，真空分装包，单包质量为 1 kg，粒度为 5.35 μm，金属灰色粉末状。其化学成分如表 2-11 所示。

表 2-11　原料钼粉化学成分

化学成分	O	C	Fe	Ni	Ca	Al	Cr	Si	W
质量分数/%	0.06	0.0064	0.007	0.002	0.004	0.001	0.003	0.003	0.043

　　本实验使用的 TiH$_2$ 粉和 ZrH$_2$ 粉牌号分别为 THP20-1 和 FZH-1。TiH$_2$ 粉及 ZrH$_2$ 粉均为黑灰色粉末，其最大粒度分别为 35 μm 和 38 μm，其化学成分分别如表 2-12 和表 2-13 所示。

表 2-12　TiH$_2$ 化学成分

化学成分	H	Cl	N	Si	C	Fe	Mg	Mn	Ti
质量分数/%	3.84	0.05	0.05	0.02	0.02	0.06	0.01	0.01	91.92

表 2-13　ZrH$_2$ 化学成分

化学成分	主要元素（≥）			夹杂元素（≤）				
	(Zr+Hf)+H	Zr+Hf	H	Fe	Ca	Mg	Cl	Si
质量分数/%	98	96	1.87	0.16	0.03	0.08	0.04	0.07

　　本实验使用由赣州嘉润新材料有限公司提供的 La$_2$O$_3$ 粉末和 La(NO$_3$)$_3$ 晶体。其中 La$_2$O$_3$ 呈白色，粉末状，纯度为 99.99%；La(NO$_3$)$_3$ 晶体也呈白色，为半透明晶体，是水和化合物，其化学式为 La(NO$_3$)$_3$·(H$_2$O)。实验使用天津巴斯夫

化工股份有限公司提供的硬脂酸，为白色略带光泽的蜡状片状晶体，其化学式为 $C_{18}H_{36}O_2$。

2.2.1.2 La(NO₃)₃-TZM 钼合金板材制备

1) 混粉

实际混料是将合金粉末按表 2-10 的合金配比进行混料的，首先，0# 按照表 2-10 所示的质量称取 TiH_2、ZrH_2 和石墨粉，再加入 1 kg 的 Mo 粉，在三维混料机中混料 2 h；1# 按照表 2-10 中所示的质量称取 TiH_2、ZrH_2 加入 1 kg 的 Mo 粉混合 2 h；3# 称取表 2-10 中所示的 TiH_2、ZrH_2 及石墨粉，再加入 Mo 粉 1kg 混料 2 h；4# 称取表 2-10 中所示的 TiH_2、ZrH_2 及 La_2O_3，再加入 1kg 的 Mo 粉，混料 2 h；5# 称取表 2-10 中所示的 TiH_2、ZrH_2，再加入 1 kg 的 Mo 粉，混料 2 h。

其次，将混合好的 1#、4# 合金粉末加入硬脂酸溶液，硬脂酸在 60℃ 的条件下充分溶解于无水酒精中；将混合好的 3# 合金粉末加入 La(NO₃)₃ 溶液，La(NO₃)₃ 在 60℃ 的条件下充分溶解于无水酒精中；将混合好的 5# 合金粉末加入硬脂酸和 La(NO₃)₃ 的混合溶液中，其中硬脂酸和 La(NO₃)₃ 在 60℃ 的条件下充分溶解于无水酒精中，形成混合溶液。再将 1#、3#、4#、5# 按照上述方法加入各自的溶液，再一点一点加入无水酒精进行搅拌。搅拌成刚好被酒精浸湿。酒精的加入有利于在烘干后，在混料、球磨中减少发热后吸氧的情况。

2) 真空干燥

将混粉过程中获得的充分搅拌后的 1#、3#、4#、5# 样品合金粉末置于真空烘箱中烘干，温度 70℃，烘干 4 h，烘干气氛为真空环境。

3) 球磨

把真空烘干后的 0#、1#、2#、3#、4#、5# 样品合金粉末分别装入球磨机中进行球磨，此次试验使用行星球磨机，磨球直径为 5~10 mm，球料比为 2:1，物料填充率为 70%，球磨转速为 260 r/min，球磨时间 2 h。把经过 2 h 球磨后的合金粉末出料过筛，分离合金粉末和磨球，用真空包装机进行真空包装并进行标签标识。

4) 压坯

本实验采用了钢模压制。将配置好的合金粉末 0#、1#、2#、3#、4#、5# 分别装入钢制压模中，单向通过模冲对合金粉末加压，卸压脱模后即可得到所需尺寸和形状的压制品。此压制坯料采用单向压制，压坯压力为 21 MPa，保压时间为 5s，最后获得尺寸为 160 mm×70 mm×15 mm 的坯料。压力机为 YT70-500 油压机。

5) 烧结

钼的熔点为 2650℃，是难熔金属，故钼合金的烧结温度也非常高，而钼的高温抗氧化能力又非常差。钼合金在空气中加热至 300℃，出现氧化现象，慢慢地在钼表面形成一层青绿色的氧化膜，氧化膜主要成分为 MoO_2；当温度加热到 600℃ 时，表面的青绿色氧化膜会转变成深绿色的氧化层，此时氧化膜的主要成分为 MoO_3；温度继续升高到 600~700℃ 时，表面的氧化物就开始挥发，并且随着温度的升高，钼的氧化速率迅速增加，同时挥发速率也迅速增加，会形成白色烟雾状 MoO_3。所以在高温下进行烧结必须要气体保护或者真空状态，此次试验烧结工序由金堆城钼业股份有限公司完成，选用的是其带氢气保护的中频感应烧结炉，虽然氢气炉的正压与真空的超低压或负压差距较大，不利于坯料内部气体的排出，但是氢气的正压对炉内坯料会有加压效果，可以提高点烧结后坯料的致密度，降低其孔隙率，同时，氢气作为保护气氛，在烧结过程中可以充当还原剂，减少坯料的氧化，降低其氧含量，也能更好促进硝酸镧与 MoO_2 反应的进行，反应生成更加细小的 $Mo-La_2O_3$ 颗粒，细化晶粒。

此次试验采用分段式固相烧结工艺，按照实验设计的烧结工艺在带有氢气保护的中频烧结炉中进行烧结，烧结温度设为 1950℃，烧结时间设为 21.5 h，具体的烧结工艺如图 2-21 所示。

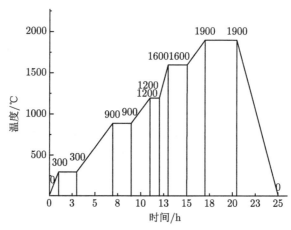

图 2-21   TZM 钼合金烧结工艺

TZM 钼合金的烧结过程分为三个阶段：黏结阶段、烧结颈胀大阶段、闭孔隙球化和缩小阶段。在黏结阶段，坯体中颗粒重排，孔隙变形、缩小，出现键合、黏结的现象，但是板坯整体无明显收缩；在烧结颈长大阶段，颗粒粒界增大，距离减小，孔隙也进一步地变形、缩小，大量空隙消失，板坯整体呈现明显的收缩；而在闭孔隙球化和缩小阶段，粒子长大，空隙被分隔形成闭气孔，孔隙锐缩，此阶段板坯也会缓慢地收缩，密度会达到 95% 以上。烧结坯外观如图 2-22 所示，烧结后坯料取 1# 样品进行留样，在进行高温压缩试验时备用。

图 2-22　烧结坯外观

6) 轧制

热轧温轧采用宝钛难熔车间四辊轧机，冷轧同样采用四辊轧机。轧制按照轧制工艺如表 2-14 所示工艺参数进行逐步轧制，轧制过程中中间退火采用宝钛自制氢气退火炉，轧后采用苛性碱熔融法对合金板材碱洗，具体操作是将工业用 NaOH 以及 3% 硝酸盐装入电阻加热槽中，加热至 400℃ 熔化 (熔点约 380℃)。加工钼合金板放入几分钟后，提取放入冷水槽中冲洗至成白色为止 [161]。加工成的板材成品用吸油纸包好带回，待后续测试备用。

表 2-14　轧制工艺

工序	轧前厚度/mm	轧制工艺条件	轧厚厚度/mm
1	11	加热 40min，1100℃ 热轧开坯，加工率 30%	7.7
2	7.7	加工率 25%	5.775
3	5.775	回炉 30min，温度 1100℃，加工率 28%	4.158
4	4.158	加工率 24%	3.16
5	3.16	碱洗 (苛性碱熔融法)	3.0
6	3	850℃ 退火 20min，600℃ 温轧，加工率 20%	2.4
7	2.4	加工率 16%	2.016
8	2.016	850℃ 退火 20min，600℃ 温轧，加工率 18%	1.653
9	1.653	加工率 15%	1.405
10	1.405	850℃ 退火 20min，碱洗 (苛性碱熔融法)	1.25
11	1.25	加热至 400℃，轧制 10 个道次	0.52

2.2.2　La(NO$_3$)$_3$ 对 TZM 钼合金维氏硬度的影响

2.2.2.1　烧结坯显微硬度测试

用排水法测得烧结后所得到的烧结坯，如表 2-15 所示。

表 2-15　烧结坯密度　　　　　　　(单位：g/cm^3)

试样编号	0$^\#$	1$^\#$	2$^\#$	3$^\#$	4$^\#$	5$^\#$
密度	9.90	10.12	9.73	9.77	10.04	10.07

使用 WAP-Ⅵ 型线切割机，将烧结坯切制成 5mm×5mm 的试样，在经过手工湿磨、机械抛光后，再使用沃伯特 401MVD 型数显维氏硬度计，来测试烧结坯的维氏硬度，测试载荷为 200g，保压时间为 10s，各个测试点间隔 0.5mm，每个试样选取 15 个点测得平均硬度值，如表 2-16 所示。

表 2-16　烧结坯维氏硬度　　　　　　　(单位：HV)

试样编号	0$^\#$	1$^\#$	2$^\#$	3$^\#$	4$^\#$	5$^\#$
维氏硬度	154.51	167.98	184.66	190.86	207.13	210.66

从表 2-16 可看出烧结坯的维氏硬度随着编号逐渐上升。硬脂酸掺碳 TZM 硬度稍高于石墨粉掺碳 TZM；镧掺杂 TZM 钼合金烧结坯硬度整体高于传统 TZM 钼合金烧结坯硬度；镧掺杂 TZM 中，硬脂酸掺碳掺杂 TZM 钼合金烧结坯硬度普遍高于传统石墨粉掺碳 TZM 钼合金烧结坯硬度，硝酸镧液相掺杂 TZM 钼合金烧结坯硬度普遍高于氧化镧固相掺杂 TZM 钼合金烧结坯硬度。

对比烧结坯的维氏硬度，从 0$^\#$、1$^\#$TZM 钼合金烧结坯硬度可以看出，将 C 元素以硬脂酸溶液的形式固-液混合进入合金粉末中，可以使硬度提高一部分，这是由于固-液混合的 C 元素更加均匀细小，一方面使 C 元素可以更加均匀地固溶到 Mo 基体里，另一方面使得 C 元素可以更充分地和 Ti、Zr 生成其碳化物，形成更加均匀的、弥散的第二相强化相，这一点也体现在 2$^\#$ 与 4$^\#$、3$^\#$ 与 5$^\#$ 上，而且从数据上看影响还是比较大的。

在掺镧方式 (La$_2$O$_3$) 一定的条件下，混合方式一样的 0$^\#$、2$^\#$(固-固) 以及混合方式一样的 1$^\#$ 与 4$^\#$ (固-液)，只是 2$^\#$ 和 4$^\#$ 都向合金粉末中加入了 La 元素，可以看出加入了 La 元素可以使烧结坯的硬度有显著的提高。

在掺碳方式一定的条件下，2$^\#$ 与 3$^\#$TZM 钼合金烧结坯、4$^\#$ 与 5$^\#$TZM 钼合金烧结坯相比较，3$^\#$、5$^\#$ 合金烧结坯加入的是硝酸镧溶液，2$^\#$、4$^\#$ 合金烧结坯则是普通的加入 La$_2$O$_3$ 粒子混合，可以看出 3$^\#$ 相比于 2$^\#$ 合金、5$^\#$ 相比于 4$^\#$ 合金都使硬度略微提高了一些，这同样说明了固-液比固-固混合要均匀，要细致，但是提高的程度不大。

综上所述，是否掺镧是提高烧结坯硬度的主要因素，而掺镧方式的改变对提高烧结坯的硬度影响有限，但是也有一定的积极影响。对于掺镧 TZM 钼合金，不同的掺碳方式对烧结坯硬度也有很大影响，加入硬脂酸能明显提高合金的烧结坯硬度。

2.2.2.2 掺杂合金板材显微硬度检测

检测方法与上述相同，测得掺杂合金板材平均维氏硬度值如表 2-17 所示。

表 2-17 合金板材维氏硬度 　　　　　　　　　　(单位：HV)

试样编号	0#	1#	2#	3#	4#	5#
维氏硬度	257.93	252.70	325.60	333.18	365.04	399.78

表 2-17 可看出板材的维氏硬度随着编号逐渐上升，呈现的规律与轧制前烧结坯的变化规律相对应。硬脂酸掺碳 TZM 钼合金板材硬度稍高于石墨粉掺碳 TZM 钼合金板材硬度；镧掺杂 TZM 钼合金板材硬度整体高于传统 TZM 钼合金板材硬度；镧掺杂 TZM 中，硬脂酸掺碳掺杂 TZM 钼合金板材硬度普遍高于传统石墨粉掺碳 TZM 钼合金板材硬度，硝酸镧液相掺杂 TZM 钼合金板材硬度普遍高于氧化镧固相掺杂 TZM 钼合金板材硬度。

对比板材的维氏硬度，从 0#、1#TZM 钼合金板材硬度对比可以看出，将 C 元素以硬脂酸溶液的形式固-液混合进入合金粉末中，可以使硬度提高一部分，这一规律也延续了烧结坯的规律，由于固-液混合的 C 元素相对于直接加入的石墨粉更加均匀细小，一方面溶液环境使 C 元素可以更加均匀地固溶到 Mo 基体里，另一方面使得 C 元素可以更充分地和 Ti、Zr 生成其碳化物，形成更加均匀的、弥散的第二相强化相，这一点也体现在 2# 与 4#、3# 与 5# 上，而且从数据上看，第二相对板材的作用比烧结坯更加明显。

在掺镧方式 (La$_2$O$_3$) 一定的条件下，混合方式一样的 0#、2#(固-固) 以及混合方式一样的 1# 与 4#(固-液)，只是 2# 和 4# 都向合金粉末中加入了 La 元素，可以看出加入了 La 元素的合金板坯经过轧制仍保持了烧结坯的硬度显著提高的趋势并更加明显。

在掺碳方式一定的条件下，2# 与 3#TZM 钼合金板材、4# 与 5#TZM 钼合金板材相比较，3#、5# 合金烧结坯使用硝酸镧溶液进行镧掺杂，2#、4# 合金烧结坯则是使用传统镧掺杂方式 La$_2$O$_3$ 粉末直接混合，可以看出 3# 相比于 2# 合金板材、5# 相比于 4# 合金板材都使硬度略微提高了一些，这同样说明了固-液比固-固混合要均匀，要细致，但是提高的程度仍然不明显。

综上所述，是否进行镧掺杂仍是提高合金板材硬度的主要因素，而掺镧方式的改变对提高合金板材的硬度影响有限。对掺镧 TZM 钼合金板材，不同的掺碳方式对板材硬度也有很大影响，硬脂酸液相掺碳方法能明显提高合金的烧结坯硬度。总体来说，合金板材的硬度变化规律和原理与其对应烧结坯相同。

2.2.3　La(NO₃)₃ 对 TZM 钼合金抗拉强度和伸长率的影响

2.2.3.1　烧结坯拉伸性能测试

参照 ASTM-E8/E8M-08 标准将烧结坯制备成拉伸试样尺寸，如图 2-23 所示 (厚度 2.3mm)。

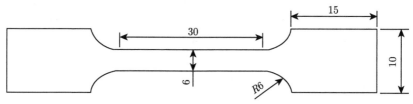

图 2-23　烧结坯拉伸试样 (单位：mm)

R6 为倒角半径

使用 WDW100-10t 型电子拉伸机，分别测试 0# ~ 5# 合金坯料的抗拉强度和伸长率，拉力 5kN，拉伸速度 0.5mm/min，测试结果如表 2-18 所示。

表 2-18　烧结坯抗拉强度和伸长率

试样编号	抗拉强度/MPa	伸长率/%
0#	293.2	1.22
1#	307.8	1.21
2#	329.5	1.45
3#	334.4	1.51
4#	338.3	1.47
5#	342.1	1.54

表 2-18 所示的抗拉强度的规律，与表 2-16 所示维氏硬度的规律类似，其原因也与上述一致。

但是从表 2-18 中所示的伸长率可以看出在掺镧方式的条件一致时，掺碳方式的不同，0# 与 1#TZM 钼合金烧结坯、2# 与 4# TZM 钼合金烧结坯、3# 与 5# TZM 钼合金烧结坯的伸长率差别不大，所以掺碳方式对伸长率几乎没有影响。

从表 2-18 可以看出加入 La 的 2#、3#、4#、5# TZM 钼合金烧结坯要比没有加入 La 的 0#、1# TZM 钼合金烧结坯的伸长率稍大，所以从这里可以推断掺镧是主要提高伸长率的原因。

从表 2-18 还可以看出，掺碳方式一定时，掺镧方式不同时 (2# 与 3#、4# 与 5#)，对伸长率有一定的提高作用，这进一步说明了 La 对合金坯料有韧化作用，且均匀的固-液掺杂对提高伸长率起到了一定的作用。

综上所述，C 元素对抗拉强度有提升作用，但对韧性几乎没有作用，而固-液的掺杂 C 元素方式对合金坯料的抗拉强度有一定的提高作用，La 对合金板坯的抗拉强度、韧性都有提高作用，且固-液掺杂 La 的方式对韧性、强度也有一定的提高，所以固-液掺杂方式比固-固均匀。

2.2.3.2 掺杂合金板材抗拉强度和伸长率检测

通过每组多次重复室温拉伸实验，获得板材力学性能参数，如表 2-19 所示。

表 2-19 TZM 钼合金和镧掺杂 TZM 钼合金板材抗拉强度和伸长率

试样编号	抗拉强度/MPa	伸长率/%
0#	964	7.8
1#	973	8.4
2#	1038	10.4
3#	1202	7.0
4#	1264	7.9
5#	1331	7.5

由表 2-19 可以看出 0# ~ 5# 掺杂 TZM 钼合金板材试样的抗拉强度与伸长率有着一定的对应关系。在抗拉强度方面，从表 2-19 可以看出，0# ~ 5# 试样抗拉强度依次增大；而在伸长率方面，0# ~ 5# 试样均在 8% 左右。

1# 试样抗拉强度略高于 0#，证明相对于 TZM 钼合金，硬脂酸湿法掺碳制备的 TZM 钼合金强度要略高于传统石墨粉掺碳 TZM 钼合金，而且在韧性方面也有着较为明显的提高。0# 与 2# 试样和 1# 与 3# 试样做对比，可以看出镧掺杂 TZM 钼合金有着更高的抗拉强度；伸长率方面，不同方式的镧掺杂对掺杂 TZM 钼合金的塑性有着不同的影响，氧化镧固-固掺杂虽然对 TZM 钼合金的强度提升有限但保证并一定程度上增大了合金的塑性，而硝酸镧固-液掺杂对 TZM 钼合金的强度有明显的提升，但对于 TZM 钼合金塑性的影响却不容小视。2# 试样对比 3# 试样，使用硝酸镧固-液掺杂镧元素的掺杂 TZM 钼合金板材较氧化镧固-固掺杂元素 TZM 钼合金板材有着更高的强度，同时综合前面 1# 与 3# 试样的对比可以观察出，硝酸镧掺杂是影响 TZM 钼合金伸长率的一个重要因素。同时对比 2# 与 4# 试样和 3# 与 5# 试样，支持证明了前文所述的硬脂酸湿法掺碳制备的 TZM 钼合金强度要略高于传统石墨粉掺碳 TZM 钼合金。

图 2-24 为 TZM 钼合金和 La-TZM 钼合金的拉伸应力-应变曲线，由应力-应变曲线可知，同样的制备工艺条件下所得的 0#TZM 钼合金抗拉强度为 964MPa，伸长率为 7.8%；掺杂稀土镧 (掺杂量为 1wt%) 后的 2#La-TZM 钼合金的抗拉强度为 1038 MPa，伸长率为 10.4%。表明掺镧对 TZM 钼合金的抗拉强度和伸长率都有显著提高，其较 TZM 钼合金的抗拉强度和伸长率分别提高了 7.68% 和 33.3%。

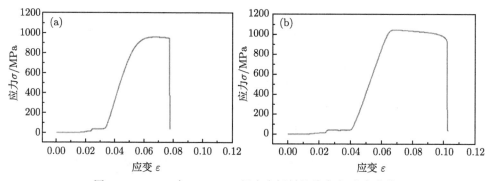

图 2-24　TZM 与 La-TZM 钼合金板材拉伸应力-应变曲线

2.2.4　La(NO₃)₃ 对 TZM 钼合金高温拉伸性能的影响

本试验采用西安航天发动机厂的高温万能试验机进行此次试验的高温拉伸，试验温度分别为 1000℃、1200℃、1400℃、1600℃ 五个温度，完全包括合金开始再结晶温度，研究温度和掺杂方式对其高温性能的影响。实验环境为真空环境，真空度达到 2×10^{-3}。

金属材料在高温环境下发生形变时，多晶体的金属材料断裂方式是和温度有直接关系的，在室温或低温环境下，金属材料中晶粒的强度大于晶界强度，但是随着温度的升高，晶粒强度和晶界强度都随之下降，但是晶粒强度与晶界强度随温度下降的速率是不一致的，晶界强度下降的速率大于晶粒强度，到特定温度时，晶粒强度和晶界强度完全相等，这时的温度称为等强温度 T_{eq}，如图 2-25 所示，而当温度超出等强温度后即晶粒强度大于晶界强度。

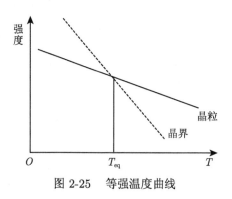

图 2-25　等强温度曲线

2.2.4.1　La-TZM 钼合金板材的高温抗拉强度

通过每组多次重复高温拉伸实验，排除实验异常数据，获得不同镧掺杂方式合金板材在不同温度下的高温力学性能，其结果如图 2-26 所示。

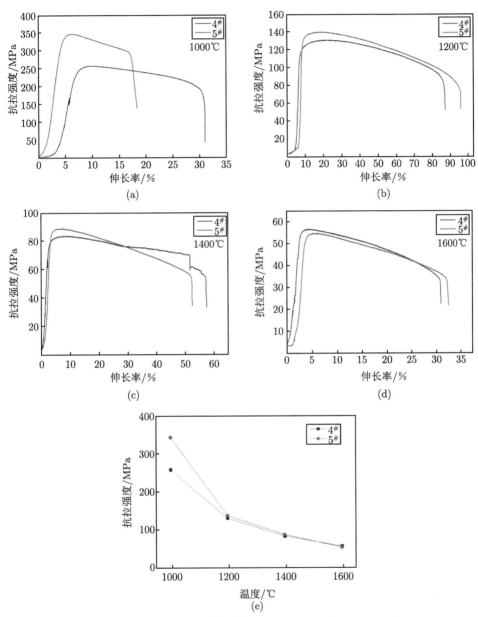

图 2-26　不同温度下 4#、5#La-TZM 钼合金高温抗拉强度

　　图 2-26(a) 为 4# (添加 La₂O₃)、5#(添加 La(NO₃)₃)La-TZM 钼合金在 1000℃ 温度下的高温抗拉强度，分别为 260 MPa、345 MPa，差值 −85 MPa，图 2-26(b) 为 4#、5#La-TZM 钼合金在 1200℃ 温度下的高温抗拉强度，分别为 132 MPa、139 MPa，差值 −7 MPa，图 2-26(c) 为 4#、5#La-TZM 钼合金在 1400℃ 温度下

的高温抗拉强度, 分别为 84 MPa、88 MPa, 差值 −4 MPa, 图 2-26(d) 为 4#、5#
La-TZM 钼合金在 1600°C 温度下的高温抗拉强度, 分别为 57 MPa、54 MPa, 差
值 3 MPa。从以上结果可以看出在 1000°C、1200°C、1400°C 温度下, 5#La(NO_3)_3-
TZM 钼合金板材的高温抗拉强度较 4#La_2O_3-TZM 钼合金板材的高, 而当温度为
1600°C 时, 反而是 4#La_2O_3-TZM 钼合金板材的高温抗拉强度比 5# La(NO_3)_3-
TZM 钼合金板材的更高。图 2-26(f) 中能更直观形象地表现出 4# La_2O_3-TZM
钼合金板材和 5# La(NO_3)_3-TZM 钼合金板材随着温度变化而产生的变化, 4# 和
5# La-TZM 钼合金板材的高温抗拉强度均随着温度的升高而降低, 当温度低于
1400°C(含 1400°C) 时, 5# La(NO_3)_3-TZM 钼合金板材的高温抗拉强度较高, 其
规律与室温力学性能一样, 而当温度高于 1400°C 时, 4#La_2O_3-TZM 钼合金板材
的高温抗拉强度较高。

　　图 2-27 为以 4#、5#La-TZM 钼合金的高温抗拉强度值进行一次函数拟合成
的直线, 图 2-27(a) 为 4#La-TZM 钼合金的拟合曲线, 其直线斜率为 −0.3285,
图 2-27(b) 为 5#La-TZM 钼合金的拟合曲线, 其直线斜率为 −0.462, 直线斜率的
绝对值越大说明该直线变化速率越大, 对比图 2-27(a) 和 (b) 中拟合曲线斜率的
绝对值可以看出图 2-27(b) 中直线斜率绝对值较大, 即 5#La-TZM 钼合金板材高
温抗拉强度随温度的变化而降低的速率较快。又从图 2-26 中可以得到 4# La_2O_3-
TZM 钼合金板材的高温抗拉强度与 5#La(NO_3)_3-TZM 钼合金板材的高温抗拉强
度的差值随温度的变化: −85 MPa (1000°C)、−7 MPa (1200°C)、−4 MPa (1400°C)、
3 MPa (1600°C), 差值由负值转向正值, 并且差值的绝对值是依次降低的。结合图
2-27 中拟合曲线情况可以说明在高温环境下发生变形时, 5# La(NO_3)_3-TZM 钼合
金的高温抗拉强度变化速率较 4# La_2O_3-TZM 钼合金板材的高温抗拉强度变化

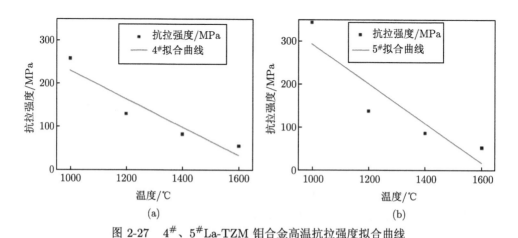

图 2-27　4#、5#La-TZM 钼合金高温抗拉强度拟合曲线

速率高,即 $5^{\#}$ La(NO$_3$)$_3$-TZM 钼合金的温度敏感性较高,主要是因为 $5^{\#}$ La(NO$_3$)$_3$-TZM 钼合金的晶粒尺寸小于 $4^{\#}$La$_2$O$_3$-TZM 钼合金,且晶粒个数多于 $4^{\#}$ La$_2$O$_3$-TZM 钼合金,晶界在组织内部占有比例升高,而晶界强度会随着温度升高快速降低,故 $5^{\#}$ La(NO$_3$)$_3$-TZM 钼合金的高温抗拉强度下降的速率更快。从整体变化规律来说,$4^{\#}$ La$_2$O$_3$-TZM 钼合金板材与 $5^{\#}$ La(NO$_3$)$_3$-TZM 钼合金板材的高温抗拉强度都随着温度的升高而降低,并且其高温抗拉强度降低的速率随着温度的升高而快速降低,直至趋于平缓。

2.2.4.2　La-TZM 钼合金板材的高温屈服强度

屈服强度是金属材料发生屈服现象时的极限抗力,也是金属材料发生变形时抵抗微量塑性变形的应力。一般金属材料的应力-应变曲线中会存在明显的屈服平台,此为金属材料的屈服极限即屈服强度,但是部分金属材料的曲线中无明显屈服平台,则规定以产生 0.2% 残余变形的应力值为其屈服强度。此次试验中 $4^{\#}$La$_2$O$_3$-TZM 钼合金板材与 $5^{\#}$La(NO$_3$)$_3$-TZM 钼合金板材的高温屈服强度结果如表 2-20 和图 2-28 所示。

表 2-20　$4^{\#}$ 与 $5^{\#}$ La-TZM 钼合金的高温屈服强度

样品	1000℃	1200℃	1400℃	1600℃
$4^{\#}$	240	121	80	54
$5^{\#}$	310	120	83	49

注:$R_{p0.2}$ (MPa) 屈服强度。

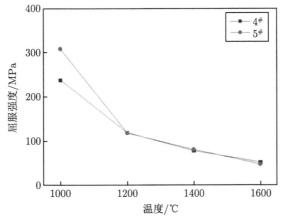

图 2-28　不同温度下 $4^{\#}$ 与 $5^{\#}$ La-TZM 钼合金的高温屈服强度

从表 2-20 与图 2-28 中可以看出 $4^{\#}$ La$_2$O$_3$-TZM 钼合金板材与 $5^{\#}$ La(NO$_3$)$_3$-TZM 钼合金板材的高温屈服强度都随着温度的升高而降低,其高温屈服强度变化规律与高温抗拉强度变化规律一致。当温度低于 1400℃ (含 1400℃) 时，5# La(NO₃)₃-TZM 钼合金板材的高温屈服强度高于 4#La₂O₃-TZM 钼合金板材，而当温度高于 1400℃ 时，4# La₂O₃-TZM 钼合金板材的高温屈服强度又高 5# La(NO₃)₃-TZM 钼合金板材，并且其温度敏感性也与高温抗拉强度保持高度一致，其高温屈服强度降低的速率随着温度的升高而快速降低。

2.2.4.3　La-TZM 钼合金板材的高温伸长率

此次试验中 4# La₂O₃-TZM 钼合金板材与 5# La(NO₃)₃-TZM 钼合金板材的高温断后伸长率的结果如图 2-29 所示。

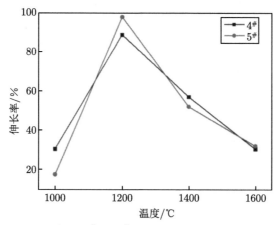

图 2-29　不同温度下 4# 与 5# La-TZM 钼合金的高温断后伸长率

从图 2-29 中可以看出，4# La₂O₃-TZM 钼合金板材与 5# La(NO₃)₃-TZM 钼合金板材的高温断后伸长率并未与高温抗拉强度和屈服强度保持相反的变化规律，未能随着温度的升高而升高，而是先随温度的升高而升高，当温度超过 1200℃ 时，又随着温度的升高而降低，但是 4# La₂O₃-TZM 钼合金板材与 5# La(NO₃)₃-TZM 钼合金板材的高温断后伸长率随温度的变化保持高度一致。其断后伸长率都在温度超过 1200℃ 时达到最大值。从图 2-29 中等强温度曲线可以看出晶界强度随着温度升高快速降低，晶粒强度也随着温度升高降低，但降低的速率远小于晶界强度。当 4# La₂O₃-TZM 钼合金板材与 5# La(NO₃)₃-TZM 钼合金板材在高温环境下发生变形时，一方面晶粒和晶界的强度在逐渐降低；另一方面，高温会使合金板材轧制态的组织内的加工硬化和应力集中快速消除，发生动态回复和再结晶过程。而随着温度的升高，一开始动态回复和再结晶消除加工硬化和应力集中的效应较大，使合金材料由脆性 (轧制态，因大变形塑性加工，晶粒破坏，强度降低) 向塑性 (半硬台-软态) 转变，提升组织结构的强度，但低于晶粒、晶界强度，起决定性作用的是动态回复消除加工硬化后残余应力的多少，即组织结构强度，所以 4$^{\#}$ La$_2$O$_3$-TZM 钼合金板材与 5$^{\#}$ La(NO$_3$)$_3$-TZM 钼合金板材的高温断后伸长率先随着温度升高而升高；当温度超过某一临界值 $T_{临界}$ 时，动态回复和动态再结晶消除加工硬化和应力集中，使合金材料的组织结构强度大于下降后的晶粒或晶界强度，这时决定合金材料强度的因素变为了晶粒或晶界的强度，而晶粒和晶界强度是随温度升高是一直降低的，所以 4$^{\#}$ La$_2$O$_3$-TZM 钼合金板材与 5$^{\#}$ La(NO$_3$)$_3$-TZM 钼合金板材的高温断后伸长率超过临界温度后会随温度升高而下降，其临界温度如图 2-30 所示。结合图 2-29 中数据规律可以看出这个临界温度在 1200℃ 左右。

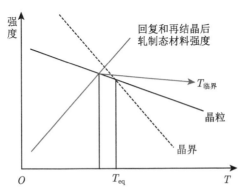

图 2-30 轧制态合金材料高温断后伸长率最大值的临界温度

2.2.4.4 La-TZM 钼合金板材的高温拉伸断口形貌

4$^{\#}$ La$_2$O$_3$-TZM 钼合金板材与 5$^{\#}$ La(NO$_3$)$_3$-TZM 钼合金板材经过高温拉伸断裂后，将试样断口用保鲜膜保护起来，防止灰尘污染断口形貌，且防止磕、碰、搓伤断口，破坏试样断口形貌。采用 S-3400N 型扫描电子显微镜对高温拉伸试样断口进行扫描，观察其断口形貌、第二相粒子形貌及分布等，其结果如图 2-31 所示。

从图 2-31 中可以看出 4$^{\#}$ La$_2$O$_3$-TZM 钼合金板材与 5$^{\#}$ La(NO$_3$)$_3$-TZM 钼合金板材经过高温拉伸断裂后，在同一温度下形貌上基本是一致的。图 2-31(a) (4$^{\#}$-1000℃) 和 (b)(5$^{\#}$-1000℃) 两幅图的断口形貌为蜂窝状，即韧窝形态 (韧性断裂)；图 2-31(c) (4$^{\#}$-1200℃) 和 (d)(5$^{\#}$-1200℃) 两幅图的断口形貌大部分为韧窝状，局部为舌状或扇形解理面 (解理断裂)；图 2-31(e) (4$^{\#}$-1400℃) 和 (f) (5$^{\#}$-1400℃) 两幅图的断口形貌大部分为石块或冰糖状断口形貌 (沿晶断裂)，局部为舌状或扇形解理面；图 2-31(g) (4$^{\#}$-1600℃) 和 (h) (5$^{\#}$-1600℃) 两幅图的断口形貌为石块或冰糖状断口形貌。韧性断裂是一种高能吸收过程的延性断裂，裂纹萌生-扩展-长大是一个较为缓慢的过程，会消耗大量的塑性变形能。对于 4$^{\#}$ 和 5$^{\#}$ La-TZM 钼合金来说，组织内部分布着大量的第二相颗粒，且这些第二相颗粒在合金材料轧制过程

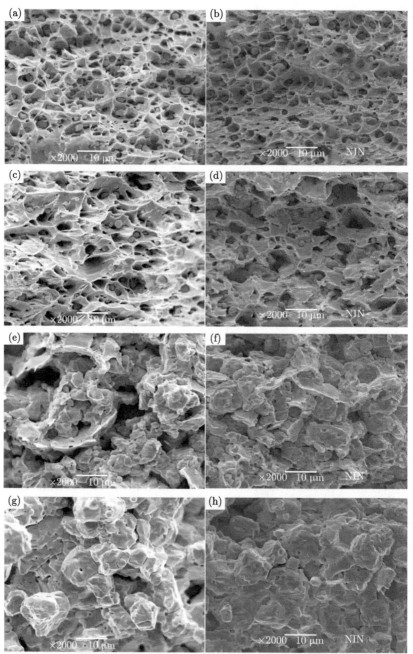

图 2-31　$4^{\#}$ La_2O_3-TZM 钼合金板材与 $5^{\#}$ $La(NO_3)_3$-TZM 钼合金板材在不同温度下的高温拉伸断口形貌

$4^{\#}$：(a) 1000℃；(c) 1200℃；(e) 1400℃；(g) 1600℃；$5^{\#}$：(b) 1000℃；(d) 1200℃；(f) 1400℃；(h) 1600℃

中不发生形变，导致合金材料变形过程中位错的移动受到阻碍，当位错移动到第二相颗粒附近时，必须绕过第二相颗粒才能继续移动，在绕过第二相颗粒时，部分位错会塞积在第二相颗粒周围，造成第二相颗粒周围应力集中明显，在合金材料高温拉伸过程中，裂纹首先会从应力集中部位萌生，进而慢慢扩展长大，直至断裂，形成蜂窝状的断口形貌。结合金相图可以知，第二相颗粒主要均匀分布在合金材料的晶内，少量分布在晶界上和晶界三角处，所以图 2-31(a)(4#-1000℃) 和 (b) (5#-1000℃) 两幅图主要是韧窝型穿晶断裂，并且韧窝内残留分布着大量的第二相颗粒。解理断裂是一种穿晶型脆性断裂，在正应力作用下，由于某些原子间结合键较弱，易破坏，这种破坏会引起合金材料沿特定晶面发生穿晶断裂，其形貌多种多样，本节中图 2-31(c) (4#-1200℃)、(d) (5#-1200℃)、(e) (4#-1400℃)、(f) (5#-1400℃) 四幅图中局部形成的舌状或扇形状解理面是裂纹源于晶内第二相质点，形成从晶内第二相质点处向一侧外发源的放射状河流花样，所以图 2-31(c) (4#-1200℃) 和 (d) (5#-1200℃) 均为韧窝断裂和解理断裂两种混合的断裂方式，其中韧窝型断裂是主要断裂方式。而沿晶断裂主要是因为晶界上会出现一薄层连续或不连续的网状脆性相呈现为脆性断裂，这些网状脆性相破坏了合金材料的连续性，降低了晶粒之间的结合强度，当合金材料受外力作用时，这些网状脆性相因承受不住载荷而发生破裂，萌生裂纹，继续施力，裂纹沿着网状脆性相扩展长大，从而沿着晶界的脆性相发生断裂，形成石块或冰糖状的形貌。在高温环境下，发生的沿晶断裂一般为韧性断裂。图 2-31(e) (4#-1400℃) 和 (f) (5#-1400℃) 两幅图为韧性沿晶断裂和解理断裂两种混合的断裂方式，其中韧性沿晶断裂为主要断裂方式。图 2-31(g) (4#-1600℃) 和 (h)(5#-1600℃) 两幅图只有韧性沿晶断裂方式。综合上述可知当温度在 1000～1400℃ 范围内时，4# La₂O₃-TZM 钼合金板材与 5# La(NO₃)₃-TZM 钼合金板材的断裂方式均为穿晶断裂，当温度大于 1400℃ 时，4# La₂O₃-TZM 钼合金板材与 5# La(NO₃)₃-TZM 钼合金板材的断裂方式又均为沿晶断裂，故两种 La-TZM 钼合金板材的断裂方式转变温度为 1400℃，即图 2-25 中晶粒与晶界的等强温度约为 1400℃。

从图 2-31 整体来看，4# La₂O₃-TZM 钼合金板材与 5# La(NO₃)₃-TZM 钼合金板材随着温度的升高，其断裂方式由穿晶断裂慢慢向沿晶断裂，这与图 2-25 中晶粒强度与晶界强度随温度的升高而降低的现象完全一致，当温度低于 T_{eq} 时，晶界强度大于晶粒强度，晶粒易破坏，形成穿晶断裂，当温度高于 T_{eq} 时，晶界强度小于晶粒强度，晶界易破坏，形成沿晶断裂。而从图中断裂形貌对比可以看出，掺杂 La₂O₃ 与掺杂 La(NO₃)₃ 对断裂方式及形貌影响较小，5# La(NO₃)₃-TZM 钼合金沿晶断裂形貌中的晶粒比 4# La₂O₃-TZM 钼合金沿晶断裂形貌中的晶粒稍微细小，说明第二相颗粒的尺寸对于合金材料高温环境下的断裂方式及断裂形貌有较小影响。

对 4# La₂O₃-TZM 钼合金板材中 1000℃ 和 1600℃ 的断口进行能谱 EDS 分析，其成分如图 2-32 所示。

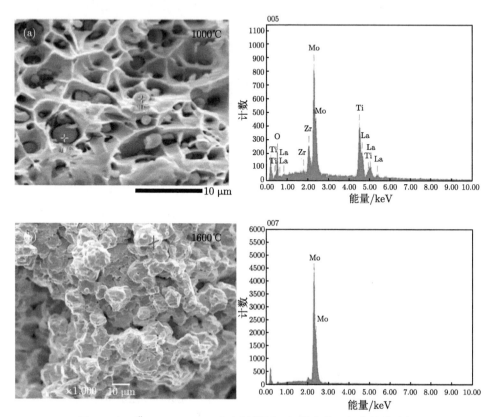

图 2-32　4# La₂O₃-TZM 合金板材断口扫描中第二相的能谱分析

(a) 1000℃; (b) 1600℃

从图 2-32 两个 EDS 分析中可以看出：4# 试样在 1000℃ 断口的第二相颗粒主要是存在 La、Ti、Zr 等元素，并以氧化物形式存在；而在 1600℃ 时断口颗粒成分主要是单质 Mo，未发现存在第二相，可能是由于高温下发生再结晶过程，合金中的第二相颗粒作为晶核而形核，晶粒长大被 Mo 基体包裹，形成晶粒。

2.2.4.5　La-TZM 钼合金板材的高温拉伸后试样维氏硬度

将高温拉伸试验后的变形区样品进行水磨抛光，用吹风机吹干，然后在维氏硬度仪上对样品的硬度进行测量，实验条件为：载荷为 500 g，保压时间为 10 s，每个试样测试 5 个点取平均值。4# La₂O₃-TZM 钼合金板材与 5# La(NO₃)₃-TZM 钼合金板材的维氏硬度实验结果如表 2-21 和表 2-22，以及图 2-33 所示。

表 2-21 4# 合金板材的维氏硬度

维氏硬度/HV	原试样	1000℃	1200℃	1400℃	1600℃
1	359.1	241.2	204.8	198.9	174.1
2	364.4	238.9	208.0	192.6	176.3
3	363.0	238.6	208.9	191.6	170.1
4	360.8	241.5	206.4	196.8	171.9
5	365.7	240.7	207.8	193.7	178.0
平均值	362.6	240.2	207.2	194.7	174.1

表 2-22 5# 合金板材的维氏硬度

维氏硬度/HV	原试样	1000℃	1200℃	1400℃	1600℃
1	405.5	266.0	217.7	203.4	165.5
2	402.9	269.4	213.9	205.3	166.9
3	406.3	267.8	218.7	202.3	165.7
4	403.1	270.8	214.4	204.5	166.1
5	405.2	268.9	216.8	203.5	167.3
平均值	404.6	268.6	216.3	203.8	166.3

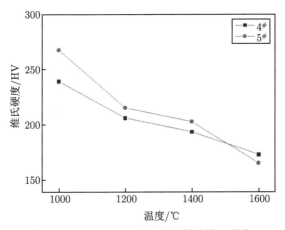

图 2-33 La-TZM 钼合金板材的维氏硬度

从表 2-21 中可以看出 4# 合金板材高温拉伸后试样的维氏硬度随着温度的升高而逐渐降低，表 2-22 中可以看出 5# 合金板材高温拉伸后试样的维氏硬度也同样随着温度的升高而逐渐降低，其变化规律均与轧制态板材的高温抗拉强度变化规律一致。结合表 2-21 和表 2-22 中维氏硬度数据可以看出，5# La(NO₃)₃-TZM 钼合金板材的维氏硬度比 4# La₂O₃-TZM 钼合金板材的高，这说明通过掺杂 La(NO₃)₃，烧结后组织结构内出现更加细小的第二相颗粒，能起到细晶强化的作用。

从图 2-33 中可以看出，4# 合金板材和 5# 合金板材高温拉伸后试样的维氏硬度随着温度变化的趋势相同，再结合表 3.3 和表 3.4 中数据可知，原样维氏硬度差值为 −42 HV，1000℃ 时的差值为 −28.4 HV，1200℃ 时的差值为 −9.1 HV，1400℃ 时的差值为 −9.1 HV，1600℃ 时的差值为 7.8 HV，其差值的绝对值也是逐渐减小的，说明 5# 合金板材高温拉伸后试样的维氏硬度随着温度升高而降低的速率要高于 4# 合金板材高温拉伸后试样的维氏硬度的降低速率，此规律与合金板材的高温抗拉强度与屈服强度的变化规律一致，5# 合金板材的维氏硬度随温度升高而降低的速度更快，说明 5# La(NO$_3$)$_3$-TZM 钼合金板材的温度敏感性更高。

2.2.5　La(NO$_3$)$_3$ 对 TZM 钼合金韧脆转变温度的影响

图 2-34 为在 −180~20℃ 温度下分别对 TZM 钼合金和 La(NO$_3$)$_3$-TZM 钼合金标准冲击试样进行冲击试验得到的冲击功曲线。根据曲线图可知，随着温度降低，TZM 钼合金和 La(NO$_3$)$_3$-TZM 钼合金的冲击吸收功均逐渐降低，这说明随着温度的降低两种合金均发生了韧-脆转变；另外根据曲线特点可知两种合金的冲击功曲线分别在 −120℃ 和 −80℃ 发生拐点，由此判断出 La(NO$_3$)$_3$-TZM 钼合金和 TZM 钼合金的韧脆转变温度分别为 −120℃ 和 −80℃。由此，可知镧的掺杂显著降低了 TZM 钼合金的韧脆转变温度。

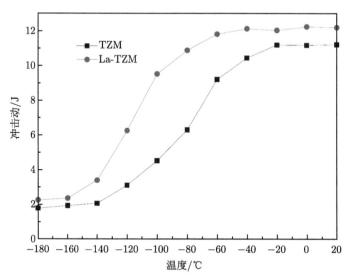

图 2-34　TZM 钼合金和 La(NO$_3$)$_3$-TZM 钼合金冲击功曲线图

图 2-35 和图 2-36 分别为 La(NO$_3$)$_3$-TZM 钼合金和 TZM 钼合金的冲击断口宏观形貌图。由图 2-35(a)~(c) 可知，La(NO$_3$)$_3$-TZM 钼合金在 −100~−60℃ 的断口宏观形貌比较复杂，更多地呈现放射状，结晶状纤维区域比较少，展现为韧性断裂；如图 2-35(d) 所示，当温度下降到 −120℃ 时，结晶状纤维区域增大，

结晶纤维区面积与剪切唇面积之和与放射区面积相当，断裂方式向脆性断裂过渡；温度在 $-160 \sim -140$℃ 时明显显现出大面积的结晶状纤维区域，放射状的撕裂区减少，只有周围一圈少量存在，完全变为脆性断裂。故可判断 La(NO$_3$)$_3$-TZM 钼合金韧脆转变温度为 -120℃ 左右。

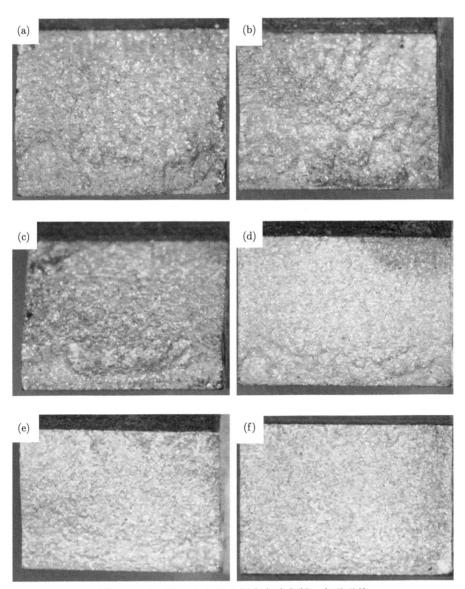

图 2-35　La(NO$_3$)$_3$-TZM 钼合金冲击断口宏观形貌

(a) -60℃; (b) -80℃; (c) -100℃; (d) -120℃; (e) -140℃; (f) -160℃

　　而对于 TZM 钼合金，如图 2-36(d) 所示，上述结晶状纤维区域增大，结晶纤维区面积与剪切唇面积之和与放射区面积相当时的温度为 −80℃，断裂方式向脆性断裂过度；温度在 −120～−100℃ 时明显显现出大面积的结晶状纤维区域，放射状的撕裂区减少，只有周围一圈少量存在，完全变为脆性断裂。故可判断 TZM 钼合金韧脆转变温度为 −80℃ 左右。

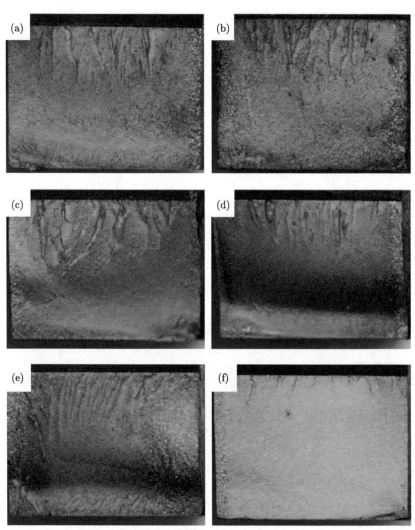

图 2-36　不同温度下的 TZM 钼合金冲击断口宏观形貌

(a) −20℃; (b) −40℃; (c) −60℃; (d) −80℃; (e) −100℃; (f) −120℃

图 2-37 和图 2-38 分别为 La(NO$_3$)$_3$-TZM 钼合金和 TZM 钼合金在不同温度

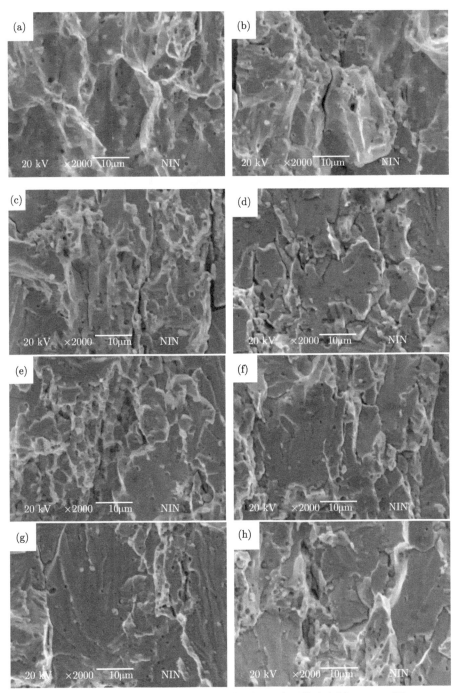

图 2-37 La(NO$_3$)$_3$-TZM 钼合金在不同温度下的冲击断口 SEM 图

(a) −40℃; (b) −60℃; (c) −80℃; (d) −100℃; (e) −120℃; (f) −140℃; (g) −160℃; (h) −180℃

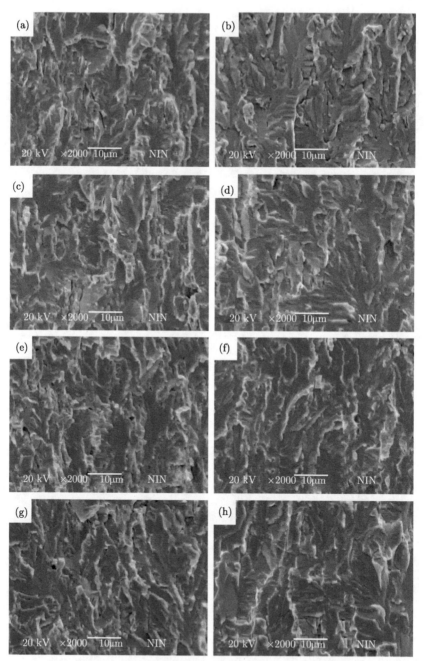

图 2-38　TZM 钼合金在不同温度下的冲击断口 SEM 图

(a) −20℃; (b) −40℃; (c) −60℃; (d) −80℃; (e) −100℃; (f) −120℃; (g) −140℃; (h) −160℃

下的冲击断口 SEM 图。根据图 2-37，La(NO$_3$)$_3$-TZM 钼合金在 −40℃ 和 −80℃

时为韧性断裂，从图 2-37(a)~(c) 中可以看到大量的韧窝，而且可以看出其为明显的沿晶断裂特征，沿着晶界边缘的微裂纹同样表明此时为韧性断裂；随着温度的降低，合金断口逐渐出现脆性断裂的特征，在 −100℃ 与 −120℃ 时，伴随着韧窝的消失，穿晶断裂面开始出现，在图 2-37(d) 和 (e) 中均可见穿晶-准解理面的存在；当温度降低至 −140℃ 时，韧窝全部消失，展现出穿晶解理断裂的特征，此为脆性断裂。这表明，La(NO₃)₃-TZM 钼合金的韧脆转变温度在 −120℃ 到 −100℃ 之间。而 TZM 钼合金这一转变为 −80℃。如图 2-38(a)~(c) 所示，韧性断裂展现出的撕裂边在 −60~ −20℃ 均可见，断口展现出明显的沿晶断裂特征，是为韧性断裂；从图 2-38(d) 可以看出，穿晶面在 −80℃ 时出现，并且伴有微小解理刻面，属于穿晶-准解理断裂，此时开始出现韧-脆转变的变化；随着温度的降低，穿晶面逐渐增大增多，断口的断裂特征逐渐转变成穿晶解理断裂，同时属于脆性断裂特征。所以 TZM 钼合金的韧脆转变温度为 −80℃。

根据图 2-37，第二相粒子氧化镧在 La(NO₃)₃-TZM 钼合金的晶界和晶内均有出现，存在于晶界的氧化镧粒子阻碍了穿晶断裂；另外，氧化镧颗粒能够细化合金的晶粒，根据 Hall-Petch 效应，细化晶粒能够显著提高合金的强度和韧性[162]；相比较 TZM 钼合金而言，La(NO₃)₃-TZM 钼合金中的第二相颗粒提升了其塑性并且降低了其韧脆转变温度。表 2-23 列出了 La(NO₃)₃-TZM 与 TZM 在不同温度下冲击试验的冲击吸收功数据和断裂方式。

表 2-23 La(NO₃)₃-TZM 与 TZM 的冲击吸收功数据和断裂方式

温度/℃	Akv/J		断裂方式	
	TZM	La-TZM	TZM	La-TZM
20	11.2	12.19	塑性断裂	塑性断裂
0	11.17	12.24	塑性断裂	塑性断裂
−20	11.18	12.03	塑性断裂	塑性断裂
−40	10.44	12.12	塑性断裂	塑性断裂
−60	9.19	11.81	塑性断裂	塑性断裂
−80	6.28	10.87	准解理断裂	塑性断裂
−100	4.51	9.51	准解理断裂	塑性断裂
−120	3.09	6.24	解理/脆性断裂	准解理断裂
−140	2.05	3.38	解理/脆性断裂	准解理断裂
−160	1.91	2.34	解理/脆性断裂	解理/脆性断裂
−180	1.76	2.23	解理/脆性断裂	解理/脆性断裂

对比 La(NO₃)₃-TZM 与 TZM 的冲击吸收功数据和断裂方式，可以看出，La(NO₃)₃-TZM 钼合金在 −120℃ 以上温度的断裂方式为韧性断裂，在 −120℃ 时开始发生韧-脆断裂方式的转变，在温度低于 −140℃ 以下时为脆性断裂；而 TZM 钼合金在 −80℃ 以上温度时断裂方式为韧性断裂，在 −80℃ 时开始发生韧-脆断

裂的转变,在温度低于 −100℃ 以下时为脆性断裂。说明掺杂镧将 TZM 钼合金的韧脆转变温度 (DBTT) 降低了 40℃。

2.2.6　小结

本节通过在稀土 La(NO$_3$)$_3$ 中掺杂 TZM 钼合金,对烧结坯和板材的硬度、强度进行测试分析,得到以下结论。

(1) 采用溶液方式,以固-液混合的方式将 La 元素加入合金粉末使其溶入 TZM 钼合金基体中。这种 TZM 混料方式有助于混料的均匀性,减小 TZM 钼合金烧结坯因为偏聚而形成的偏析现象。并在混料时,掺杂的元素可以以化学反应的方式加入基体中,可以使掺杂元素以原子和分子的形式混入合金基体中,这样得到的粉末粒度较小,经烧结和轧制得到晶粒更加细小的掺杂 TZM 钼合金板材。总之,固-液混合的 TZM 钼合金板材在从化学成分晶粒尺寸、抗拉强度等方面都比固-固混合的 TZM 钼合金板材要拥有更好的性能。

(2) La(NO$_3$)$_3$ 掺杂的 La-TZM 钼合金板材比未掺镧的 TZM 钼合金板材的综合性能有很大的提高,相同工艺条件下,TZM 钼合金板材和 La(NO$_3$)$_3$-TZM 钼合金板材微观结构都为纤维状组织,而 La(NO$_3$)$_3$-TZM 钼合金板材微观组织更为致密,且合金中的第二相更为细小且分布更均匀。

(3) 固-液混合的硝酸镧溶液所形成的第二相晶粒小于固-固混合所形成的第二相晶粒,因此位错绕过第二相粒子所消耗的能量就较小,使得位错绕过的难度减小,所以在第二相粒子前端就没有原来那么容易形成位错塞积,使应力集中减小,从而提高 TZM 钼合金板材的韧性及强度。

(4) La(NO$_3$)$_3$-TZM 钼合金板材的强度高于 La$_2$O$_3$-TZM 钼合金板材,但是其伸长率有所降低,La(NO$_3$)$_3$ 掺杂对 TZM 钼合金晶粒细化的效果较 La$_2$O$_3$ 明显。第二相分布更加细小、均匀。

(5) TZM 钼合金的第二相主要是由 La$_2$O$_3$ 和 Ti、Mo 氧化物或者 La$_2$O$_3$ 和 Ti、Zr、Mo 氧化物及 Ti、Zr、Mo 碳化物所组成。

(6) 掺镧是提高 TZM 钼合金综合性能的主要原因,La$_2$O$_3$ 粒子可以减小 TZM 钼合金在烧结时的孔隙,以及降低晶粒尺寸,细晶强化起到了主要的作用。

(7) 固-液混合的 C、La 元素分布均匀,而且主要使 TZM 钼合金致脆的元素是 C、O、N 元素,它们优先集中于晶界和稀土氧化物颗粒中,而均匀分布的稀土氧化镧和 C 元素既分布在晶内也分布在晶界,引起晶面表面积的增大,使得晶界致脆杂质的浓度降低,从而使得钼合金的韧性提高。

(8) 4$^\#$ La$_2$O$_3$-TZM 钼合金板材与 5$^\#$ La(NO$_3$)$_3$-TZM 钼合金板材的高温抗拉强度均随着温度的升高而降低,4$^\#$ La$_2$O$_3$-TZM 钼合金板材的高温抗拉强度与 5$^\#$ La(NO$_3$)$_3$-TZM 钼合金板材的高温抗拉强度的差值随温度的变化:

−85 MPa (1000℃)、−7 MPa (1200℃)、−4 MPa (1400℃)、3 MPa (1600℃)，差值由负值转向正值，并且差值的绝对值是依次降低的，这说明在高温环境下发生变形时，5# La(NO$_3$)$_3$-TZM 钼合金的高温抗拉强度变化速率较 4# La$_2$O$_3$-TZM 钼合金板材的高温抗拉强度变化速率高，即 5# La(NO$_3$)$_3$-TZM 钼合金的温度敏感性较高。其高温屈服强度和维氏硬度随温度变化的规律均与高温抗拉强度完全一致。

(9) 4# La$_2$O$_3$-TZM 钼合金板材与 5# La(NO$_3$)$_3$-TZM 钼合金板材的高温断后伸长率先随温度的升高而升高，当温度超过 1200℃ 时，又随着温度的升高而降低，说明 1200℃ 是合金材料内部强度与晶粒和晶界强度起主要作用的一个临界点。材料内部强度随温度升高而升高，晶粒和晶界强度随温度升高而降低。当温度低于 1200℃ 时，材料内部强度低于晶粒和晶界强度，材料内部强度为决定因素；而当温度高于 1200℃ 时，晶粒和晶界强度低于材料内部强度，晶粒或晶界强度为决定因素。

(10) La 的掺杂方式对于合金材料高温环境下的断裂方式及断裂形貌影响较小。当温度在 1000~1400℃ 范围内时，4# La$_2$O$_3$-TZM 钼合金板材与 5# La(NO$_3$)$_3$-TZM 钼合金板材的断裂方式均为穿晶断裂，当温度大于 1400℃ 时，4# La$_2$O$_3$-TZM 钼合金板材与 5# La(NO$_3$)$_3$-TZM 钼合金板材的断裂方式又都均为沿晶断裂，故两种 La-TZM 钼合金板材的断裂方式转变温度为 1400℃，即晶粒与晶界的等强温度为 1400℃。

(11) 通过向 TZM 钼合金中添加 La(NO$_3$)$_3$ 从而制备的 La(NO$_3$)$_3$-TZM 钼合金板材的强度和伸长率分别为 1405 MPa 和 9.3%，较 TZM 合金分别提高了 28.2% 和 32.8%；由于氧化镧粒子在晶界处的存在阻碍位错的运动和穿晶断裂，并且细化了晶粒，镧掺杂将 TZM 钼合金的韧脆转变温度降低了 40℃。

2.3 纳米掺杂 La-TZM 钼合金的力学性能

2.3.1 纳米掺杂 La-TZM 钼合金材料制备技术

2.3.1.1 实验内容

La-TZM 钼合金具有优异的力学性能，本研究以课题组优化后的 La-TZM 钼合金成分为合金设计的基础，通过固-固合金化方法和固-液合金化方法制备 La-TZM 钼合金，分别进行以下几个方面的研究：

(1) 研究 La-TZM 钼合金中多元形成的多种第二相，搞清合金化物质在合金制备过程中的反应历程，为第二相的存在形式和尺寸控制提供理论基础；

(2) 根据不同第二相在合金的作用，研究合金在拉伸变形下的裂纹产生位置和原因，探究采用不同的合金化方式调控合金中断裂相的形成，降低合金中裂纹形成的可能性，为合金的强韧化提供保证；

（3）La-TZM 钼合金中单元和多元体系生成不同的种类和尺度的第二相，研究不同单元第二相及多元第二相和合金烧结及变形过程中的作用，为合金的调控提供方向；

（4）对于调控形成的高强韧 La-TZM 钼合金，研究其合金体系第二相的存在形式、分布状态，计算不同第二相与界面取向关系和结合行为，最终阐明 La-TZM 钼合金的多种第二相协同作用及强韧化机理。

2.3.1.2　实验方法

1）技术路线

根据实验研究内容，制定了如图 2-39 所示的技术路线，技术路线主要以 La-TZM 钼合金制备、第二相形成机制、合金断裂及调控、多种第二相作用机制、合金的综合强韧化机理为主线，系统研究 La-TZM 多种第二相的协同作用及综合强韧化机理。

2）研究方法

通过固-液合金化方法制备 La-TZM 钼合金，研究合金中第二相的形成机制，以及变形过程中不同第二相对合金变形和断裂的作用，搞清合金中需要调控的第二相成分和产生的原因，调控合金中第二相的组分和尺寸，进而研究不同第二相在调控后的合金体系中的作用，最终通过对多种第二相的界面结合方式和结合强度进行计算，揭示合金中多种第二相的协同作用机制，阐明第二相的强韧化机理。

（1）根据热力学基础数据，通过 HSC 软件计算合金中无机添加物质在 $25 \sim 1950^{\circ}\mathrm{C}$ 可能发生反应的吉布斯自由能，分析同种物质可能发生反应的先后顺序，使用热重-质谱检测混合物在 $25 \sim 1200^{\circ}\mathrm{C}$ 反应生成的气体，在同样的温度下等比例增大合金成分的配比，利用高温 XRD 每隔 $100^{\circ}\mathrm{C}$ 更加有效地分析反应的生成物，对于更高的烧结温度，利用三元相图分析研究高温下第二相的反应，反应生成相使用 EDS 能谱和透射衍射确定，综合多种检测手段和结果分析，确定物质在烧结过程中的形成历程和最终的产物。

（2）对 La-TZM 钼合金进行不同变形量加工，利用透射电子显微镜分析不同变形量下的组织，观察合金中裂纹的起裂源和裂纹变化，分析断裂界面的组织得到裂纹扩展的过程，揭示合金形变的断裂机制；使用碳纳米管（CNT）、果糖和石墨不同碳源，$Ti(SO_4)_2$、纳米 TiC 不同钛源，$Zr(NO_3)_4$、纳米 ZrC 不同锆源制备 La-TZM 钼合金，调控碳元素对 La-TZM 钼合金的组织和性能的影响，使用果糖作为碳源，$Ti(SO_4)_2\backslash$ 纳米 TiC 和 $Zr(NO_3)_4\backslash$ 纳米 ZrC 分别替代 TiH_2 和 ZrH_2，调控不同 Ti 源和 Zr 源对 La-TZM 钼合金组织和性能的影响，最终揭示

La-TZM 钼合金中第二相尺度与性能的匹配关联关系。

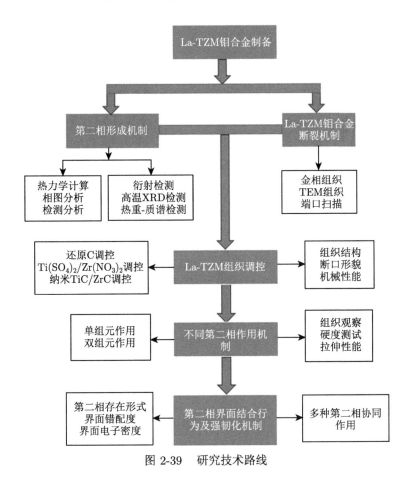

图 2-39 研究技术路线

(3) 设计 Mo-La(NO$_3$)$_3$、Mo-TiC、Mo-ZrC 单元系合金和 Mo-ZrC-La(NO$_3$)$_3$、Mo-TiC-La(NO$_3$)$_3$、Mo-TiC-ZrC 二元系合金,将烧结坯料进行 95％变形量轧制和退火后,利用金相显微镜、扫描电子显微镜、透射电子显微镜分析不同第二相在合金中的存在形式和状态以及不同第二相烧结坯组织的变化与对变形合金组织影响的区别,分别利用维氏硬度仪分析烧结中不同第二相对烧结坯料和形变后硬度的作用,万能拉伸试验机分析不同第二相在轧制变形中对合金硬度、强度和塑性的作用,利用扫描电子显微镜照片统计 La-TZM 钼合金中微米尺寸和体积分数,计算合金中微米相的强化作用,揭示不同尺度第二相对合金的作用机理。

(4) 利用调控后性能最优的 La-TZM 钼合金,通过 Bramfitt 二维错配度理论准确计算合金中出现的多种第二相与基体的界面位相关系,再者,利用经验固体电子理论计算多种第二相与基体的结合力与应力大小，根据计算结果与组织和力学性能相结合揭示体系第二相的存在形式、分布状态及 La-TZM 钼合金的协同作用与综合强韧化机理。

2.3.1.3　合金的制备

1) 合金成分

La-TZM 钼合金体系中，实验原料包括高纯钼粉，碳源 (果糖、碳纳米管、石墨)，钛源 (TiH_2、$Ti(SO_4)_2$、TiC)，锆源 (ZrH_2、$Zr(NO_3)_4$、ZrC)，稀土元素镧源 ($La(NO_3)_3 \cdot 6H_2O$)，原料物质的纯度和粒度大小如表 2-24 所示。

表 2-26　实验材料纯度和粒度

性质	钼粉	钛源			锆源			碳源			硝酸镧
		TiH_2	TiC	$Ti(SO_4)_2$	ZrH_2	ZrC	$Zr(NO_3)_4$	果糖	碳纳米管	石墨	
纯度	99.5%	99.9%	99.9%	分析纯	99.9%	分析纯	分析纯	99.9%	99.9%	99.9%	分析纯
粒度	3~5μm	≤5μm	≤4μm	—	~30nm	—	~30nm	—	—	—	—

高纯钼粉由金堆成钼业股份有限公司提供，TiH_2 和 ZrH_2 粉末由西安宝德金属粉末有限责任公司提供，TiC 和 ZrC 粉末由中国金属粉末研究总院提供，$Zr(NO_3)_4$ 由成都市科龙化工试剂厂提供，$La(NO_3)_3 \cdot 6H_2$ 由天津市光复精细化工研究所提供。

2) $Ti(SO_4)_2$ 和 $Zr(NO_3)_4$ 掺杂 La-TZM 预处理

如图 2-40 所示是 $Ti(SO_4)_2$ 和 $Zr(NO_3)_4$ 物质在 0~1000℃ 的差热分析，从图 2-40(a) 中的结果可以看出，对于物质 $Ti(SO_4)_2$，在热分析过程中，分别在 280℃ 有一个放热峰，在 680℃ 有一个吸热峰，反应总损失量为 76.74%，理论损失量为 66.74%，主要是结晶水的损失量未计算在内导致的误差。对于图 2-40(b) 中 $Zr(NO_3)_4$ 的结果，在热分解过程中在 280℃ 有一个放热峰，在 350℃ 和 480℃ 分别有两个吸热峰，反应过程中总的质量损失为 59%，而 $Zr(NO_3)_4$ 反应生成 ZrO_2 的质量损失为 63.72%。除去部分反应不充分，整个反应过程的质量损失与生成 ZrO_2 的理论反应生成量基本一致，所以通过还原气氛或者保护气氛下加热 $Ti(SO_4)_2$ 和 $Zr(NO_3)_4$ 能够原位生成 TiO_2 和 ZrO_2 纳米强化相颗粒。

根据上述分析结果，制定了 $Ti(SO_4)_2$ 和 $Zr(NO_3)_4$ 掺杂的钼合金粉末还原热处理工艺，具体的热处理工艺如图 2-41 所示，在氢气气氛下，分别在 300℃ 和 700℃ 保温 30 min，然后随炉冷却到室温，加热速率为 20 K/min。

3) 样品制备

本研究通过前期探索，通过热力学、动力学、相图计算，制备出稀土掺杂 La-TZM 钼合金板材，制备工艺如图 2-42 所示，主要包括成分设计、混粉、真空干燥、球磨、冷等静压、氢气烧结、轧制、氢气退火。

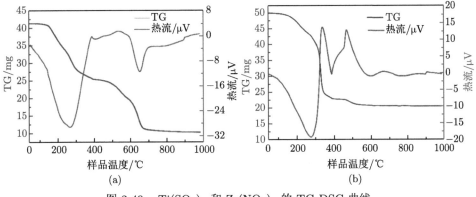

图 2-40　Ti(SO$_4$)$_2$ 和 Zr(NO$_3$)$_4$ 的 TG-DSC 曲线

(a) Ti(SO$_4$)$_2$; (b) Zr(NO$_3$)$_4$

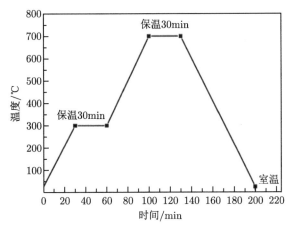

图 2-41　Ti(SO$_4$)$_2$ 和 Zr(NO$_3$)$_4$ 还原工艺

　　La-TZM 钼合金成分首先通过固-固混合，将钼粉与 TiH$_2$、ZrH$_2$ 粉末在三维混料机中混合 120min，然后分别采用固-液方式加入用蒸馏水溶解的 C$_6$H$_{12}$O$_6$ 和 La(NO$_3$)$_3$·6H$_2$O 溶液，混合均匀后陈化 2h，在真空干燥箱 100℃ 干燥 4h，然后随炉冷却至室温，将干燥后的合金粉末装入球磨罐，球料比 2:1，每个球磨罐装入 500g 合金粉末，将球磨罐封装后抽真空，使用行星球磨机球磨 2h，球磨后的粉末真空封装，将合金粉末装入板材胶套模具，180MPa 冷等静压 10min，氢气烧结，烧结后的样品分别热轧、温轧、冷轧至 0.5mm 板材。

　　所有混合粉进行球磨，球料比为 2:1，填充比为 70%，每个球磨罐装料 500g，球磨时间 120min，随罐冷却 30min 后打开，球磨后样品过筛 (200 目)，真空封装，后续压制烧结。所有混合粉进行冷等静压，压制粉末采用 1kg 装粉压制。压制成型的样品进行氢气烧结，固相分段式烧结工艺如图 2-43 所示，烧结样品切小样待测。

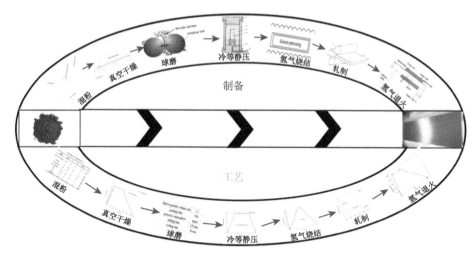

图 2-42　Mo-TiC/ZrC/La(NO₃)₃ 合金制备流程和工艺

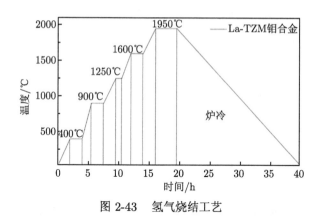

图 2-43　氢气烧结工艺

　　轧制：烧结后的样品，每块 1kg 进行轧制，轧制工艺如下。

　　热轧温度 1300℃，从 15.6mm→3.9mm (850℃ 退火)；温轧温度 600℃，从 3.9mm→1.3mm (850℃ 退火-碱洗)；冷轧温度 400℃，从 1.3mm→0.5mm。

2.3.2　La-TZM 钼合金第二相形成机制

2.3.2.1　引言

　　钼钛锆 (TZM) 合金的再结晶温度和高温强度均高于纯钼，广泛应用于核、航天等行业，如高温模具、熔体-反应堆转向器组件、导弹燃烧室等。Mo-La 合金由掺杂有氧化镧颗粒的细晶钼组成，由于其对再结晶和高温变形的高抵抗能力，适用于高温下要求高强度的核应用。Liu 等 [163] 证明了掺杂 La(NO₃)₃ 的 Mo-La 合金的第二相为 La₂O₃。梁静等 [164] 研究了粉末冶金 TZM 钼合金烧结过程中 TiC、ZrC 和 Mo₂Zr 的形成及机理。范景莲等 [152] 研究了 Mo-Zr 合金中，Zr 大部分形成氧化锆，Zr 扩散到 Mo 基体中的 Zr 很少。同时，对于 Mo-Ti 合金，部分 Ti 扩散到钼中，形成 Mo-Ti 固溶体，部分形成 $Mo_xTi_yO_z$ 氧化物颗粒。

在传统 TZM 钼合金中加入镧可以显著提高其强度 (高达 1295 MPa) 和塑性 (高达 8.09%)。不同的第二相粒子在合金中起着不同的作用，影响着 La-TZM 钼合金的性能。对于新型掺镧 TZM (La-TZM) 合金，研究了该合金的抗氧化性能、力学性能、腐蚀性能、韧-脆转变和再结晶过程。然而，包括 Ti、Zr、C 和 La 合金元素在内的 La-TZM 钼合金中第二相的形成过程却未有报道。

本书分析了 La-TZM 钼合金中第二相的形成过程，通过热力学计算、有机碳元素热分析、热重-质谱分析、高温 X 射线衍射 (XRD) 分析、扫描电子显微镜 (SEM)、能量色散光谱仪 (EDS) 和透射电子显微镜 (TEM) 衍射检测对 La-TZM 钼合金 1200℃ 之前第二相形成过程进行了研究，利用相图分析了 1200℃ 之后高温生成相的形成过程，并对生成的第二相利用 EDS、XRD、透射衍射进行检测验证。

2.3.2.2 热力学反应平衡吉布斯自由能计算

表 2-25 表示的是 La-TZM 钼合金的成分，合金的主要成分是 0.5wt% 的 Ti 元素，0.08wt% 的 Zr 元素，0.04wt% 的 C 元素，1.0wt% 的 La 元素，其余为 Mo 元素，元素通过不同的物质添加，分别是合金元素 Ti、Zr 通过 TiH₂、ZrH₂ 添加，C 元素通过 C₆H₁₂O₆ 添加，La 元素通过 La(NO₃)₃·6H₂O 添加，其余成分为 Mo，通过钼粉添加。合金制备先通过固-固掺杂将 TiH₂ 和 ZrH₂ 与钼粉混合，然后通过固-液混合，将利用蒸馏水溶化的有机碳和硝酸镧加入已经混合均匀的 Mo-TiH₂-ZrH₂ 粉末，为了通过热重-质谱和高温 XRD 有效检测合金生成第二相的气体和物相，将检测用的混合粉末按照表 2-25 对应的含量将合金成分等比例扩大后进行混合。

表 2-25 La-TZM 钼合金的名义成分 (单位: wt%)

样品	TiH₂	ZrH₂	C₆H₁₂O₆	La(NO₃)₃·6H₂O	Mo
La-TZM	0.54	0.11	0.25	2.66	余量

C 元素通过果糖 C₆H₁₂O₆ 的形式添加入合金粉末，图 2-44 是果糖在氩气气氛下的差示扫描量热仪 (differential scanning calorimetry，DSC) 和热重分析 (thermo gravimetric analysis，TGA) 曲线，从图中可以看出，DSC 曲线在 300℃ 之前存在 3 个吸热峰，在 364℃ 存在一个放热峰，并且在 215.33℃ 到 675.96℃

之间质量损失 70.33%，当温度达到 675.96℃ 时 TGA 曲线开始稳定，最后，包含水分总损失质量为 81%。

果糖在 300℃ 之前主要是失去水分，氢键或者羟键从主键上断裂，果糖通过吸收热量而热解成碳化物。当果糖 ($C_6H_{12}O_6$) 失去所有的 H 和 O 时，总重量减少 60%，因此果糖热分解后在分子水平上主要以 C 原子或活性炭原子的形式存在。

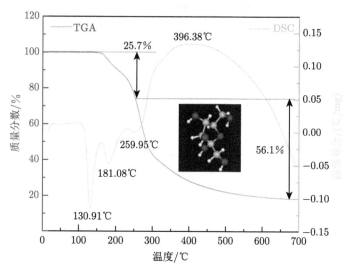

图 2-44　果糖的 TGA 和 DSC 曲线 ($C_6H_{12}O_6$)

高胜利等[165] 研究了 $La(NO_3)_3 \cdot 6H_2O$ 在氮气环境下的热分解反应，如图 2-45 所示，根据热分解曲线可以看出整个过程的反应，结果表明：$La(NO_3)_3 \cdot 6H_2O$ 在 25~588℃ 环境下会发生一系列反应最终生成 La_2O_3，其具体反应发生的过程为

$$La(NO_3)_3 \cdot 6H_2O \xrightarrow{38 \sim 78℃} La(NO_3)_3 \cdot 4H_2O \xrightarrow{78 \sim 109℃} La(NO_3)_3 \cdot 2H_2O$$

$$\xrightarrow{109 \sim 150℃} La(NO_3)_3 \cdot H_2O \xrightarrow{150 \sim 309℃} La(NO_3)_3 \xrightarrow{309 \sim 460℃} LaONO_3$$

$$\xrightarrow{460 \sim 553℃} La_2O_3 \cdot$$

$LaONO_3 \xrightarrow{553 \sim 588℃} La_2O_3$。有研科技集团有限公司张世荣等[166] 研究了氧化镧碳化行为，还原 La_2O_3 要经历 $La_2O_3 \rightarrow LaCO \rightarrow La_2C_2O_2 \rightarrow LaC_3$ 等反应阶段，在 2000℃ 时，LaC_2 可能发生热离解，析出金属 La。镧、氧、碳的复杂体系固相反应发生在 La_2O_3 还原过程中，生成 LaCO 和 $La_2C_2O_2$。

化学热力学是用来研究能量交换和过程的方向及限度的，反应的方向是由 $\Delta_r G_m^\theta(T)$ 是否小于 0 确定，因此化学热力学问题的解决必然要涉及有关热力学函数的计算[167]。本计算采用 HSC 软件计算, 热力学计算在温度 T 时, $\Delta_r H_m^\theta(T)$、$\Delta_r S_m^\theta(T)$ 和 $\Delta_r G_m^\theta(T)$ 的公式如下:

$$\Delta_r H_m^\theta(T) = \sum V_B \Delta_f H_m^\theta(T) \tag{2-1}$$

$$\Delta_r S_m^\theta(T) = \sum V_B \Delta_f S_m^\theta(T) \tag{2-2}$$

$$\Delta_r G_m^\theta(T) = \sum V_B \Delta_f G_m^\theta(T) = \Delta_r H_m^\theta \Delta(T) - \Delta_r S_m^\theta \Delta(T) \tag{2-3}$$

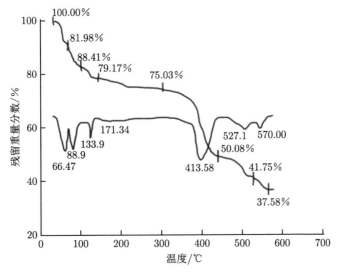

图 2-45 $La(NO_3)_3 \cdot 6H_2O$ 热分解曲线[167]

$\Delta_r H_m^\theta \Delta(T)$ 和 $\Delta_r G_m^\theta \Delta(T)$ 分别代表标准生成焓和标准吉布斯自由能, 它们的值来自热力学的通用手册, 手册只可用来查询 0°C 温度的数据。对于任何温度 T, $\Delta_r H_m^\theta \Delta(T)$ 和 $\Delta_r G_m^\theta \Delta(T)$ 可以根据设计方法通过计算状态函数求得

$$\Delta_r H_m^\theta(T) = \Delta_r H_m^\theta + \int_{298.15}^{T} \Delta C_P \mathrm{d}T \tag{2-4}$$

$$\Delta_r S_m^\theta(T) = \Delta_r S^\theta + \int_{298.15}^{T} \Delta C_P \mathrm{d}\ln T \tag{2-5}$$

如果用 $C_{p,m} = a + bT + cT^2$ 代表材料在恒压条件下摩尔热容, 则

$$\Delta C_{p,m} = \Delta a + \Delta b T + \Delta c T^2 \tag{2-6}$$

将式 (2-6) 对式 (2-4)、式 (2-5) 进行积分:

$$\Delta_r H_m^\theta(T) = \Delta H_0 + \Delta aT + \Delta bT^2/2 + \Delta cT^3/3 \tag{2-7}$$

$$\Delta_r S_m^\theta(T) = \Delta a + IR + \Delta a \ln T + \Delta bT + \Delta cT^2/2 \tag{2-8}$$

$$\Delta_r G_m^\theta(T) = \Delta H_0 - IRT + \Delta aT \ln T - \frac{\Delta bT^2}{2} - \Delta cT^3/6 \tag{2-9}$$

ΔH_0 和 I 是积分常数，因此当 $T = 0^\circ C$ 时有关数据的解是

$$\Delta H_0 = \Delta r H_m^\theta(298.15) - 298.15\Delta a - \frac{298.15^2}{2}\Delta b + \frac{298.15^3}{3}\Delta c \tag{2-10}$$

所有相关物质 $\Delta_r H_m^\theta, \Delta_r G_m^\theta$ 和热容数据通过手册查询，利用上述公式可以计算 $\Delta_r H_m^\theta(T)$ 和 $\Delta_r G_m^\theta(T)$。

然而，该方法的计算复杂度相对较大。一些反应可以在热力学手册上找到不同反应温度下相应的 $\Delta_r G_m^\theta(T)$。回归反应的标准吉布斯自由能的表达为 $\Delta_r G_m^\theta(T) = A + BT$。

可能的反应以及相应的自由能如图 2-46 所示 (反应 (1)~(18))，首先，根据热力学，当 ΔG 为正时，反应不能发生。因此，由于温度在 960℃ 以上，ΔG 为负值，所以上面的 (1)~(18) 反应均会发生，因为 ΔG 最小，首先，O 与 Mo 反应生成 MoO_3，因为反应 (2) 的 ΔG 比反应 (1) 的 ΔG 小，所以反应 (2) 发生的可能性更大，之后反应 (1) 发生，ZrH_2 与 O 反应生成 H_2，因为反应 (3) 的 ΔG 小于反应 (4) 的 ΔG，所以反应 (3) 发生的可能性更大，所以 C 与 O 反应生成 CO_2。当 C 耗尽了氧气时反应 (5) 和 (6) 开始发生，反应 (8) 和 (7) 分别在 780℃ 和 960℃ 发生，同样，当反应 (7) 和 (8) 生成钛、锆时会发生反应 (14)，因为反应 (14) 的 ΔG 值低于反应 (9)~(14)。C 更容易与 Ti 和 Zr 反应，因为反应 (9) 和 (10) 的 ΔG 小于 (17) 和 (18)，反应 (9) 和 (10) 发生的概率更大，反应 (17) 和 (18) 可能发生是由于 ΔG 小于零。因此，当温度达到 1950℃ 的大气压力反应时，反应 (11)~(13)、(15) 和 (17) 也可能发生。因此，La-TZM 钼合金在烧结过程中可能会出现 $ZrTiO_4$、ZrO_2、TiO_2、TiO_2、MoO_2 和 MoO_3 相。

2.3.2.3　热重-质谱 (TG-MS) 分析

图 2-47 通过用热重-质谱 (TG-MS) 对按比例扩大的合金粉末进行了检测。实验样品在氩气气氛下保护通过固-液混合以及 25℃ 干燥而成。TG-MS 检测样品质量为 52.6 mg，在加热过程中放出 H_2O、NO、NO_2、CO_2 和 H_2 气体，系统失重 6.25 mg。失重占总质量的 12%。水蒸气主要在 300℃ 前产生；NO、NO_2 和 CO_2 主要在 500℃ 前产生；H_2 在 1000℃ 前产生，主要在 100℃ 和 650℃ 产生。

如图 2-47 所示不同元素的气体质谱检测结果与热力学计算可能发生反应结果表明，TiH_2 和 ZrH_2 与 [O] 发生反应，在 100~500℃ 生成少量 H_2，TiH_2 和 ZrH_2

与 [C] 发生反应，由有机碳分解而成。因为 [C] 与 [O] 反应，当温度 100~1000℃ 时，反应系统释放二氧化碳。温度达到 400℃ 时 $La(NO_3)_3$ 分解反应生成 NO 和 NO_2，当系统温度达到 650℃ 时，由 TiH_2 的分解系统释放出大量的 H_2。当温度继续上升到 960℃ 时，由 ZrH_2 分解系统放出少量 H_2。

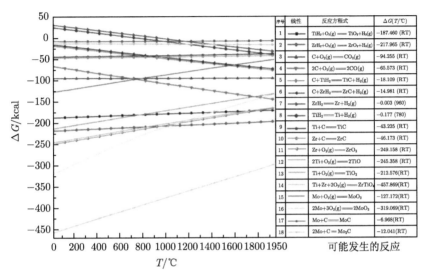

图 2-46　La-TZM 钼合金烧结过程中可能的热力学平衡反应

图中 kT 为室温

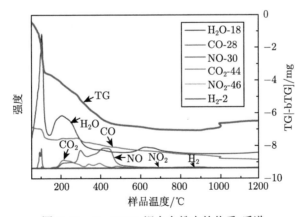

图 2-47　La-TZM 钼合金粉末的热重-质谱

2.3.2.4　高温物相分析

按比例扩大的固体合金粉末样品在 1200℃ 以下每间隔 100℃ 的高温 XRD 检测结果如图 2-48 所示，样品测试在真空环境中进行 (真空度 $\leqslant 10^{-2}$ MPa)。样

品粉末平铺于铂片上，系统采用水冷进行，升温速率为 20℃/min，保温 5min 后
检测合金粉末的物相。

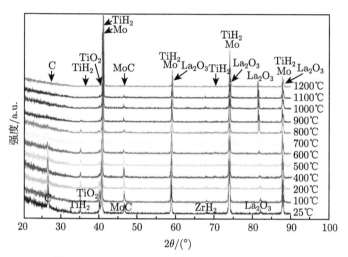

图 2-48   La-TZM 钼合金在 25~1200℃ 物相

高温 X 射线衍射结果表明，反应过程中钼相稳定性较好。在起始阶段，反应
体系的主要相为 Mo、TiO$_2$、TiH$_2$、ZrH$_2$、C、MoC 和 La$_2$O$_3$。之后，从 25~400℃
存在 C 元素的特征峰，从 400~700℃ 物质 C 元素的特征峰开始减弱，而 TiH$_2$
和 ZrH$_2$ 特征峰随着温度逐渐减弱，到 1200℃ 消失，而 La$_2$O$_3$ 特征峰逐渐加强。
最后稳定存在的相主要包括 Mo、TiO$_2$、MoC 和 La$_2$O$_3$，但 Mo 特征峰整体向左偏
移。

在开始阶段，由于干燥过程中混合后的粉体会产生一部分的 TiO$_2$、C、MoC 和
La$_2$O$_3$。随着测试温度的增加，TiH$_2$ 逐渐消失在 900℃，ZrH$_2$ 逐渐消失在 1100℃，
但 La$_2$O$_3$ 一直存在。C 元素生成的主要是有机碳的分解，但 C 元素特征峰在
600℃ 以后消失，C 元素主要与 O、TiH$_2$、ZrH$_2$ 反应元素反应，使其消耗。生成
的 La$_2$O$_3$ 特征峰主要为 La(NO$_3$)$_3$·6H$_2$O 分解，并不与其他物质发生反应。由于
TiH$_2$ 和 ZrH$_2$ 与 [O] 和 [C] 反应，TiH$_2$ 和 ZrH$_2$ 的特征峰消失。

对于 XRD 来说，当含量小于 1% 时，不能准确地测量相，由于形成量较少，
第二相 TiC 和 ZrC 难以用 XRD 检测。因此，对一些较低相的产品采用 EDS 和
TEM 衍射进行检测。

烧结坯料中第二相的形貌和分布如图 2-49 所示。第二相数量大，分布均匀。
第二相大部分为球形，小部分为不规则形状。在图 2-49(a) 中，大尺寸的第二相
主要存在于晶界，小尺度的第二相主要在晶内，晶界上存在不同大小的孔隙。

能谱分析表明，图 2-49(b) 中第二相的成分包括 C、O、Ti、Zr、Mo 和 La 元

素。图 2-49(a) 中第二相主要成分为 O、Ti 和 La，La_2O_3 的第二相形成于 ZrO_2 和 TiO_2 之前，所以 La_2O_3 作为 ZrO_2 和 TiO_2 的成核质点。计算原子比，第二相由 La_2O_3 和 TiO_2 两相聚合，然而，图 2-49(b) 的第二相是由 La_2O_3 粒子形成的钼的氧化物。

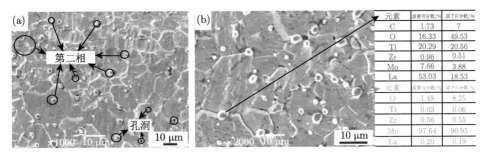

元素	质量百分数/%	原子百分数/%
C	1.73	7
O	16.33	49.53
Ti	20.29	20.56
Zr	0.96	0.51
Mo	7.66	3.88
La	53.03	18.53

元素	质量百分数/%	原子百分数/%
O	1.48	8.25
Ti	0.03	0.06
Zr	0.56	0.55
Mo	97.64	90.95
La	0.29	0.19

图 2-49 La-TZM 钼合金烧结坯料第二相 SEM 图及能谱分析

2.3.2.5 第二相 TEM 衍射分析

图 2-50 显示了 La-TZM 钼合金轧制板材中纳米第二相及其衍射图。从第二相

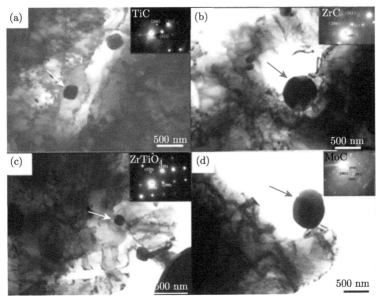

图 2-50 La-TZM 钼合金轧制板材 TEM 微观组织

(a) TiC; (b) ZrC; (c) $ZrTiO_4$; (d) MoC

形貌看,La-TZM 钼合金中出现了均为球形的第二相,但是第二相的尺度大小不一。从第二相衍射图 (图 2-50(a)~(d)) 中可以看出，第二相包括 TiC、ZrC、$ZrTiO_4$ 和 MoC，但合金中没有检测到 La_2O_3 颗粒。原因是 La_2O_3 粒子被其他元素包裹，可能生成其他复合氧化物，如图 2-50(b) 所示的 EDS 分析。TiC 的粒径约为 200 nm，$ZrTiO_4$ 约为 50 nm，MoC 和 ZrC 的粒径约为 500 nm。第二相的形貌近似为球形。

2.3.2.6　微米第二相形成

在样品制备过程中，第二相形成不同的尺度。微米相属于复合第二相产物，主要形成于 1200℃ 以上的高温条件下，图 2-51 为三元体系 La_2O_3-TiO_2-ZrO_2 的平衡相图。根据之前的研究结果，La-TZM 钼合金发生了以下的化学反应：

$$TiH_2 + O_2(g) =\!=\!= TiO_2 + H_2(g) \tag{1}$$

$$ZrH_2 + O_2(g) =\!=\!= ZrO_2 + H_2(g) \tag{2}$$

$$2La(NO_3)_3 \cdot 6H_2O =\!=\!= La_2O_3 + NO_2 + 5NO + 7O_2 + H_2O \tag{3}$$

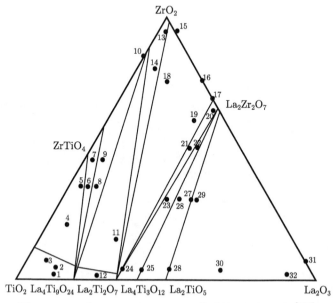

图 2-51　三元 La_2O_3-TiO_2-ZrO_2 体系的亚固相平衡[168]

因此，La-TZM 钼合金系统已经在 500℃ 生成 La_2O_3、TiO_2 和 ZrO_2 三种氧化物相，经过计算 La-TZM 钼合金中 TiO_2 含量为 70 mol%，ZrO_2 含量为

5.9 mol%，La_2O_3 含量为 24.1 mol%。根据相图中含量的分析可得，La-TZM 钼合金中微米复和第二相生成的产物为 L_2T_9ss ($La_4Ti_9O_{24}$) (图 2-46 点 1) 或 LT_2ss ($La_2Ti_2O_7$) (图 2-46 点 12)[168]。

表 2-26 列出了图 2-52 中 La-TZM 钼合金烧结坯料样品中微米第二相 EDS 分析结果。从结果中可以看出微米相颗粒的组成包括 Ti、Zr、Mo、La、C 和所添加所有元素及制备过程中与粉末中含有的杂质元素氧，12 组检测结果所代表的微米相颗粒平均原子百分比分别为 13.32%、0.63%、3.75%、10.44%、1.81%、69.86%。Ti 与 Zr 元素的平均原子百分比接近 1，说明该粗大的第二相颗粒为 $La_2Ti_2O_7$，而不是 $La_4Ti_9O_{24}$。La-TZM 样品的 EDS 第二相如图 2-52 所示。

表 2-25　La-TZM 中第二相的 EDS 分析

序号	O/(wt%/at%)	Ti/(wt%/at%)	Zr/(wt%/at%)	Mo/(wt%/at%)	La/(wt%/at%)
1	33.43/73.44	20.22/14.83	0/0	0/0	46.35/11.72
2	30.55/71.03	19.76/15.35	0/0	2.62/1.02	47.06/12.6
3	30.7/71.06	13.55/10.48	5.62/2.28	23.55/9.09	26.57/7.08
4	26.6/54.32	16.91/11.53	0/0	9.61/3.27	38.88/9.14
5	29.92/70.23	20.32/15.93	0/0	3.22/1.26	46.53/12.58
6	31.17/71.39	19.41/14.85	2.08/0.84	3.76/1.44	43.57/11.49
7	32.67/73.23	15.74/11.78	1.68/0.66	12.43/4.65	37.48/9.68
8	28.33/69.11	13.54/11.04	0/0	27.93/11.36	30.2/8.49
9	34.11/73.94	14.41/10.43	7.84/2.98	15.73/5.69	27.91/6.97
10	31.52/72.35	16.27/12.48	0/0	11.51/4.41	40.7/10.76
11	30.6/70.01	19.88/15.19	0/0	0/0	47.52/12.52
12	28.01/68.2	19.61/15.95	1.86/0.79	7.02/2.85	43.5/12.2
平均值	30.63/69.86	17.47/13.32	1.59/0.63	9.78/3.75	39.69/10.44

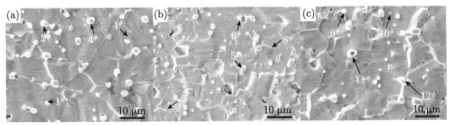

图 2-52　La-TZM 钼合金烧结坯料扫描电子显微镜图
(a) La-TZM-1; (b) La-TZM-2; (c) La-TZM-3

图 2-53(a) 为 La-TZM 钼合金板材中物相的小角度慢速衍射 XRD 图谱，XRD 结果表明合金中存在少量 $La_2Ti_2O_7$ 物相，物相峰比较尖锐，说明此相具有较好的结晶度。图 2-53(b) 为合金板材中微米相颗粒的 TEM 和衍射图谱。根据图谱标定此种微米第二相为 $La_2Ti_2O_7$。这些表征结果证实了 La-TZM 钼合金的微米相为 $La_2Ti_2O_7$，而不是 $La_4Ti_9O_{24}$。

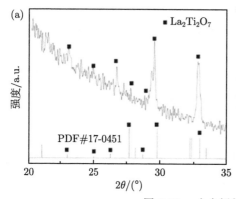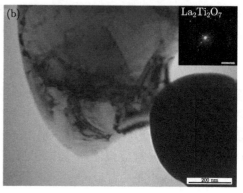

图 2-53　合金板材中脆性第二相表征

(a) XRD; (b) 透射电子显微镜和透射衍射图

固溶在钼基体中的 O 含量为 $(20\sim40)\times10^{-6}$。当温度较高时，O 与固溶的 Zr 和 Ti 发生反应形成了 $ZrTiO_4$ 的第二相，但体积较小，在合金中含量较少。分析了 La-TZM 在烧结过程中的第二相反应热力学计算、动态反应过程和产物。从 1200℃ 之前的第二相产物的微观特征结果可以获得整个反应过程包括以下反应：

$$TiH_2 + O_2(g) \longrightarrow TiO_2 + H_2(g) \tag{1}$$

$$ZrH_2 + O_2(g) \longrightarrow ZrO_2 + H_2(g) \tag{2}$$

$$C_6H_{12}O_6 \longrightarrow [C] + H_2O \tag{3}$$

$$[C] + O_2(g) \longrightarrow CO_2(g) \uparrow \tag{4}$$

$$[C] + TiH_2 \longrightarrow TiC + H_2(g) \uparrow \tag{5}$$

$$[C] + ZrH_2 \longrightarrow ZrC + H_2(g) \uparrow \tag{6}$$

$$La\,(NO_3)_3 \cdot 6H_2O \longrightarrow La_2O_3 + NO_2 \uparrow + NO \uparrow + O_2 \uparrow + H_2O \tag{7}$$

$$TiH_2 \longrightarrow Ti + H_2(g) \uparrow \tag{8}$$

$$ZrH_2 \longrightarrow Zr + H_2(g) \uparrow \tag{9}$$

$$Ti + Zr + [O] \longrightarrow ZrTiO_4 \tag{10}$$

$$TiO_2 + ZrO_2 + La_2O_3 \longrightarrow La_2Ti_2O_7 \tag{11}$$

2.3.2.7 第二相的形成机制

第二相生成的主要包括少量的 TiO_2、ZrO_2、TiC、ZrC、La_2O_3、MoC、Zr-TiO_4 和 Ti, Zr 固溶于基体，产生固溶强韧化的效果，以及氧化物复合反应生成 $La_2Ti_2O_7$。整个反应过程如图 2-54 所示，假设固液混合均匀，固体粉末和添加剂呈颗粒状。

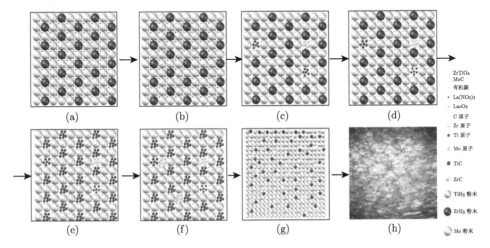

图 2-54 La-TZM 钼合金第二相形成的机理图

(a) 混合粉末；(b) 部分有机碳分解，部分 La_2O_3 和 MoC 形成；(c) 所有的有机碳分解，TiO_2 和 ZrO_2 形成，部分 TiC 和 ZrC 形成；(d) 所有 C 元素反应；(e) TiH_2 分解；(f) ZrH_2 分解；(g) Ti 和 Zr 的固溶体形成 $ZrTiO_4$；(h) 第二相存在于 La-TZM

图 2-54 为 La-TZM 钼合金中第二相的形成过程。在第一阶段，所有的粉末通过混合和球磨混合均匀，如图 2-54(a) 所示，混合后的粉末中存在不同类型和尺寸的粉末颗粒，由于 TiH_2 和 ZrH_2 粉末的粒度达到 83.3% 的钼粉，TiH_2 和 ZrH_2 粉末 ($\leqslant 5\mu m$) 取代钼的位置 ($\leqslant 6\mu m$)，但钼粉中还存在其他细小的粉末。图 2-54(b) 和 (c)，在温度低于 $500°C$ 时，反应 $C_6H_{12}O_6 \longrightarrow [C]+H_2O$ 和 $La(NO_3)_3 \cdot 6H_2O \longrightarrow La_2O_3 + NO_2\uparrow + NO\uparrow + O_2\uparrow + H_2O$ 会发生。在温度 $25 \sim 500°C$，反应 $TiH_2 + O_2(g) \Longrightarrow TiO_2 + H_2(g)$，$ZrH_2 + O_2(g) \Longrightarrow ZrO_2 + H_2(g)$，$[C] + O_2(g) \longrightarrow CO_2(g)\uparrow$，$[C] + TiH_2 \longrightarrow TiC + H_2(g)\uparrow$ 和 $[C] + ZrH_2 \longrightarrow ZrC + H_2(g)\uparrow$ 发生 (图 2-54(c) 和 (d))。然后 $TiH_2 \longrightarrow Ti + H_2(g)$ 开始分解 (图 2-54(e))，$ZrH_2 \longrightarrow Zr + H_2(g)$ 分解 (图 2-54(f))，生成的 Ti 和 Zr 固溶在钼晶格中。在高温下，$Zr + Ti + 2O_2(g) \longrightarrow ZrTiO_4$ 发生反应 (图 2-54(f))。La-TZM 钼合金中含有 TiO_2、ZrO_2、ZrC、TiC、La_2O_3、MoC 和 $ZrTiO_4$ (图 2-54(h))。在

图 2-54(a) 和 (h) 中, 大部分第二相主要存在于晶界, 另一部分小尺寸的颗粒存在于晶内。

对于合金中 $La_2Ti_2O_7/La_2Zr_2O_7$ 的形成, $La_2Ti_2O_7$ 结构中阳离子排列类似于钙钛矿, 是 Fd3m 空间群。La^{3+} 位于四个不同的不规则多面体中, 而钛阳离子仍然是由氧配合的八面体。两个 La^{3+} 位于高度扭曲的钙钛矿块内, 另外两个 La^{3+} 位于钙钛矿块之间的层内。相邻的钙钛矿块沿 [100] 方向被晶体切变所偏移, 偏移量相当于一半的 TiO_6 八面体。

TiO_2、ZrO_2、La_2O_3 的反应示意图如图 2-55 所示。La_2O_3 的 La—O 键在高温下开始与周围的 TiO_2 断裂。此后, Ti—O_6 与 La^{3+} 结合形成 $La_2Ti_2O_7$, 呈八面体结构。固溶体 Ti—O_6 中 Zr 原子可以取代 Ti 原子。合金中的 $La_2Ti_2O_7/La_2Zr_2O_7$ 在高温下通过 TiO_2、ZrO_2、La_2O_3 反应形成。

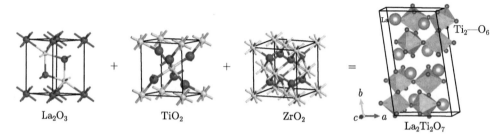

图 2-55　$La_2Ti_2O_7$ 晶体形成的原子反应

2.3.3　La-TZM 钼合金第二相调控

2.3.3.1　引言

La-TZM 钼合金形成多种第二相, 第二相具有不同尺寸, 这种多元多相钼合金对合金的性能产生了重要的作用, 其中合金中裂纹的形成过程是进一步调控组织, 提高合金性能的基础。

合金的断裂与合金中裂纹的形成密切相关, 裂纹形成后裂纹扩展是合金发生失稳导致断裂的主要原因, 因此对于断裂, 不仅要搞清楚裂纹源, 更需要研究裂纹源的扩展过程。对于钼合金, 已有的研究主要包括合金中间隙元素的偏析形成晶界处的裂纹[17], 以及合金中第二相脱黏引起的断裂[163,167]。断裂的方式取决于合金成分、加工方式以及检测方法。调控合金的成分是改变断裂方式的关键, 但是有关 La-TZM 钼合金仅有的调控是石墨 C 元素与有机碳的对比, 而对于其他的合金化方法未有研究。

本章首先研究了 La-TZM 钼合金的断裂行为, 并采用石墨 (graphite)/碳纳米管 (CNT)/有机碳 ($C_6H_{12}O_6$) 三种还原 C 元素调控, $Ti(SO_4)_2/Zr(NO_3)_4$ 元素

调控，纳米 TiC/ZrC 调控，设计了多种 La-TZM 钼合金，分别研究了 C 元素、Ti/Zr 元素的掺杂方式对合金中第二相尺寸和体积分数的影响，以及对合金力学性能的影响，对比分析了不同调控方法制备的合金性能。

2.3.3.2 断裂作用机制

1) 机械性能

测试试样为 La-TZM 钼合金的轧制板材 (未退火)，厚度为 0.5 mm，试样采用 ASTM E8 标准中的金属材料拉伸试样的小试样尺寸标准，拉伸速率为 0.5 mm/s。测定了 La-TZM 钼合金轧制板材的最大抗拉强度和断后伸长率，高强度 La-TZM 钼合金板材的拉伸应力-应变曲线如图 2-56 所示，其抗拉强度和伸长率分别为 1351 MPa 和 7.5%，可见这种合金具有高的强度和较高的伸长率。

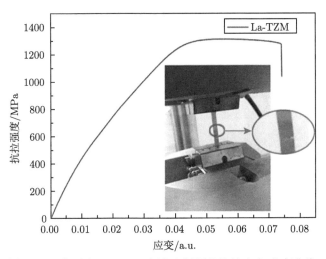

图 2-56 高强度 La-TZM 钼合金板材的拉伸应力-应变曲线

在拉伸过程中，合金的裂纹起始于标距段一侧，而不是直接断裂，断裂位置未出现明显颈缩，拉伸曲线上呈现断裂后强度直线下降，合金的屈服强度相对较高，合金的断裂起源于合金内部的缺陷，由内部断裂延伸到边部，然后从边部延伸到另一端，试样完全断裂，断裂位置在标距内。

2) 加工变形中微米第二相颗粒的演化

图 2-57 是 La-TZM 钼合金加工过程宏观和微观组织照片，从宏观照片来看，合金烧结后表面平整，但是热轧后热轧板材中局部区域出现宏观裂纹，裂纹主要在边部，随着温轧的进行，裂纹开始延伸，板材周围出现边裂，到冷轧之后，裂纹进一步延伸，出现撕裂，边部裂纹呈锯齿状。

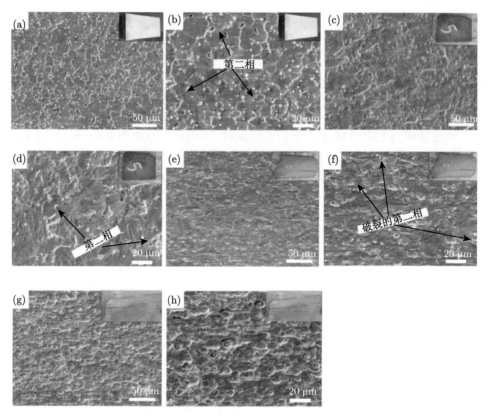

图 2-57　La-TZM 钼合金形变过程中组织及第二相演化
(a) 和 (b) 烧结坯料；(c) 和 (d) 热轧；(e) 和 (f) 温轧；(g) 和 (h) 冷轧

　　从 La-TZM 钼合金在变形过程中的微观组织来看，烧结坯料晶粒尺寸大小不一，微米尺度的第二相颗粒主要存在于晶界上，随着温轧的进行，晶粒开始破碎，热轧过程中晶粒扁平 (图 2-57(c))，温轧过程中，扁平的晶粒变形成纤维状 (图 2-57(e))，冷轧过程中，纤维状拉长，晶粒继续细化 (图 2-57(g))。烧结坯料 1100℃ 热轧变形量 74.4%(12.5 mm→3.2 mm)，少部分第二相颗粒尺寸长大明显，也在变形过程中部分粗大的第二相颗粒出现裂纹或者破裂 (图 2-57(d))。热轧料在 850℃ 进行温轧，变形量 53.1%(3.2 mm→1.5 mm)，粗大的第二相破碎成小的第二相，尺寸较小的第二相未破碎，整个第二相颗粒尺寸减小，微米第二相颗粒大多单独存在。温轧料在 400℃ 进行冷轧，变形量 58.4%(1.25 mm→0.52 mm)，第二相颗粒继续破碎，尺寸减小，颗粒相由于破碎大多数碎裂成两个颗粒相，连续存在。

　　材料组织结构的腐蚀也反映了材料的应力状态，一般情况下，应力集中导致材料易被腐蚀,从烧结坯料、热轧料、温轧料和冷轧料腐蚀形貌看,形变量越大,材料表面腐蚀越明显,特别是热轧后第二相周围未出现明显的腐蚀坑 (图 2-57(d))。

当温轧后,第二相周围的腐蚀坑开始出现 (图 2-57(f)),冷轧后,腐蚀坑开始扩展 (图 2-57(h))。反映了温轧开始后,第二相周围产生了大量的位错导致了应力集中,冷轧后,应力集中进一步加大,应力集中产生的强化更加明显,所以,整个变形过程中,热轧并未产生明显的位错强化,位错强化主要在温轧和冷轧过程中。第二相颗粒的细小有助于应力的分散,降低应力集中。但在 La-TZM 钼合金中存在大量粗大第二相,在加工过程中产生裂纹。因此大量粗大的第二相可能是导致变形断裂的主要原因。

3) 组织与断口形貌

在 La-TZM 钼合金中,图 2-58 为 La-TZM 板材的 TEM 微观组织和拉伸断口形貌,图中粗大的微米第二相颗粒清晰可见,在图 2-58(a) 中,粗大微米第二相周围积累了大量的位错,位错在粗大第二相周围形成位错壁和位错胞。随着变形量的增大,第二相粒子由于位错聚集引起的应力集中而产生开裂。如图 2-58(b) 所示,位错引起的应力集中产生微裂纹,粗大第二相开始破裂。如图 2-58(c) 所示,随着变形量的继续增加,粗大第二相微裂纹扩展为全裂纹,第二相破裂。如图 2-58(d) 所示,通过拉伸断口扫描观察,La-TZM 钼合金的拉伸断口呈纤维状分层结构,拉伸断口存在大量破裂的第二相,第二相断口平整,属于脆性断口,断口处第二相与基体界面出现分离。

有研究表明粗大第二相是首选的裂纹萌生部位,裂纹倾向于沿粗大第二相密集存在的路径传播,因此强度也明显降低[169]。根据第二相与基体相在应力作用下的断裂情况,将第二相分为脱黏相和开裂相。脱黏相第二相原子与基体直接分离,在相界面形成间隙,形成微裂纹,这种第二相与基体之间的结合键很弱,容易断裂。开裂相由第二相直接破裂形成裂纹,这些第二相与基体是共格或者半共格的位相关系,而薄层或长棒状主要是第二相断裂相。La-TZM 钼合金中主要是发生第二相破裂引起了材料的断裂,所以此种粗大第二相属于开裂相。

4) 断裂机制

根据合金板材裂纹的形成,如图 2-59(a) 所示,合金的断裂机制主要是合金中反应生成的氧化物形成大量粗大的 $La_2Ti_2O_7$ 颗粒,且大部分位于晶界处。在加工变形过程中,如图 2-59(b) 所示,颗粒越粗大,周围产生的应力值越大,材料的断裂强度越低,越容易断裂。如图 2-59(c) 所示,冷轧过程中,颗粒断裂强度与颗粒尺寸成反比。在图 2-59(c) 中,变形 La-TZM 透射电子显微镜图像清晰地显示,合金中的 $La_2Ti_2O_7$ 颗粒是导致合金断裂的原因。如图 2-59(d) 所示,颗粒在加工或加载过程中容易发生开裂,降低了延性。这是合金裂纹形成和断裂的整个过程。

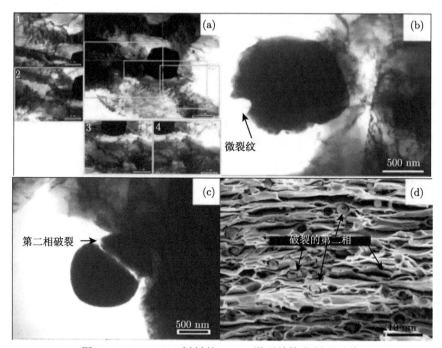

图 2-58　La-TZM 板材的 TEM 微观结构和断口形貌

(a) 第二相与位错 (1~4 是 (a) 局部放大)；(b) 位错聚集；(c) 第二相开裂；(d) 拉伸断口

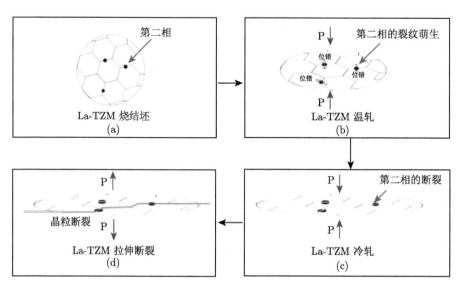

图 2-59　La-TZM 钼合金板材的断裂机制

(a) 烧结坯；(b) 温轧；(c) 冷轧；(d) 拉伸断裂

2.3.3.3 不同合金化方式组织调控

1) 合金成分设计

通过以上研究表明，TiH_2 和 ZrH_2 的氧化形成 TiO_2 和 ZrO_2，与形成的 La_2O_3 反应生成粗大的脆性相 $La_2Ti_2O_7$，合金中的粗大 $La_2Ti_2O_7$ 第二相是合金产生裂纹并断裂的主要原因。因此，需要降低合金中 $La_2Ti_2O_7$ 相的生成或者减少合金中粗大第二相的尺寸。从 $La_2Ti_2O_7$ 的形成原理来讲，一方面需要防止合金中 TiH_2 和 ZrH_2 粉末的氧化，选择不同的还原碳研究还原碳对 La-TZM 钼合金中粗大第二相形成的抑制作用以及钼合金的强化机理，另一方面可以从降低第二相的尺寸设计添加合金化元素的形式或方法。

本实验设计了不同成分的五种 La-TZM 钼合金，如表 2-27 所示，分别是不同还原剂和不同的 Ti/Zr 元素的掺杂方式，设计的合金包括 Mo-CNT-TiH_2-ZrH_2-$La(NO_3)_3$、Mo-Fructose-TiH_2-ZrH_2-$La(NO_3)_3$、Mo-Graphite-TiH_2-ZrH_2-$La(NO_3)_3$、Mo-Fructose-$Ti(SO_4)_2$-$Zr(NO_3)_4$-$La(NO_3)_3$、Mo-Fructose-TiC-ZrC-$La(NO_3)_3$，合金元素含量与 La-TZM 钼合金中 C、Ti、Zr、La 元素质量百分数一致。

表 2-27　不同掺杂方式 La-TZM 钼合金的化学成分　　　（单位：wt%）

样品	C	Ti	Zr	La	Mo
$1^{\#}$	0.04(CNT)	0.50(TiH_2)	0.08(ZrH_2)	3.117($La(NO_3)_3$)	余量
$2^{\#}$	1.00(Fructose)	0.50(TiH_2)	0.08(ZrH_2)	3.117($La(NO_3)_3$)	余量
$3^{\#}$	0.04(Graphite)	0.50(TiH_2)	0.08(ZrH_2)	3.117($La(NO_3)_3$)	余量
$4^{\#}$	0.12(Fructose)	3.0($Ti(SO_4)_2$)	0.45($Zr(NO_3)_4$)	3.117($La(NO_3)_3$)	余量
$5^{\#}$	0.12(Fructose)	0.63 (TiC)	0.11(ZrC)	3.117($La(NO_3)_3$)	余量

2) 不同碳还原合金力学性能

采用五种合金化方法制备的 La-TZM 钼合金组织如图 2-60 所示。Mo-CNT-TiH_2-ZrH_2-$La(NO_3)_3$、Mo-Fructose-TiH_2-ZrH_2-$La(NO_3)_3$、Mo-Graphite-TiH_2-ZrH_2-$La(NO_3)_3$、Mo-Fructose-$Ti(SO_4)_2$-$Zr(NO_3)_4$-$La(NO_3)_3$、Mo-Fructose-TiC-ZrC-$La(NO_3)_3$ 合金的晶粒尺寸大小的统计结果分别是 $(17.86\pm2.04)\mu m$，$(17.0\pm1.76)\mu m$，$(15.85\pm2.01)\mu m$，$(12.05\pm1.63)\mu m$，$(32.89\pm5.46)\mu m$（图 2-60(a)、(d)、(g)、(j)、(m)）。从碳纳米管到石墨，晶粒尺寸逐渐减小。但晶粒尺寸变化不明显，$Ti(SO_4)_2$-$Zr(NO_3)_4$ 掺杂合金晶粒尺寸最小，而纳米 TiC-纳米 ZrC 掺杂合金晶粒尺寸最大，不同合金化方式的组织均匀。此外，在合金中还形成了分布细小的微米级球形第二相颗粒。颗粒主要分布在晶界处（图 2-60(b)、(e)、(h)、(k)、(n)）。这些第二相颗粒钉扎于晶界，阻碍晶界运动和晶粒生长。

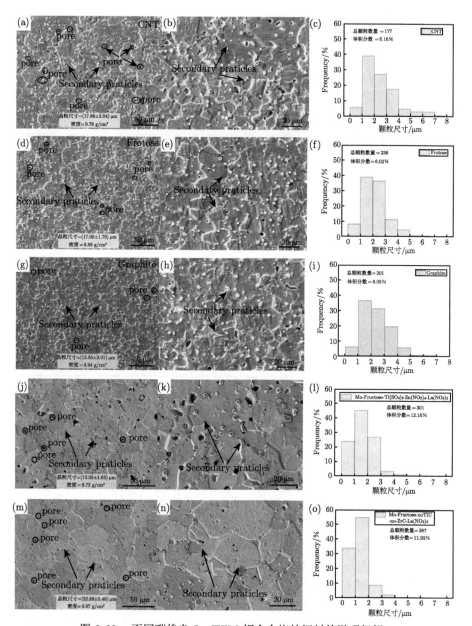

图 2-60　不同碳掺杂 La-TZM 钼合金烧结坯料的微观组织

(a) 和 (b) CNT 掺杂 La-TZM；(c) 是 (b) 中第二个粒子的统计数据；(d) 和 (e) 果糖掺杂 La-TZM；(f) 是 (e) 中第二个粒子的统计数据；(g) 和 (h) 石墨掺杂 La-TZM；(i) 是 (h) 中微米第二相粒子的统计数据；(j) 和 (k) $Ti(SO_4)_2$-$Zr(NO_3)_4$ 掺杂 La-TZM；(l) 是 (k) 中第二个粒子的统计数据；(m) 和 (n) 纳米 TiC-纳米 ZrC 掺杂 La-TZM；(o) 是 (n) 中第二个粒子的统计数据

对 La-TZM 钼合金在不同合金化方式组织中晶内和晶界第二相颗粒的粒径进行了统计检验,如图 2-60(c)、(f)、(i)、(l)、(o) 所示,不同合金化方式生成的第二相的尺寸。掺杂 CNT, 果糖, 石墨, $Ti(SO_4)_2$-$Zr(NO_3)_4$, 纳米 TiC-纳米 ZrC 的第二相颗粒的平均粒径分别是 2.47μm, 2.19μm, 2.37μm, 2.13μm 和 1.81μm。其中不同碳掺杂微米第二相颗粒尺寸分布于 0~8μm,主要尺寸分布在 1~3μm。而不同 Ti/Zr 元素掺杂微米第二相颗粒尺寸分布于 0~4μm,只要尺寸分布于 0~2μm,在 La-TZM 中掺杂纳米 TiC 和纳米 ZrC 得到的组织第二相颗粒粒径最小。此外,不同碳的添加微米第二相颗粒的体积分数分别是 6.16%,6.02% 和 6.05%,$Ti(SO_4)_2$-$Zr(NO_3)_4$/纳米和 TiC-纳米 ZrC 掺杂合金微米第二相的体积分数分别是 12.16% 和 11.92%。

3) 断口形貌

如图 2-61 所示,从不同掺碳方式的断口形貌来看,断口呈现明显的片层状组织,片层中间存在大量的颗粒,颗粒尺寸分布均匀,从每种掺杂的断口局部放大图可以看出,有机碳果糖掺杂断口存在撕裂脊,表现为韧性断裂的断口特点,而碳纳米管 (CNT) 与石墨掺杂断口出现此断口特征形貌,断口表现为脆性断裂的特征,因此,不同的掺碳方式对于 La-TZM 的韧性影响作用不同,有机碳果糖掺碳方式能够提高材料的韧性,有助于第二相的弥散均匀化分布,并且减少杂质元素 O/N 在晶界的分布,提高材料的韧性,减少材料因杂质元素导致的脆断。

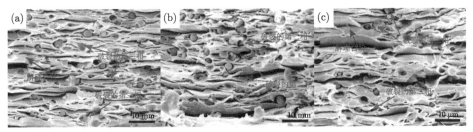

图 2-61 不同碳掺杂 La-TZM 板材断口形貌
(a) CNT 掺杂;(b) 果糖掺杂;(c) 石墨掺杂

4) 变形过程中微米第二相强化作用

根据 La-TZM 钼合金的多尺度组织特征,不同碳在晶界和晶内呈现出细小的晶粒结构和微米级颗粒分布。La-TZM 钼合金的强化机理主要包括三个方面:① 细晶强化;② 颗粒增强;③ 晶粒和相结合力强化。

$$\sigma_y = \sigma_{Mo} + \sigma_p + \sigma_{HP} = \sigma_{Mo} + \frac{k}{D^{1/2}} + \sigma_p \tag{2-11}$$

σ_{Mo} 为纯钼基体的屈服强度,σ_p 为第二相颗粒产生的强度,σ_{HP} 为晶粒细化产生的强度，σ_y 与晶体类型有关的常数，D 为晶粒尺寸。

Hall-Petch 关系式：

$$YS_G = K_y D^{-1/2} \tag{2-12}$$

σ_y 代表材料的屈服极限。这是材料 0.2% 变形时的屈服应力。σ_0 代表晶格摩擦阻力的单个位错移动。

La-TZM 钼合金的二次相主要由 TiO_2、ZrO_2、TiC、ZrC、La_2O_3、MoC 和 $ZrTiO_4$ 组成，这些成形相主要是高强度的陶瓷相，属于不变形粒子。

不可变形的第二相强化：

$$\sigma_p = \frac{\varphi G b}{d_{\text{particle}}} \left(\frac{6 f_{\text{particle}} f_{\text{Mo}}}{\pi} \right)^{1/2} \tag{2-13}$$

泰勒的因素 φ，剪切模量 G 和伯氏矢量 b，d_{particle}、f_{particle} 分别为粒径和颗粒的体积分数，f_{Mo} 为钼相的体积分数。泰勒的因素是 2.5，bcc 晶体结构，剪切模量为 140 GPa 钼合金，柏氏向量 ($a/2\langle 111 \rangle$) 是 2.72×10^{-10} m。根据统计 La-TZM 钼合金中颗粒的体积分数和尺寸 (图 2-60)，La-TZM 钼合金中奥罗万强化 σ_{OR} 的值如表 2-28 所示。

计算结果表明，Mo-CNT-TiH$_2$-ZrH$_2$-La(NO$_3$)$_3$，Mo-Fructose-TiH$_2$-ZrH$_2$-La(NO$_3$)$_3$，Mo-Graphite-TiH$_2$-ZrH$_2$-La(NO$_3$)$_3$，Mo-Fructose-Ti(SO$_4$)$_2$-Zr(NO$_3$)$_4$-La(NO$_3$)$_3$，Mo-Fructose-TiC-ZrC-La(NO$_3$)$_3$ 合金的微米相颗粒的奥罗万强度分别为 12.8MPa，14.3MPa，13.2MPa，20.1MPa 和 23.5MPa。

表 2-28 La-TZM 钼合金板材的力学性能参数   (单位：wt%)

样品	Mo-CNT-TiH$_2$-ZrH$_2$-La(NO$_3$)$_3$	Mo-Fructose-TiH$_2$-ZrH$_2$-La(NO$_3$)$_3$	Mo-Graphite-TiH$_2$-ZrH$_2$-La(NO$_3$)$_3$	Mo-Fructose-Ti(SO$_4$)$_2$-Zr(NO$_3$)$_4$-La(NO$_3$)$_3$	Mo-Fructose-纳米 TiC-纳米 ZrC-La(NO$_3$)$_3$
晶粒尺寸/μm	17.86±2.04	17.0±1.76	15.85±2.01	12.05±1.63	32.89±5.46
f_{particle}	6.16%	6.02%	6.05%	12.16%	11.92%
d_{particle}/μm	2.47	2.19	2.37	2.13	1.81
σ_y (抗拉强度)/MPa	1018.33	1004.58	1054.96	1103.81	1293.42
σ_p (奥罗万强化)/MPa	12.8	14.3	13.2	20.1	23.5

在 La-TZM 钼合金中，不同碳元素 CNT、果糖、石墨、Ti(SO$_4$)$_2$/Zr(NO$_3$)$_4$ 和 TiC/ZrC 掺杂 La-TZM 钼合金，微米第二相颗粒对于合金屈服强度的作用分别是 1.26%，1.35%，1.25%，1.82% 和 1.82%。可以看出，第二相强化作用在不同的掺杂方式下占比不同，微米第二相颗粒尺寸越小，强化作用越强。但是，不同 C 元素和 Ti/Zr 元素微米第二相颗粒强化作用不显著，所以对于 La-TZM 钼合

金纳米颗粒相沉淀强化对屈服强度的提高起主导作用，而 Mo-Fructose-TiC-ZrC-La(NO$_3$)$_3$ 合金屈服强度越高，其晶粒尺寸越大，所以纳米颗粒相沉淀强化是不同合金元素掺杂 La-TZM 钼合金强度不同的主要原因。

2.3.3.4　不同合金化方式合金组织对比

1) 烧结坯金相组织

不同合金化方式 La-TZM 钼合金板材微观组织如图 2-62 所示，从图中可以看出，不同方式合金的烧结坯料晶粒尺寸和第二相的分布以及尺寸有明显的差异，首先，不同碳源的 La-TZM 钼合金组织中，晶粒尺寸不均匀，平均晶粒尺寸分别是 Mo-CNT-TiH$_2$-ZrH$_2$-La(NO$_3$)$_3$((17.86±2.04)μm)，Mo-Fructose-TiH$_2$-ZrH$_2$-La(NO$_3$)$_3$ ((17±1.76)μm)，Mo-Graphite-TiH$_2$-ZrH$_2$-La (NO$_3$)$_3$ ((15.85±2.01)μm)，并且第二相颗粒虽分布均匀，但颗粒尺寸较大，体积分数也大于 6.0%。Ti(SO$_4$)$_2$ 和 Zr(NO$_3$)$_4$ 代替 TiH$_2$ 和 ZrH$_2$ 合金化的组织，晶粒尺寸明显均匀，Mo-Fructose-Ti(SO$_4$)$_2$-Zr(NO$_3$)$_4$-La(NO$_3$)$_3$ 合金的平均晶粒尺寸为 (12.05±1.63)μm，并且粗大第二相数量减少，主要存在均匀细小的颗粒相，但是也存在少量粗大第二相，而用纳米 TiC 和纳米 ZrC 代替 TiH$_2$ 和 ZrH$_2$ 合金化的组织，Mo-Fructose-TiC-ZrC-La(NO$_3$)$_3$ 晶粒尺寸为 (32.89±5.46)μm，相对而言，晶粒尺寸明显增大，但合金中未见粗大第二相，并且合金中组织更加细小，晶粒更加均匀，第二相团聚几乎不存在。

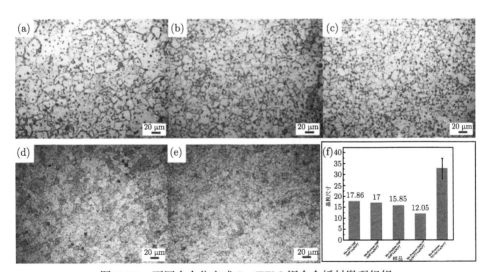

图 2-62　不同合金化方式 La-TZM 钼合金板材微观组织
(a) Mo-CNT-TiH$_2$-ZrH$_2$-La(NO$_3$)$_3$; (b) Mo-Fructose-TiH$_2$-ZrH$_2$-La(NO$_3$)$_3$;
(c) Mo-Graphite-TiH$_2$-ZrH$_2$-La(NO$_3$)$_3$; (d) Mo-Fructose- Ti(SO$_4$)$_2$-Zr(NO$_3$)$_4$-La(NO$_3$)$_3$;
(e) Mo-Fructose-纳米 TiC-纳米 ZrC-La(NO$_3$)$_3$; (f) 晶粒尺寸统计数据

随着 Mo-CNT-TiH$_2$-ZrH$_2$-La(NO$_3$)$_3$、Mo-Fructose-TiH$_2$-ZrH$_2$-La(NO$_3$)$_3$、Mo-Graphite-TiH$_2$-ZrH$_2$-La(NO$_3$)$_3$、Mo-Fructose-Ti(SO$_4$)$_2$-Zr(NO$_3$)$_4$-La(NO$_3$)$_3$、Mo-Fructose-TiC-ZrC-La(NO$_3$)$_3$ 合金化产物颗粒尺寸的变化，合金的晶粒尺寸形成先减小后增大，晶粒尺寸最大为 Mo-Fructose-纳米 TiC-纳米 ZrC -La(NO$_3$)$_3$ 合金，晶粒尺寸最小为 Mo-Fructose-Ti(SO$_4$)$_2$-Zr(NO$_3$)$_4$-La(NO$_3$)$_3$ 合金，高体积分数粗大微米第二相颗粒的尺寸可有效降低合金的晶粒尺寸。

通过不同的合金化方式可有效改善合金烧结坯料的组织，主要包括合金晶粒尺寸的影响和第二相尺寸与分布的作用，细小均匀的合金化添加剂，通过均匀化的烧结和加工工艺，可产生均匀细小的合金化第二相组织，细小第二相的生成与粗大第二相的减少可以有效减少合金粗大第二相开裂产生裂纹的风险，有效提高了合金组织的均匀性与稳定性，进一步提高合金的性能，也为合金的延展性提供保证。

2) 不同合金化方式性能对比

不同合金化方式的 La-TZM 钼合金烧结坯料硬度值和轧制板材屈服强度如图 2-63 所示，Mo-CNT-TiH$_2$-ZrH$_2$-La(NO$_3$)$_3$ 合金 ((175.46 ± 15.10)HV, (1018.33 ± 23.34)MPa), Mo-Fructose-TiH$_2$-ZrH$_2$-La(NO$_3$)$_3$ 合金 ((189.39 ± 7.83)HV, (1060 ± 22.24)MPa), Mo-Graphite-TiH$_2$-ZrH$_2$-La(NO$_3$)$_3$ 合金 ((205.43 ± 12.44)HV, (1054.96 ± 5.56)MPa), Mo-C$_6$H$_{12}$O$_6$-Ti(SO$_4$)$_2$-Zr(NO$_3$)$_4$-La(NO$_3$)$_3$ 合金 ((161.95 ± 2.05)HV, (1103.81 ± 3.0)MPa), Mo-C$_6$H$_{12}$O$_6$-TiC+ZrC+La(NO$_3$)$_3$ 合金 ((146 ± 0)HV, (1293.42 ± 14.68)MPa)。

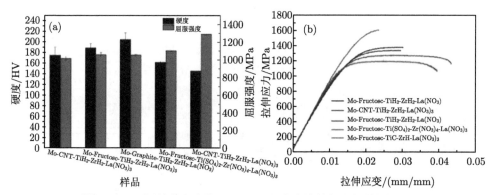

图 2-63　不同掺杂方式的 La-TZM 钼合金烧结坯和板材的性能

(a) 坯料的硬度和板材屈服强度；(b) 板材的拉伸曲线

可以看出，Mo-Graphite-TiH$_2$-ZrH$_2$-La(NO$_3$)$_3$ 掺杂合金硬度值最高，Mo-Graphite-TiC-ZrC-La(NO$_3$)$_3$ 掺杂合金的硬度值最低。在烧结坯料中，硬度值的大小主要与钼合金中生成的硬质相颗粒有关，特别是微米尺度颗粒的体积分数，而钼合金中元素的总质量分数一定，形成的微米颗粒体积分数越大，则纳米颗粒的体积越小，因此，在后期钼合金加工变形过程中纳米颗粒的沉淀强化就微弱，如图 2-63 所示，几种不同掺杂方式的 La-TZM 钼合金中，$Mo-C_6H_{12}O_6-TiC-ZrC-La(NO_3)_3$ 合金屈服强度最高，而 $Mo-CNT-TiH_2-ZrH_2-La(NO_3)_3$ 屈服强度最低，这与微米尺度相的尺寸大小密切相关，从测试数据可以看出，烧结坯料的硬度与合金板材的屈服强度反相关。从微观组织结构来看，通过合金化方式调控可以调控合金的组织，钼合金中第二相有效细化和粗大颗粒的减少降低了烧结坯料的硬度，提高了合金板材的屈服强度。合金中元素初始添加量一致，粗大微米相颗粒体积和尺寸的增加导致纳米颗粒增强相的减少，在板材加工过程中，纳米相的强化作用显著高于微米相，所以合金板材的屈服强度随合金中粗大微米相的减少而明显增大。

2.3.4 第二相对纳米掺杂 La-TZM 钼合金硬度的影响

如图 2-64 所示为不同成分的钼合金烧结态，轧制和 950℃ 退火后的硬度，烧结态 $Mo-La(NO_3)_3$ 合金 (146 HV)，Mo-ZrC 合金 (175.8 HV)，Mo-TiC 合金 (158.8 HV)，$Mo-ZrC-La(NO_3)_3$ 合金 (155.4 HV)，$Mo-TiC-La(NO_3)_3$ 合金 (154.1 HV)，Mo-TiC-ZrC 合金 (159.7 HV)。在烧结坯料中，Mo-ZrC 合金坯料的硬度高于其他合金，这与大量纳米 ZrC 和 ZrO_2 第二相存在于 Mo-ZrC 合金基体中有关，有助于提高合金的烧结坯料硬度，再者 Mo-ZrC 合金的致密度大于其他合金，也有效提高了合金的硬度。而其他合金中，第二相的体积分数与烧结坯料的硬度一致。从组织中看出，Mo-ZrC 合金和 Mo-TiC 合金第二相体积分数均较多，所以硬度较大。而在 $Mo-ZrC-La(NO_3)_3$ 合金和 $Mo-TiC-La(NO_3)_3$ 合金存在的大尺寸第二相使合金的硬度高于纳米相 $Mo-La(NO_3)_3$ 合金。

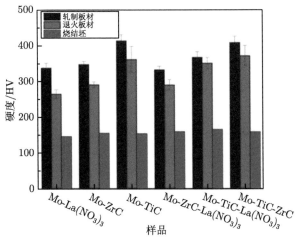

图 2-64 $TiC/ZrC/La(NO_3)_3$ 掺杂 La-TZM 钼合金硬度 (烧结态，轧制态和 950℃ 退火态)

轧制态样品硬度 Mo-La(NO$_3$)$_3$ 合金 ((338.25 ± 13.56)HV)，Mo-ZrC 合金 ((348.3 ± 8.17)HV)，Mo-TiC 合金 ((414.44 ± 16.98)HV)，Mo-ZrC-La(NO$_3$)$_3$ 合金 ((333.25 ± 9.93)HV)，Mo-TiC-La(NO$_3$)$_3$ 合金 ((368.10 ± 15.46)HV)，Mo-TiC-ZrC 合金 ((409.23 ± 17.72)HV)。950℃ 退火后样品硬度 Mo-La(NO$_3$)$_3$ 合金 ((264.75 ± 11.88)HV)，Mo-ZrC 合金 ((290.97 ± 7.87)HV)，Mo-TiC 合金 ((362.23±36.10)HV)，Mo-ZrC-La(NO$_3$)$_3$ 合金 ((290.38 ± 14.73)HV)，Mo-TiC-La(NO$_3$)$_3$ 合金 ((351.65 ± 15.98)HV)，Mo-TiC-ZrC 合金 ((372.23 ± 28.64)HV)。轧制态的硬度明显高于退火态，不论是轧制态还是退火态，硬度最高的合金均为 Mo-TiC-ZrC 合金。但是硬度最低的合金在轧制态和退火态表现不一，轧制态硬度最低为 Mo-ZrC-La(NO$_3$)$_3$ 合金，而退火态硬度最低为 Mo-La(NO$_3$)$_3$ 合金，可见相同的退火工艺对不同的合金成分作用不同。

合金成分不同，硬度的变化不一。具体表现在：Mo-La(NO$_3$)$_3$ 合金 950℃ 退火后硬度下降 21.73%，Mo-ZrC 合金下降 16.46%，Mo-TiC 合金下降 12.6%，Mo-ZrC-La(NO$_3$)$_3$ 合金下降 12.87%，Mo-TiC-La(NO$_3$)$_3$ 合金下降 4.47%，Mo-TiC-ZrC 合金下降 9.04%，可以看出，Mo-TiC-La(NO$_3$)$_3$ 合金硬度下降最小，主要是 Mo-TiC-La(NO$_3$)$_3$ 合金中存在大尺寸的 La$_2$Ti$_2$O$_7$ 相和纳米相，能有效阻碍位错在回复过程中产生的软化。Mo-ZrC-La(NO$_3$)$_3$ 合金下降较大，主要是基体中的 La$_2$Zr$_2$O$_7$ 生成相较少，不能有效阻碍基体回复过程的软化。Mo-TiC 下降与 Mo-ZrC-La(NO$_3$)$_3$ 合金基本相同，主要是 TiC 相以片层状存在，对位错阻碍作用大于颗粒状，而 Mo-La(NO$_3$)$_3$ 合金硬度下降最高，主要是 Mo-La(NO$_3$)$_3$ 合金中仅存在少量 La$_2$O$_3$ 相，不能有效阻碍位错在回复过程中产生软化。

2.3.5　第二相对纳米掺杂 La-TZM 钼合金拉伸性能的影响

图 2-65 是不同成分钼合金轧制后板材的拉伸曲线，950℃ 退火后样品的性能分别是 Mo-La(NO$_3$)$_3$ 合金的抗拉强度 898.14 MPa，伸长率 9.91%，Mo-ZrC 合金的抗拉强度 1028.34 MPa，伸长率 8.63%，Mo-TiC 合金的抗拉强度 1240.23 MPa，伸长率 5.53%，Mo-ZrC-La(NO$_3$)$_3$ 合金的抗拉强度 914.61 MPa，伸长率 9.08%，Mo-TiC-La(NO$_3$)$_3$ 合金的抗拉强度 1291.68 MPa，伸长率 6.59%，Mo-TiC-ZrC 合金的抗拉强度 1292.65 MPa，伸长率 6.87%。

如图 2-65(a) 和 (b) 所示，在单元素系统中，Mo-La(NO$_3$)$_3$，Mo-ZrC，Mo-TiC 的强度依次升高，相比于 La(NO$_3$)$_3$，ZrC 的添加对钼合金提高 14.50%，TiC 比 ZrC 提高 20.61%。但是伸长率分别降低 12.92% 和 35.92%。可见，TiC 的添加可以显著提高材料的抗拉强度，但是也会明显降低钼合金的伸长率，而 La(NO$_3$)$_3$ 的添加对伸长率的提高更明显。

在复合二元系统中，对强度的提高作用规律一致，但二元系中，Mo-ZrC-

La(NO$_3$)$_3$ 比 Mo-ZrC 合金抗拉强度降低 12.44%，伸长率提高 5.21%。Mo-TiC-La(NO$_3$)$_3$ 比 Mo-TiC 合金抗拉强度提高 4.19%，伸长率提高 19.1%。La(NO$_3$)$_3$ 的添加能够提高伸长率，但是与不同的一元系合金中对强度的作用不同，对 Mo-ZrC 而言抗拉强度降低，而对于 Mo-TiC 抗拉强度升高。Mo-TiC-La(NO$_3$)$_3$ 比 Mo-La(NO$_3$)$_3$ 合金抗拉强度提高 43.82%，伸长率降低 33.50%。Mo-TiC-ZrC 比 Mo-ZrC 合金抗拉强度提高 25.70%，伸长率降低 20.39%。TiC 对于一元系钼合金抗拉强度提高，而伸长率降低。Mo-ZrC-La(NO$_3$)$_3$ 比 Mo-La(NO$_3$)$_3$ 合金抗拉强度提高 1.83%，伸长率降低 8.38%。Mo-TiC-ZrC 比 Mo-TiC 合金抗拉强度提高 4.23%，伸长率提高 24.23%。ZrC 对于一元系钼合金抗拉强度提高，对于 Mo-La(NO$_3$)$_3$ 的伸长率降低，而对于 Mo-TiC 伸长率提高。

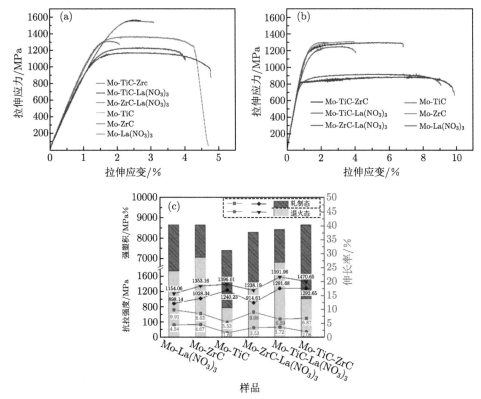

图 2-65 轧制态和退火态纳米 TiC/ZrC 掺杂 La-TZM 钼合金的拉伸性能

(a) 轧制态拉伸曲线；(b) 退火态拉伸曲线；(c) 轧制态与退火态强塑积

从图 2-65(c) 中柱状图显示了轧制态和退火态抗拉强度和伸长率的乘积，此值表示了强韧化的综合作用，从图中可以看出，总的来说，相同合金成分的退火态均大于轧制态，综合强度和塑形，退火态的 Mo-TiC-ZrC 合金强塑性最高达到 8880.5 MPa%，轧制态的 Mo-TiC 合金强塑性最低为 2362.64 MPa%，因此这 6 种钼合金，综合性能最优为 Mo-TiC-ZrC (抗拉强度 1292.65 MPa，伸长率 6.87%)。

相同工艺下制备的 0.5mm 纯钼冷轧板材，其屈服强度、抗拉强度和伸长率分别是 928.374 MPa、1028.095 MPa 和 2.5 %。相比而言，纳米化 TiC/ZrC/La(NO_3)$_3$ 合金化中 5 种合金的强度和伸长率均有提高。

2.3.6　纳米掺杂 La-TZM 钼合金多相协同作用强韧化机理

2.3.6.1　引言

La-TZM 钼合金不仅与合金中第二相的尺寸有关，通过调控得到的纳米 TiC/ZrC 掺杂合金的性能最优，有效控制了合金中 $La_2Ti_2O_7$ 粗大第二相的形成。目前，更多的研究学者将金属基复合材料的研究重点偏向于第二相的颗粒尺寸。Deng 等 [170] 研究报道了将 (亚微米 + 微米) 双尺度 SiC 颗粒加入镁合金 AZ91 中，其屈服强度明显比单尺寸颗粒增强复合材料的高。张龙江等 [104,171] 研究了双尺度 (微米 + 纳米) SiC/Al2014 复合材料，研究表明复合材料综合性能有了很大提高。对 TMCs 而言，根据颗粒尺寸的不同，也可将 PRTMCs 分为纳米级和微米级颗粒增强钛基复合材料。目前，关于单一微米 PRTMCs 已进行了大量研究工作 [172−174]，微米 TiBw、TiCp 及 Re_2O_3 的加入均能显著提高基体的强度，但降低其塑性。采用真空感应熔炼法和热加工制备了颗粒均匀分布的微纳双尺度颗粒增强 (TiB+Y_2O_3)/α-Ti 钛基复合材料，熔炼过程中 Ti 与 TiB_2 原位反应生成 TiB，外加 Y_2O_3 通过溶解-析出机制生成纳米 Y_2O_3 颗粒。在室温下，抗拉强度可达 1470.5MPa，伸长率达 7.2%，强度的提高主要是细晶强化、奥罗万强化和载荷传递强化造成的。对于塑性提高，除细晶强化外，则因为微米级颗粒有助于稳定变形，诱导应变硬化。纳米颗粒弥散分布可产生和储存位错，不会引起晶界的局部裂纹。颗粒增强复合材料在加工和制造过程中，其内部极易产生微小缺陷。随着材料承载，这些位于基体内部、颗粒内部或基体与颗粒界面上的缺陷将会不断发展，最终导致复合材料的破坏。在基体中引入第二相材料 (颗粒) 的一般目的是增强或增韧，其中颗粒和基体间界面的性质亦能起到决定性作用，因为界面性质决定了该材料是否能有效地传递载荷。晶体中沉淀相的存在能通过阻碍位错运动而产生强化，强化效果取决于位错切过或绕过沉淀相所需力和它们的密度 [175]。Mahon 等的研究还表明，沉淀相的产生能增强界面的结合强度，并且加强载荷向增强体的传递 [176]。基体与增强体之间的界面结合状况是颗粒增强复合材料强化的关键因素。

但是有关 La-TZM 钼合金的强韧化机理仅表现在第二相阻碍晶粒长大作用和位错运动的作用，对于 La-TZM 钼合金中多种相的界面特性和协同作用化机制未有研究报道，以及多元多相 La-TZM 钼合金强韧化机理未有系统的揭示。

本小节主要介绍了 La-TZM 钼合金中起主要作用的第二相与钼基体的界面，通过错配度和界面电子结合研究了钼合金的界面结合性能，以及界面结合性能与复合多相对合金复合强韧化的作用机理。

2.3.6.2 第二相界面结合计算

1) 第二相错配度计算

根据 La-TZM 钼合金中 TiC、ZrC、TiO$_2$、ZrO$_2$、La$_2$Ti$_2$O$_7$、La$_2$Zr$_2$O$_7$、La$_2$O$_3$ (P-3m1)、La$_2$O$_3$(Im-3m)、ZrTiO$_4$、Mo$_2$C(P63)、Mo$_2$C(Fm-3m)、MoC(P63)、MoC(Fm-3m) 第二相的种类和相的结构与晶格参数，参照每种第二相物质的平均线膨胀系数，计算了各种第二相在钼基体再结晶温度 1200℃ 的晶格参数。计算结果如表 2-29 所示，可以看出，相同的物质，但是不同的晶体结构在常温下和 1200℃ 下的晶格参数差异较大。

表 2-29 第二相的结构类型和晶格常数

第二相	晶格结构	晶格常数 (RT)/nm			晶格常数 (1200℃)/nm		
		$a_{\rm o}$	$b_{\rm o}$	$c_{\rm o}$	a	b	c
TiC	NaCl	0.43257	$b_{\rm o} = a_{\rm o}$	$c_{\rm o} = a_{\rm o}$	0.43783	$b = a$	$c = a$
ZrC		0.46961	$b_{\rm o} = a_{\rm o}$	$c_{\rm o} = a_{\rm o}$	0.47389	$b = a$	$c = a$
TiO$_2$	金红石	0.45937	$b_{\rm o} = a_{\rm o}$	0.29587	0.46427	$b = a$	0.29981
ZrO$_2$	P42/nmc	0.53129	0.52125	0.51471	0.51435	$b = a$	0.52689
La$_2$Ti$_2$O$_7$	钙钛矿	1.3015	0.55456	0.7817	1.0095	$b = a$	$c = a$
La$_2$Zr$_2$O$_7$	钙钛矿	1.0793	1.0793	1.0793	1.0095	$b = a$	$c = a$
La$_2$O$_3$	P-3m1	0.39381	$b_{\rm o} = a_{\rm o}$	0.61361	0.40023	$b = a$	0.62362
La$_2$O$_3$	Im-3m	0.43848	$b_{\rm o} = a_{\rm o}$	$c_{\rm o} = a_{\rm o}$	0.44563	$b = a$	$c = a$
Mo$_2$C	P63/mmc	0.2997	$b_{\rm o} = a_{\rm o}$	0.4727	—	—	—
Mo$_2$C	Fm-3m	0.4155	$b_{\rm o} = a_{\rm o}$	$c_{\rm o} = a_{\rm o}$	—	—	—
MoC	P63/mmc	0.2903	$b_{\rm o} = a_{\rm o}$	0.282	—	—	—
MoC	Fm-3m	0.4273	$b_{\rm o} = a_{\rm o}$	$c_{\rm o} = a_{\rm o}$	—	—	—
ZrTiO$_4$	Pnab 型	0.50358	0.54874	0.48018	—	—	—
Mo	立方	0.31470	$b_{\rm o} = a_{\rm o}$	$c_{\rm o} = a_{\rm o}$	0.31715	$b = a$	$c = a$

根据第二相的晶格参数，根据 Bramfit[177] 二维错配度理论，利用公式 (2-14) 准确计算合金中出现的 TiC、ZrC、TiO$_2$、ZrO$_2$、La$_2$Ti$_2$O$_7$、La$_2$Zr$_2$O$_7$、La$_2$O$_3$(P-3m1)、La$_2$O$_3$(Im-3m)、ZrTiO$_4$、Mo$_2$C(P63)、Mo$_2$C(Fm-3m)、MoC(P63)、MoC(Fm-3m) 第二相与基体的界面位向关系。一般情况下：$|\delta| < 5\%$ 对应着共格界面，$|\delta| = 5\% \sim 25\%$ 对应着半共格界面，$|\delta| > 25\%$ 对应着非共格界面。不同的界面结合形式对合金的性能产生不同的作用。具体计算过程如下所示，首先根据第二相和钼基体的密排面选择配合关系，配合原则尽量降低二维结合面的错配度。然后根据

界面和晶向参数及位相关系计算不同第二相与基体错配度。

$$\delta^{(hkl)_s}_{(hkl)_n} = \sum_{i=1}^{3} \frac{\left| \left(d_{[uvw]^i_S} \cos\theta \right) - d_{[uvw]^i_n} \right|}{d_{[uvw]^i_n}} \times 100\%$$　　　　(2-14)

　　如图 2-66 所示，第二相 TiC 与 Mo 在 (100)、(110) 和 (111) 面上的位相关系，计算结果如表 2-30 所示，在钼基体中，TiC 相低指数晶面 $(100)_{TiC}//(100)_{Mo}$ 错配度是 10.82%，属于半共格界面，$(110)_{TiC}//(110)_{Mo}$ 错配度是 30.93%，属于非共格界面，$(111)_{TiC}//(111)_{Mo}$ 错配度是 8.32%，属于半共格界面。

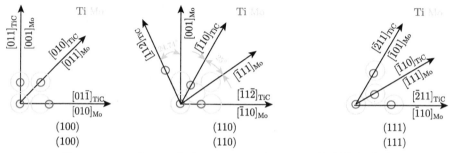

图 2-66　TiC 与 Mo 在 (100)、(110) 和 (111) 面上的位相关系

表 2-30　TiC 与 Mo 错配度计算值

项目	匹配界面								
	$(100)_{TiC}//(100)_{Mo}$			$(110)_{TiC}//(110)_{Mo}$			$(111)_{TiC}//(111)_{Mo}$		
$[uvw]_{TiC}$	$[01\bar{1}]$	$[010]$	$[011]$	$[\bar{1}1\bar{2}]$	$[\bar{1}10]$	$[\bar{1}12]$	$[\bar{2}11]$	$[\bar{1}10]$	$[\bar{2}11]$
$[uvw]_{Mo}$	$[010]$	$[011]$	$[001]$	$[\bar{1}10]$	$[\bar{1}11]$	$[001]$	$[\bar{1}10]$	$[\bar{1}11]$	$[101]$
$d[uvw]_{TiC}$/nm	0.43783	0.43783	0.30959	0.30959	0.30959	0.53623	0.51211	0.30959	0.51211
$d[uvw]_{Mo}$/nm	0.31715	0.44852	0.31715	0.45715	0.27820	0.31715	0.56316	0.32514	0.56316
$\theta/(°)$	0	0	0	25.25	24.74	0	0	0	0
δ	10.82%			30.93%			8.32%		

　　如图 2-67 所示，第二相 ZrC 与 Mo 在 (100)、(110) 和 (111) 面上的位相关系，计算结果如表 2-31 所示，ZrC 在 Mo 基体中，其低指数晶面 $(100)_{ZrC}//(100)_{Mo}$ 错配度是 13.87%，属于半共格界面，$(110)_{ZrC}//(110)_{Mo}$ 错配度是 31.55%，属于非共格界面，$(111)_{ZrC}//(111)_{Mo}$ 错配度是 2.97%，属于共格界面。

　　随着温度变化，La_2O_3 具有两种晶体结构[20]。550℃ 以下呈体心立方结构，晶格常数 $a = 1.13nm$；550℃ 以上转变为六面体结构，晶格常数 $a = 0.393nm$，$c = 0.612nm$[178]。所以 La_2O_3 与 Mo 基体的界面结合存在两种形式，密排六方结构 La$_2$O$_3$ (P-3m1)，如图 2-68 所示，密排六方结构第二相 La$_2$O$_3$ 与 Mo 在 (100)、(110) 和 (111) 面上的位相关系，计算结果如表 2-32 所示，其低指数晶面 (0001)$_{La_2O_3}$//(100)$_{Mo}$ 错配度是 29.88%，属于非共格界面，(0001)$_{La_2O_3}$//(110)$_{Mo}$ 错配度是 27.69%，属于非共格界面，(0001)$_{La_2O_3}$//(111)$_{Mo}$ 错配度是 39.09%，属于非共格界面。

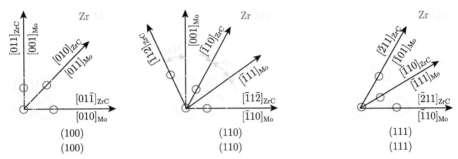

图 2-67 ZrC 与 Mo 在 (100)、(110) 和 (111) 面上的位相关系

表 2-31 ZrC 与 Mo 错配度计算值

项目	匹配界面								
	(100)$_{ZrC}$//(100)$_{Mo}$			(110)$_{ZrC}$//(110)$_{Mo}$			(111)$_{ZrC}$//(111)$_{Mo}$		
$[uvw]_{ZrC}$	[01$\bar{1}$]	[010]	[011]	[$\bar{1}$1$\bar{2}$]	[$\bar{1}$10]	[$\bar{1}$12]	[$\bar{2}$11]	[$\bar{1}$10]	[$\bar{2}$11]
$[uvw]_{Mo}$	[010]	[011]	[001]	[$\bar{1}$10]	[$\bar{1}$11]	[001]	[$\bar{1}$10]	[$\bar{1}$11]	[101]
$d[uvw]_{ZrC}$/nm	0.47389	0.47389	0.32753	0.33509	0.33509	0.59457	0.58039	0.33509	0.58039
$d[uvw]_{Mo}$/nm	0.31715	0.44852	0.31715	0.45715	0.27820	0.31715	0.56316	0.32514	0.56316
θ/(°)	0	0	0	25.25	24.74	0	0	0	0
δ	13.87%			31.55%			2.97%		

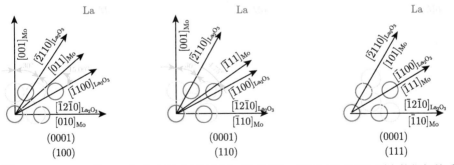

图 2-68 La$_2$O$_3$ (P-3m1) 在 (0001) 面与 Mo 的 (100)、(110) 和 (111) 面上的位相关系

如图 2-69 所示，体心立方结构第二相 La$_2$O$_3$ 与 Mo 在 (100)、(110) 和 (111) 面上的位相关系，计算结果如表 2-33，体心立方结构 La$_2$O$_3$(Im-3m)，其低指数晶

面 $(100)_{La_2O_3}//(100)_{Mo}$ 错配度是 28.83%，属于非共格界面，$(110)_{La_2O_3}//(110)_{Mo}$ 错配度是 16.15%，属于半共格界面，$(111)_{La_2O_3}//(111)_{Mo}$ 错配度是 10.64%，属于半共格界面。

表 2-32 La_2O_3 (P-3m1) 与 Mo 错配度计算值

项目	匹配界面								
	$(0001)_{La_2O_3}//(100)_{Mo}$			$(0001)_{La_2O_3}//(110)_{Mo}$			$(0001)_{La_2O_3}//(111)_{Mo}$		
$[uvw]_{La_2O_3}$	$[1\bar{2}\bar{1}0]$	$[\bar{1}100]$	$[\bar{2}110]$	$[1\bar{2}\bar{1}0]$	$[\bar{1}100]$	$[\bar{2}110]$	$[1\bar{2}\bar{1}0]$	$[\bar{1}100]$	$[\bar{2}110]$
$[uvw]_{Mo}$	$[010]$	$[011]$	$[001]$	$[\bar{1}10]$	$[\bar{1}11]$	$[001]$	$[\bar{1}10]$	$[\bar{1}11]$	$[101]$
$d[uvw]_{La_2O_3}$/nm	0.40023	0.69322	0.40023	0.40023	0.69322	0.40023	0.40023	0.69322	0.40023
$d[uvw]_{Mo}$/nm	0.31715	0.44852	0.31715	0.45715	0.27820	0.31715	0.56316	0.32514	0.56316
$\theta/(°)$	0	15	30	0	4.75	30	0	0	0
δ		29.88%			27.69%			39.09%	

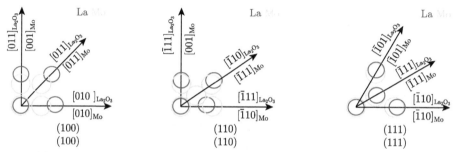

图 2-69 La_2O_3 (Im-3m) 与 Mo 的 (100)、(110) 和 (111) 面上的位相关系

表 2-33 La_2O_3 (Im-3m) 与 Mo 错配度计算值

项目	匹配界面								
	$(100)_{La_2O_3}//(100)_{Mo}$			$(110)_{La_2O_3}//(110)_{Mo}$			$(111)_{La_2O_3}//(111)_{Mo}$		
$[uvw]_{La_2O_3}$	$[010]$	$[011]$	$[001]$	$[\bar{1}11]$	$[\bar{1}10]$	$[\bar{1}11]$	$[\bar{1}10]$	$[\bar{1}11]$	$[101]$
$[uvw]_{Mo}$	$[010]$	$[011]$	$[001]$	$[\bar{1}10]$	$[\bar{1}11]$	$[001]$	$[\bar{1}10]$	$[\bar{1}11]$	$[101]$
$d[uvw]_{La_2O_3}$/nm	0.44563	0.63022	0.44563	0.38593	0.63346	0.38593	0.63022	0.36386	0.63022
$d[uvw]_{Mo}$/nm	0.31715	0.44852	0.31715	0.45715	0.55639	0.31715	0.56316	0.32514	0.56316
$\theta/(°)$	0	15	30	0	4.75	30	0	0	0
δ		28.83%			16.15%			10.64%	

如图 2-70 所示，第二相 TiO_2 与 Mo 在 (100)、(110) 和 (111) 面上的位相关系，计算结果如表 2-34 所示，TiO_2 在钼基体中，其低指数晶面 $(100)_{TiO_2}//(100)_{Mo}$ 错配度是 18.54%，属于半共格界面，$(110)_{TiO_2}//(110)_{Mo}$ 错配度是 20.18%，属于半共格界面，$(111)_{TiO_2}//(111)_{Mo}$ 错配度是 8.70%，属于半共格界面。

如图 2-71 所示，第二相 ZrO_2 与 Mo 在 (100)、(110) 和 (111) 面上的位相关系，计算结果如表 2-35 所示，ZrO_2 在 Mo 基体中，其低指数晶面 $(100)_{ZrO_2}//(100)_{Mo}$

错配度是 33.32%，属于非共格界面，$(110)_{ZrO_2}//(110)_{Mo}$ 错配度是 41.61%，属于非共格界面，$(111)_{ZrO_2}//(111)_{Mo}$ 错配度是 10.73%，属于半共格界面。

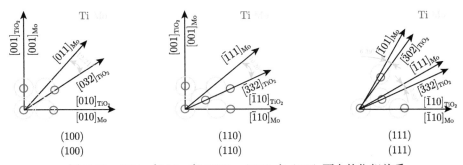

图 2-70　TiO₂ 与 Mo 在 (100)、(110) 和 (111) 面上的位相关系

表 2-34　TiO₂ 与 Mo 错配度计算值

项目	匹配界面								
	$(100)_{TiO_2}//(100)_{Mo}$			$(110)_{TiO_2}//(110)_{Mo}$			$(111)_{TiO_2}//(111)_{Mo}$		
$[uvw]_{TiO_2}$	[010]	[032]	[001]	[$\bar{1}$10]	[$\bar{3}$32]	[001]	[$\bar{1}$10]	[$\bar{3}$32]	[$\bar{3}$02]
$[uvw]_{Mo}$	[010]	[011]	[001]	[$\bar{1}$10]	[$\bar{1}$11]	[001]	[$\bar{1}$10]	[$\bar{1}$11]	[101]
$d[uvw]_{TiO_2}/nm$	0.44627	0.55223	0.29903	0.65658	0.36073	0.29903	0.65658	0.35965	0.54952
$d[uvw]_{Mo}/nm$	0.31715	0.44852	0.31715	0.45715	0.27820	0.31715	0.56316	0.32514	0.56316
$\theta/(°)$	0	0	0	0	10.26	0	0	5.89	6.69
δ	18.54%			20.18%			8.70%		

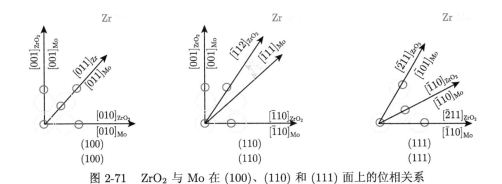

图 2-71　ZrO₂ 与 Mo 在 (100)、(110) 和 (111) 面上的位相关系

如图 2-72 所示，第二相 La₂Ti₂O₇/La₂Zr₂O₇ 与 Mo 在 (100)、(110) 和 (111) 面上的位相关系，计算结果如表 2-36 所示，La₂Ti₂O₇/La₂Zr₂O₇ 在 Mo 基体中，其低指数晶面 $(100)_{La_2Ti_2O_7/La_2Zr_2O_7}//(100)_{Mo}$ 错配度是 5.53%，属于半共格界面，$(110)_{La_2Ti_2O_7/La_2Zr_2O_7}//(110)_{Mo}$ 错配度是 4.40%，属于共格界面，$(111)_{La_2Ti_2O_7/La_2Zr_2O_7}//(111)_{Mo}$ 错配度是 14.40%，属于半共格界面。

表 2-35　ZrO$_2$ 与 Mo 错配度计算值

项目	匹配界面								
	$(100)_{TiO_2}//(100)_{Mo}$			$(110)_{TiO_2}//(110)_{Mo}$			$(111)_{TiO_2}//(111)_{Mo}$		
$[uvw]_{ZrO_2}$	[010]	[011]	[001]	[$\bar{1}$10]	[$\bar{1}$12]	[001]	[$\bar{2}$11]	[$\bar{1}$10]	[$\bar{2}$11]
$[uvw]_{Mo}$	[010]	[011]	[001]	[$\bar{1}$10]	[$\bar{1}$11]	[001]	[$\bar{1}$10]	[$\bar{1}$11]	[101]
$d[uvw]_{ZrO_2}$/nm	0.51435	0.36816	0.52689	0.36370	0.64023	0.52689	0.63127	0.36370	0.63127
$d[uvw]_{Mo}$/nm	0.31715	0.44852	0.31715	0.45715	0.27820	0.31715	0.56316	0.32514	0.56316
$\theta/(°)$	0	0	0	0	20.63	0	0	0	0
δ		33.32%			41.61%			10.73%	

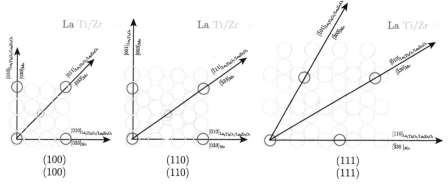

图 2-72　La$_2$Ti$_2$O$_7$/La$_2$Zr$_2$O$_7$ 与 Mo 在 (100)、(110) 和 (111) 面上的位相关系

如图 2-73 所示，第二相 Mo$_2$C(P-6m2) 与 Mo 在 (100)、(110) 和 (111) 面上的位相关系，计算结果如表 2-37 所示，Mo$_2$C(P-6m2) 相在 Mo 基体中，其低指数晶面 $(0001)_{Mo_2C(P-6m2)}//(100)_{Mo}$ 错配度是 19.58%，属于半共格界面，$(0001)_{Mo_2C(P-6_m2)}//(110)_{Mo}$ 错配度是 22.57%，属于半共格界面，$(0001)_{Mo_2C(P-6_m2)}$ $//(111)_{Mo}$ 错配度是 16.49%，属于半共格界面。

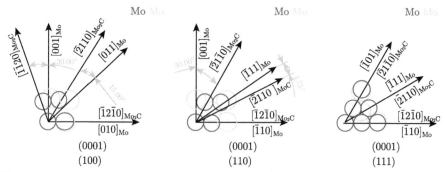

图 2-73　Mo$_2$C(P-6m2) 在 (0001) 面与 Mo 的 (100)、(110) 和 (111) 面上的位相关系

表 2-36　La₂Ti₂O₇/La₂Zr₂O₇ 与 Mo 错配度计算值

项目	(100)$_{La_2Ti_2O_7/La_2Zr_2O_7}$ //(100)$_{Mo}$		(110)$_{La_2Ti_2O_7/La_2Zr_2O_7}$ //(110)$_{Mo}$		//(110)$_{Mo}$	(111)$_{La_2Ti_2O_7/La_2Zr_2O_7}$ //(111)$_{Mo}$		
$[uvw]_{La_2Ti_2O_7}$ / $[uvw]_{Mo}$	[010] / [030]	[011] / [033]	[001] / [003]	[$\bar{1}$11] / [333]	[001] / [003]	[$\bar{1}$10] / [330]	[010] / [330]	[101] / [303]
$d[uvw]_{La_2Ti_2O_7}$/nm	1.0059	1.42765	1.42256	1.74227	1.0059	1.42256	2.46114	1.42256
$d[uvw]_{Mo}$/nm	0.95145	1.34555	1.37145	1.66917	0.95145	1.68948	2.60113	1.68948
θ/(°)	0	0	0	0	0	0	0	0
δ		5.53%		4.40%			14.40%	

匹配界面

表 2-37　Mo₂C(P-6m2) 与 Mo 错配度计算值

项目	匹配界面								
	$(0001)_{Mo_2C}//(100)_{Mo}$			$(0001)_{Mo_2C}//(110)_{Mo}$			$(0001)_{Mo_2C}//(111)_{Mo}$		
$[uvw]/Mo_2C$	$[\bar{1}2\bar{1}0]$	$[\bar{2}110]$	$[\bar{1}\bar{1}20]$	$[\bar{1}2\bar{1}0]$	$[\bar{2}110]$	$[2\bar{1}\bar{1}0]$	$[\bar{1}2\bar{1}0]$	$[\bar{2}110]$	$[\bar{2}1\bar{1}0]$
$[uvw]_{Mo}$	[010]	[011]	[001]	$[\bar{1}10]$	$[\bar{1}11]$	[001]	$[\bar{1}10]$	$[\bar{1}11]$	[101]
$d[uvw]_{Mo_2C}/nm$	0.2997	0.2997	0.2997	0.2997	0.5192	0.2997	0.5994	0.5192	0.5994
$d[uvw]_{Mo}/nm$	0.31715	0.44852	0.31715	0.45715	0.55639	0.31715	0.56316	0.32514	0.56316
$\theta/(°)$	0	15	30	0	4.75	30	0	0	0
δ	19.58%			22.57%			16.49%		

如图 2-74 所示, 第二相 MoC(Fm-3m) 与 Mo 在 (100)、(110) 和 (111) 面上的位相关系, 计算结果如表 2-38 所示, Mo₂C(Fm-3m) 相在 Mo 基体中, 其低指数晶面 $(100)_{Mo_2C(Fm-3m)}//(100)_{Mo}$ 错配度是 23.67%, 属于半共格界面, $(110)_{Mo_2C(Fm-3m)}//(110)_{Mo}$ 错配度是 22.85%, 属于半共格界面, $(111)_{Mo_2C(Fm-3m)}$ $//(111)_{Mo}$ 错配度是 14.81%, 属于半共格界面。

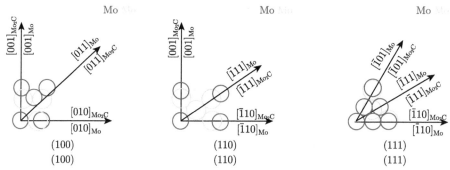

图 2-74　Mo₂C(Fm-3m) 与 Mo 在 (100)、(110) 和 (111) 面上的位相关系

表 2-38　Mo₂C(Fm-3m) 与 Mo 错配度计算值

项目	匹配界面								
	$(100)_{Mo_2C}//(100)_{Mo}$			$(110)_{Mo_2C}//(110)_{Mo}$			$(111)_{Mo_2C}//(111)_{Mo}$		
$[uvw]/Mo_2C$	[010]	[011]	[001]	$[\bar{1}10]$	$[\bar{1}11]$	[001]	$[\bar{1}10]$	$[\bar{1}11]$	[101]
$[uvw]_{Mo}$	[010]	[011]	[001]	$[\bar{1}10]$	$[\bar{1}11]$	[001]	$[\bar{1}10]$	$[\bar{1}11]$	[101]
$d[uvw]_{Mo_2C}/nm$	0.4155	0.5876	0.4155	0.58761	0.71967	0.4155	0.58761	0.50889	0.58761
$d[uvw]_{Mo}/nm$	0.31715	0.44852	0.31715	0.45715	0.55639	0.31715	0.56316	0.32514	0.56316
$\theta/(°)$	0	0	0	0	0	0	0	0	0
δ	23.67%			22.85%			14.81%		

如图 2-75 所示, 第二相 MoC(P-6m2) 与 Mo 在 (100)、(110) 和 (111) 面上的位相关系, 计算结果如表 2-39 所示, MoC(P-6m2) 相在 Mo 基体中, 其低指数晶面 $(0001)_{MoC(P-6m2)}//(100)_{Mo}$ 错配度是 21.29%, 属于半共格界面, $(0001)_{MoC(P-6m2)}$

//(110)$_{Mo}$ 错配度是 24.39%，属于半共格界面，(0001)$_{MoC(P-6m2)}$//(111)$_{Mo}$ 错配度是 13.78%，为半共格界面。

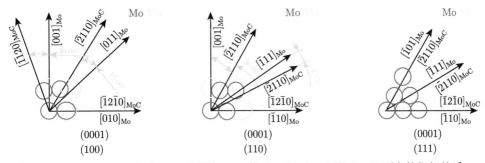

图 2-75　MoC(P-6m2) 在 (0001) 面与 Mo 的 (100)、(110) 和 (111) 面上的位相关系

表 2-39　MoC(P-6m2) 与 Mo 错配度计算值

项目	匹配界面								
	(0001)$_{MoC}$//(100)$_{Mo}$			(0001)$_{MoC}$//(110)$_{Mo}$			(0001)$_{MoC}$//(111)$_{Mo}$		
$[uvw]$/MoC	$[\bar{1}2\bar{1}0]$	$[\bar{2}110]$	$[\bar{1}1\bar{2}0]$	$[\bar{1}2\bar{1}0]$	$[\bar{2}110]$	$[2\bar{1}0]$	$[\bar{1}2\bar{1}0]$	$[\bar{2}110]$	$[2\bar{1}0]$
$[uvw]_{Mo}$	$[010]$	$[011]$	$[001]$	$[\bar{1}10]$	$[\bar{1}11]$	$[001]$	$[\bar{1}10]$	$[\bar{1}11]$	$[101]$
$d[uvw]_{MoC}$/nm	0.2903	0.2903	0.2903	0.2903	0.5028	0.2903	0.5806	0.5028	0.5806
$d[uvw]_{Mo}$/nm	0.31715	0.44852	0.31715	0.45715	0.55639	0.31715	0.56316	0.32514	0.56316
$\theta/(°)$	0	15	30	0	4.75	30	0	0	0
δ		21.29%			24.39%			13.78%	

如图 2-76 所示，第二相 MoC(Fm-3m) 与 Mo 在 (100)、(110) 和 (111) 面上的位相关系，计算结果如表 2-40 所示，MoC(Fm-3m) 相在 Mo 基体中，其低指数晶面 (100)$_{MoC(Fm-3m)}$//(100)$_{Mo}$ 错配度是 25.74%，属于非共格界面，(110)$_{MoC(Fm-3m)}$//(110)$_{Mo}$ 错配度是 24.97%，属于半共格界面，(111)$_{MoC(Fm-3m)}$//(111)$_{Mo}$ 错配度是 17.16%，属于半共格界面。

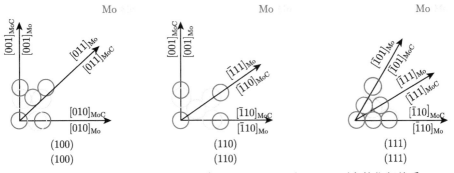

图 2-76　MoC(Fm-3m) 与 Mo 在 (100)、(110) 和 (111) 面上的位相关系

表 2-40　MoC(Fm-3m) 与 Mo 错配度计算值

项目	匹配界面								
	$(100)_{\mathrm{MoC}}//(100)_{\mathrm{Mo}}$			$(110)_{\mathrm{MoC}}//(110)_{\mathrm{Mo}}$			$(111)_{\mathrm{MoC}}//(111)_{\mathrm{Mo}}$		
$[uvw]/\mathrm{MoC}$	[010]	[011]	[001]	[$\bar{1}$10]	[$\bar{1}$11]	[001]	[$\bar{1}$10]	[$\bar{1}$11]	[101]
$[uvw]_{\mathrm{Mo}}$	[010]	[011]	[001]	[$\bar{1}$10]	[$\bar{1}$11]	[001]	[$\bar{1}$10]	[$\bar{1}$11]	[101]
$d[uvw]_{\mathrm{MoC}}/\mathrm{nm}$	0.4273	0.60338	0.4273	0.60429	0.73973	0.4273	0.60429	0.5223	0.60429
$d[uvw]_{\mathrm{Mo}}/\mathrm{nm}$	0.31715	0.44852	0.31715	0.45715	0.55639	0.31715	0.56316	0.32514	0.56316
$\theta/(°)$	0	0	0	0	0	0	0	0	0
δ		25.74%			24.97%			17.16%	

如图 2-77 所示，第二相 $ZrTiO_4$ 与 Mo 在 (100)、(110) 和 (111) 面上的位相关系，计算结果如表 2-41 所示，在 Mo 基体中，$ZrTiO_4$ 的低指数晶面 $(100)_{ZrTiO_4}//(100)_{\mathrm{Mo}}$ 错配度是 32.69%，属于非共格界面，$(110)_{ZrTiO_4}//(110)_{\mathrm{Mo}}$ 错配度是 34.14%，属于非共格界面，$(111)_{ZrTiO_4}//(111)_{\mathrm{Mo}}$ 错配度是 27.56%，属于非共格界面。

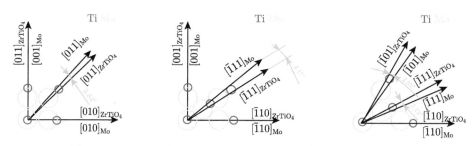

图 2-77　$ZrTiO_4$ 与 Mo 在 (100)、(110) 和 (111) 面上的位相关系

表 2-41　$ZrTiO_4$ 与 Mo 错配度计算值

项目	匹配界面								
	$(100)_{ZrTiO_4}//(100)_{\mathrm{Mo}}$			$(110)_{ZrTiO_4}//(110)_{\mathrm{Mo}}$			$(111)_{ZrTiO_4}//(111)_{\mathrm{Mo}}$		
$[uvw]/ZrTiO_4$	[010]	[011]	[001]	[$\bar{1}$10]	[$\bar{1}$11]	[001]	[$\bar{1}$10]	[$\bar{1}$11]	[101]
$[uvw]_{\mathrm{Mo}}$	[010]	[011]	[001]	[$\bar{1}$10]	[$\bar{1}$11]	[001]	[$\bar{1}$10]	[$\bar{1}$11]	[101]
$d[uvw]_{ZrTiO_4}/\mathrm{nm}$	0.50358	0.66884	0.44018	0.74479	0.86514	0.44018	0.74479	0.44470	0.81876
$d[uvw]_{\mathrm{Mo}}/\mathrm{nm}$	0.31715	0.44852	0.31715	0.45715	0.55639	0.31715	0.56316	0.32514	0.56316
$\theta/(°)$	0	3.84	0	0	4.17	0	0	3.13	2.95
δ		32.69%			34.14%			27.56%	

图 2-78 是 TiC、ZrC、TiO_2、ZrO_2、$La_2Ti_2O_7$、$La_2Zr_2O_7$、La_2O_3(P-3m1)、La_2O_3(Im-3m)、$ZrTiO_4$、Mo_2C(P63)、Mo_2C(Fm-3m)、MoC(P63)、MoC(Fm-3m) 第二相与基体的错配度，从图中可以看出，第二相 ZrO_2 与钼基体在 (110) 面上界面错配度最大，达到 41.64%，ZrC 与钼基体在 (111) 面上界面错配度最低为 2.97%。只有 ZrC 在 (111) 晶面、$La_2Ti_2O_7$ 和 $La_2Zr_2O_7$ 在 (100) 晶面与钼基体

存在共格关系。六方结构的 La_2O_3 和 $ZrTiO_4$ 与钼基体每个晶面均属于非共格关系。TiO_2 与 $Mo_2C(P63)$、$Mo_2C(Fm\text{-}3m)$、$MoC(P63)$、$MoC(Fm\text{-}3m)$ 在三个密排面上与钼基体均为半共格关系，TiC、ZrC、ZrO_2、$La_2O_3(Im\text{-}3m)$ 与基体既存在半共格，也存在共格界面。$La_2Ti_2O_7$ 和 $La_2Zr_2O_7$ 虽然和基体的错配度较低，但是和钼基体界面存在跨多原子错配，所以虽然错配度较低，但相与基体配合原子数量较少。总体来说，与立方结构的第二相界面中，(110) 面错配度最高，(111)面最低，(100) 居中，而在六方结构第二相中，(111) 面错配度最高，(110) 面最低，(100) 居中。

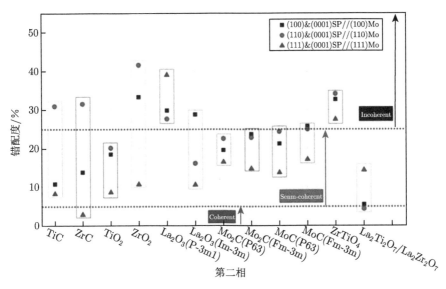

图 2-78　La-TZM 钼合金中第二相与钼基体的错配度

　　图 2-79 是 Mo- TiC-ZrC-La(NO$_3$)$_3$ 钼合金中第二相与钼基体的位相关系，从图中可以看出，合金中 TiO_2、$ZrTiO_4$、Mo_2C 和 $La_2Ti_2O_7$，TiO_2 和 $ZrTiO_4$ 存在相同的晶面，Mo_2C 与钼基体有相同的晶面 (图 2-79(a)~(c))，界面角度差较少，说明第二相与钼基体错配度较低，这与计算结果一致。

　　2) 晶格电子在钼基底与第二相之间的迁移率计算

　　材料虽然由原子核和电子组成，但本质上是电子起主要作用，电子的状态决定了材料的特性，因此，要解决材料科学中的许多问题，必须研究电子的运动状态和边界条件，不能用原子运动的经验规律来代替[179]。从电子结构的角度来看，结构材料的基础是大量的电子集团[180]。

　　1978 年余瑞璜院士基于价键理论和电子浓度理论发表了 "固体与分子经验电子理论"(EET)[181]，赵岩等通过改进 EET，结合 "改进 TFD 理论" 建立了合金相

　　界面电子结构的计算模型，并系统地计算了合金相界面的电子结构参数[182]。如表 2-42 所示为 Mo 原子的双态杂化参数表[183]。

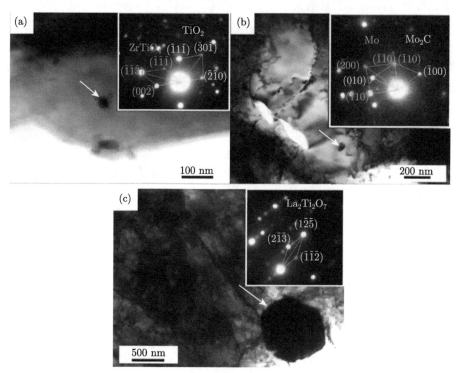

图 2-79　Mo-TiC-ZrC-La(NO$_3$)$_3$ 钼合金中第二相与钼基体的位相关系
(a) TiO$_2$&ZrTiO$_4$ 与钼基体；(b) Mo$_2$C 与钼基体；(c) La$_2$Ti$_2$O$_7$ 与钼基体

表 2-42　Mo 原子的双态杂化参数表 [183]

σ	1	2	3	4	5	6	7	8	9	10
C_t	0	0.1761	0.3807	0.4869	0.6272	0.7319	0.8288	0.882	0.9556	1
C_h	1	0.8239	0.6193	0.5131	0.3728	0.2681	0.1712	0.118	0.0445	0
n_i	6	5.6479	5.2386	5.0261	4.7456	4.5361	4.3425	4.2361	4.0889	4
n_c	4	4	4	4	4	4	4	4	4	4
n_l	2	1.6479	1.2386	1.0261	0.7456	0.5361	0.3425	0.2361	0.889	0
$R(l)$/Å	1.4007	1.3254	1.2378	1.1923	1.1323	1.0875	1.0461	1.0233	0.9918	0.9728

　　注：C_t 代表杂阶 t 态成分，C_h 代表杂阶 h 态成分，n_i 代表杂阶的晶格电子，n_c 代表杂阶的共价电子，n_l 代表杂阶的总电子数，$R(l)$ 代表单键半距。

　　通过计算基体和第二相的组成原子的价电子结构，如表 2-43 所示，其价电子数据主要包括半键距、电子密度，通过计算理论键距与实验键距的差值，若键距差满足 $|\Delta D_{na}^{u-v}| < 0.005\text{nm}$，则与实际情况一致。

共价电子数 n_c、晶格电子数 n_l 和单键半距 $R(l)$[184]，则电子密度 ρ 为

$$\rho = \frac{\sum\limits_i n_l}{V} \tag{2-15}$$

式中，i 表结构单元内各个原子，$\sum\limits_i n_l$ 为结构单元内全部原子的晶格电子总数，V 为该结构单元的体积，则电子密度差 $\Delta\rho$ 为

$$\Delta\rho = \left| \frac{2\left(\rho_n - \rho_s\right)}{\rho_n + \rho_s} \right| \tag{2-16}$$

式中，ρ_n 和 ρ_s 分别为基底和形核相的晶格电子密度。

钼合金与其第二相的电子密度和特征参量如表 2-43 所示，可见第二相与基体杂化密度以 $ZrTiO_4$ 最高，$La_2Ti_2O_7$ 和 $La_2Zr_2O_7$ 最低，MoC、Mo_2C 与钼基体的电子密度高于其他第二相。

表 2-43 计算所得基底和第二相的组成原子的价电子结构

基底或形核相	原子	杂阶	$R(l)$/nm	n_c	n_l
Mo	Mo	A8	0.14007	4.0000	2
TiC	Ti	B10	0.12373	3.3858	0.6142
	C	6	0.07630	4.0000	0
ZrC	Zr	B10	0.14039	3.3858	0.6142
	C	6	0.07630	4.0000	0
TiO_2	Ti	B10	0.12373	3.3858	0.6142
	O	3	0.07775	6.0000	0
ZrO_2	Zr	B10	0.14039	3.3858	0.6142
	O	3	0.07775	6.0000	0
La_2O_3	La	5	0.16212	2.2922	0.7078
	O	3	0.07775	6.0000	0
$ZrTiO_4$	Zr	B10	0.14039	3.3858	0.6142
	Ti	B10	0.12373	3.3858	0.6142
	O	3	0.07775	6.0000	0
MoC	Mo	A8	0.14007	4.0000	2
	C	6	0.07630	4.0000	0
Mo_2C	Mo	A8	0.14007	4.0000	2
	C	6	0.07630	4.0000	0
$La_2Ti_2O_7$/ $La_2Zr_2O_7$	La	5	0.16212	2.2922	0.7078
	Ti/Zr	B10	0.12373	3.3858	0.6142
	O	3	0.07775	6.0000	0

根据经验电子理论判据，相界面处电子密度 ρ 愈高，界面结合力愈强。可见，通过反应生成的金属间化合物的界面电子密度高，界面结合强度高。TiC、ZrC、

TiO_2、ZrO_2、La_2O_3(P-3m1)、La_2O_3(Im-3m) 的界面电子密度依次降低,结合力也依次降低,钼合金中 TiC、ZrC 与钼基体的结合力要大于 TiO_2、ZrO_2、La_2O_3(P-3m1)、La_2O_3(Im-3m)。

特征参量 $\Delta\rho$ 反映了第二相与钼基体界面的界面应力大小,从图 2-80 中可以看出,MoC、Mo_2C 与钼基体的界面应力最小,$ZrTiO_4$ 次之,界面结合应力最大为 $La_2Ti_2O_7$ 和 $La_2Zr_2O_7$。第二相 TiO_2、ZrO_2、La_2O_3(P-3m1)、La_2O_3(Im-3m) 与钼基体的界面应力值依次增大。此结果与界面电子密度数值上的趋势相反,但与反应的界面结合行为一致,因为相界面处的电子密度 $\Delta\rho$ 愈小,晶面上的电子密度连续性愈好,界面应力也愈小;反之,界面应力愈大,当应力大到一定值时,电子密度的连续性遭到破坏,将伴随新相的生成或在宏观上断裂。

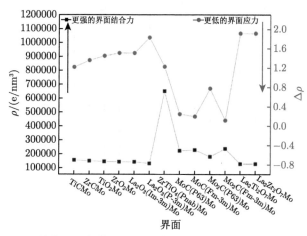

图 2-80　基底 Mo 与第二相的晶格电子密度 ρ 及其特征参量 $\Delta\rho$

界面电子密度计算结果与错配度计算具有一定的关系,具体表现在第二相与基体的界面错配度越低,其结合面电子密度越低,特征参量 $\Delta\rho$ 越高。错配度越高,其结合面电子密度越高,特征参量 $\Delta\rho$ 越低。这与传统的理论界面结合理论不一致。

首先,从计算的结果可以得到,$ZrTiO_4$ 第二相与基体的错配度最高,均为非共格关系,但 $ZrTiO_4$ 第二相与钼基体界面结合性能最优。其次是 $La_2Ti_2O_7$/$La_2Zr_2O_7$ 与钼基体的错配度最低,但界面结合效果最差的是 $La_2Ti_2O_7$ 和 $La_2Zr_2O_7$,$La_2Ti_2O_7$/ $La_2Zr_2O_7$ 与界面应力最大,界面在加工过程中连续性容易遭到破坏。

2.3.6.3　界面结合行为对合金的作用

1) 错配度对组织结构的影响

A. 错配度对合金晶粒尺寸的作用

图 2-81 是不同成分的钼合金晶粒尺寸,烧结坯料 Mo-La(NO_3)$_3$ 的晶粒尺寸

为 $(32.34 \pm 4.02)\mu m$, Mo-ZrC 的晶粒尺寸为 $(29.47 \pm 1.47)\mu m$, Mo-TiC 的晶粒尺寸为 $(28.90 \pm 0.40)\mu m$, Mo-ZrC-La(NO$_3$)$_3$ 的晶粒尺寸为 $(71.27 \pm 15.97)\mu m$, Mo-TiC-La(NO$_3$)$_3$ 的晶粒尺寸为 $(27.52 \pm 0.82)\mu m$, Mo-TiC-ZrC 的晶粒尺寸为 (26.74 ± 2.53) μm, (图 2-81)。Mo-TiC-ZrC-La(NO$_3$)$_3$ 的晶粒尺寸为 $(32.89 \pm 5.46)\mu m$, Mo-ZrC-La(NO$_3$)$_3$ 的晶粒尺寸最大, Mo-TiC-ZrC 的晶粒尺寸最小。

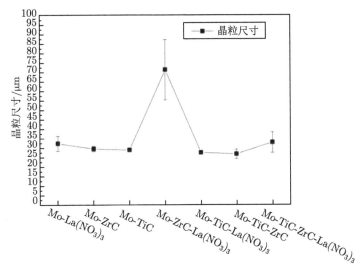

图 2-81　纳米 TiC/ZrC 掺杂 La-TZM 钼合金烧结坯料的晶粒尺寸

　　钼合金在烧结再结晶后的显微组织呈等轴状晶粒,以保持较低的界面能。再结晶完成后,随烧结温度的升高或保温时间的延长,钼合金显微组织中有新晶粒通过晶界的迁移而将相邻的其他新晶粒吞并掉,发生了形成更大尺寸的再结晶晶粒的过程。若以晶粒长大速率较均匀、长大时晶粒的形状和尺寸分布基本不变为特征,基体的某一小范围内只有很少几个晶粒发生快速异常长大的二次再结晶。

　　影响晶粒长大的因素包括温度、分散相粒子、杂质与微量合金元素、晶粒间的位相关系,第二相粒子阻碍晶界迁移,降低晶粒长大。在再结晶过程中,当某些因素 (细小杂质粒子、变形织构等) 阻碍正常晶粒正常长大时,一旦这种阻碍失效常会出现晶粒突然长大,而且长大比较多。

　　如果第二相粒子与基体是共格界面关系,一般来说,这些粒子的尺寸和间距都比非共格第二相粒子小,钉扎晶界的作用小于非共格粒子,在烧结再结晶过程中,由子界面共格,晶界在温度升高的情况下可以穿过第二相粒子,所以共格粒子对晶界的阻碍作用会突然失效,不会延缓再结晶晶粒的长大。

　　对于 Mo-ZrC-La(NO$_3$)$_3$ 合金,其合金体系中主要是在再结晶初期形成

$La_2Zr_2O_7$ 第二相，随着烧结温度的升高，合金中粗大的 $La_2Zr_2O_7$ 第二相与钼基体在 (110) 面上界面错配度最低为 4.40%，达到共格关系，其晶界易失稳，造成部分晶粒的异常长大，以致最后合金中的平均晶粒尺寸为 $(71.27\pm15.97)\mu m$ (图 2-81)。

在 Mo-La$(NO_3)_3$、Mo-ZrC、Mo-TiC、Mo-TiC-La$(NO_3)_3$、Mo-TiC-ZrC、Mo-TiC-ZrC-La$(NO_3)_3$ 合金中，存在两种情况，一种是纳米级尺寸并且与基体错配度非共格 (半共格或者非共格)，第二种是存在微纳不同尺寸的第二相，并且与基体错配度大于 5%，这两种情况下，晶粒为均匀尺寸的等轴晶，不会出现异常长大。

B. 错配度对力学性能 (硬度、抗拉强度、伸长率) 的作用

a. 对硬度的作用

经 95% 轧制塑性变形的钼合金在 950℃ 下退火时，钼合金的显微组织几乎没有变化，然而性能却有程度不同的改变 (如图 2-64 和图 2-65 所示)，由于热处理温度比较低，合金中原子或点缺陷 (见晶体缺陷) 只在微小的距离内发生迁移，而在显微组织中，晶粒仍保持冷变形后的形状，但电子显微镜显示其精细结构已有变化；由范性形变所造成的形变亚结构中，位错密度有所降低，同时，胞状组织逐渐消失，出现清晰的亚晶界和较完整的亚晶。亚结构的形成主要借助于点缺陷间彼此复合或抵销，点缺陷在位错或晶界处的湮没，位错偶极子湮没和位错攀移运动，使位错排列成稳定组态，如排列成位错墙而构成小角度亚晶界，此即所谓"多边形化"。

首先，不同成分的轧制态钼合金中，硬度从高到低分别是 Mo-TiC-ZrC-La$(NO_3)_3$ 合金，Mo-TiC 合金，Mo-TiC-ZrC 合金，Mo-TiC-La $(NO_3)_3$ 合金，Mo-ZrC 合金，Mo-La $(NO_3)_3$ 合金和 Mo-ZrC-La $(NO_3)_3$ 合金，合金变形过程中的强化主要是第二相粒子对动态再结晶的作用和对变形位错的作用，而不论是对再结晶还是变形的作用，最终是对晶界和位错的阻碍作用，不同的合金体系中由于第二相颗粒的不同，所产生的阻碍作用不同，在 Mo-TiC-ZrC-La$(NO_3)_3$ 合金中，存在 TiC, TiO_2, ZrC, ZrO_2, $ZrTiO_4$, MoC, Mo_2C, $La_2Ti_2O_7$, $La_2Zr_2O_7$ 等第二相，合金中微米级颗粒主要是 $La_2Ti_2O_7$ 和 $La_2Zr_2O_7$，而纳米级颗粒的第二相主要包括 TiC, TiO_2, ZrC, ZrO_2, $ZrTiO_4$, MoC, Mo_2C，在这些纳米尺寸的第二相 La_2O_3 未见有单独存在。由于 $La_2Zr_2O_7$ 的形成会消耗大量的 TiO_2, ZrO_2 和 La_2O_3，所以纳米第二相主要是 $ZrTiO_4$ 和 Mo_2C，从与基体的错配度计算结果来看，$ZrTiO_4$ 与钼基体为非共格关系，而 Mo_2C 与钼基体为半共格关系，此两种第二相具有显著的强化作用，而 $La_2Ti_2O_7$ 和 $La_2Zr_2O_7$ 相尺寸达到 2 μm 左右，其强化作用较微弱，因此 Mo-TiC-ZrC-La$(NO_3)_3$ 合金在合金体系中最高，而对于 Mo-ZrC-La$(NO_3)_3$ 合金，其合金体系中存在 ZrC, ZrO_2, La_2O_3, MoC, Mo_2C,

La$_2$Zr$_2$O$_7$ 等第二相，相类似的合金中主要为 La$_2$Zr$_2$O$_7$ 微米级颗粒相，对强度的提高作用微弱，而纳米级的颗粒相主要在 ZrC, MoC,Mo$_2$C 中，ZrO$_2$, La$_2$O$_3$ 存量较少，但 ZrC 与钼基体在 (111) 面上界面错配度最低为 2.97%，达到共格关系，其晶界与位错易通过，所以强化作用较弱。

通过去应力退火，合金体系中硬度降低最小的为 Mo-TiC-La(NO$_3$)$_3$ 合金，降低最大的为 Mo-La(NO$_3$)$_3$ 合金，在 Mo-TiC-La(NO$_3$)$_3$ 合金中，主要存在的第二相包括 TiC, TiO$_2$, La$_2$O$_3$, MoC, Mo$_2$C, La$_2$Ti$_2$O$_7$，其中 TiO$_2$, La$_2$O$_3$ 含量较少，而 TiC 与基体在 (111) 与 (100) 面和 (110) 为半共格和非共格界面，对位错的阻碍作用有效，强化作用显著。而对于 Mo-La(NO$_3$)$_3$ 合金，其强化相单一，主要是 La$_2$O$_3$, MoC, Mo$_2$C 相，La$_2$O$_3$ 与基体的错配度在 (111) 与 (110) 和 (110) 面为半共格和非共格界面，强化作用显著，但由于 La$_2$O$_3$ 在基体中存在量太少，所以对基体的强化作用反而不明显。

b. 对抗拉强度和伸长率的作用

对于钼合金体系，合金化的目的一方面要提高强度，但是强度的提高主要依靠纳米颗粒相，并且与基体错配度越大，强化效果越好。另一方面要提高塑性，而塑性的提高需要降低钼合金体系中的变形能。

由于位错绕过增强颗粒运动而产生的强化作用称为奥罗万强化。由奥罗万位错阻碍理论可知，两弥散质点的间距越小，位错绕过质点时的曲率半径越大，从而导致对位错移动阻力的增加，使材料表现为高的强度，这一强化效果在颗粒尺寸大于 1μm 时可以忽略不计。

颗粒在基体中轻微错配的析出会产生应力场，阻碍滑动位错的运动。对于位错通过内应力区域，施加的应力必须至少等于平均内应力，对于球形颗粒，这时有

$$\tau = 2\mu\varepsilon f \tag{2-17}$$

其中 μ 是剪切模量，ε 是颗粒的错配度，f 是沉淀相的体积分数，对于小的共格颗粒，流动应力有

$$\tau = 4.1\mu\varepsilon^{2/3}f^{1/2}(r/b)^{1/2} \tag{2-18}$$

对于大的错配颗粒，公式 (2-18) 方法比式 (2-17) 的简单算术平均更能预测强化作用 [185]

$$\tau = 0.7\mu f^{1/2}\left(\varepsilon b^3/r^3\right)^{1/4} \tag{2-19}$$

不论强化相颗粒大小，错配度与应力大小成正比，错配度大时，会对周围的基体产生更大的畸变应力，产生强化作用，错配度小时，相应的畸变应力小，强化作用也对应降低。这主要是对于固溶或者析出强化，对于变形过程中改变位错组态，以达到晶内和晶界应力的协调，需要尽量大的错配度来阻碍位错滑移，提

高强度。而对于韧性的提高，主要通过提高增强相界面的结合力和改变位错组态，降低杂质元素的含量来提高合金的塑性。

图 2-82 所示，当钼基体中由于基体变形，变形量大于屈服强度时，滑移启动，产生位错，当位错通过第二相颗粒时，所需的应力大小不同，当第二相颗粒与基体错配度小于 5% 时，达到共格关系，产生的位错在滑移过程中受到的阻力小，易通过 (如图 2-82 中 ZrC 颗粒所示)。但当第二相颗粒与基体的错配度大于 25%，达到非共格关系时，位错通过颗粒相需要更大的应力 (如图 2-82 中 La$_2$O$_3$ 颗粒所示)，进而基体形变困难，产生强化作用。

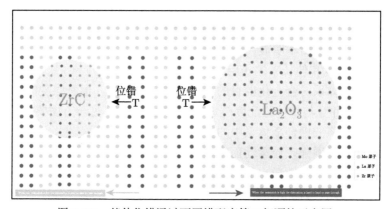

图 2-82　基体位错通过不同错配度第二相颗粒示意图

对于钼合金体系，共格关系可以在材料中发挥韧化效果，是一种非常有益无害的强韧化物质。低错配度共格界面结合小尺寸有效缓解了增强相颗粒周边微观弹性畸变，改善材料宏观均匀塑性变形能力。

Mo-La(NO$_3$)$_3$ 合金中主要的生成相是 La$_2$O$_3$，随着温度变化，La$_2$O$_3$ 具有两种晶体结构[20]。550℃ 以下呈体心立方结构，晶格常数 $a = 1.13$nm；550℃ 以上转变为六面体结构，晶格常数 $a = 0.393$nm，$c = 0.612$nm[186]。所以 Mo-La(NO$_3$)$_3$ 中 La$_2$O$_3$ (P-3m1) 冷却后呈体心立方结构 La$_2$O$_3$(Im-3m)，其低指数晶面 $(100)_{La_2O_3}//(100)_{Mo}$ 错配度是 28.83%，属于非共格界面，$(110)_{La_2O_3}//(110)_{Mo}$ 错配度是 16.15%，属于半共格界面，$(111)_{La_2O_3}//(111)_{Mo}$ 错配度是 10.64%，属于半共格界面。虽然第二相与基体的界面错配度比较高，但是其强度却不高，主要是 3.117wt%La(NO$_3$)$_3$ 在基体中反应时在基体中强化相颗粒剩余量较少，在相同成分下，第二相粒子尺寸 r 越小，数量 n 越多，其强化作用越大。因此 Mo-La(NO$_3$)$_3$ 合金的强化作用不明显。也有研究表明[165]，稀土氧化物的加入对旋锻态试样的抗拉强度并没有太大影响，因为加工本身对试样有很强的强化作用，使得稀土的作用并不明显，稀土对旋锻态试样的高温拉伸强度并无太大影响，而使伸长率有所提高。

Mo-ZrC 合金主要存在 ZrC 和生成 ZrO_2，添加 0.11wt%ZrC 后基体中的第二相颗粒明显多于 Mo-La(NO$_3$)$_3$ 合金，因此，强度相比于 Mo-La(NO$_3$)$_3$ 提高 14.50%，ZrO_2 在 Mo 基体中，其低指数晶面 $(100)_{ZrO_2}//(100)_{Mo}$ 错配度是 33.32%，属于非共格界面，$(110)_{ZrO_2}//(110)_{Mo}$ 错配度是 41.61%，属于非共格界面，$(111)_{ZrO_2}//(111)_{Mo}$ 错配度是 10.73%，属于半共格界面；ZrC 在 Mo 基体中，其低指数晶面 $(100)_{ZrC}//(100)_{Mo}$ 错配度是 13.87%，属于半共格界面，$(110)_{ZrC}//(110)_{Mo}$ 错配度是 31.55%，属于非共格界面，$(111)_{ZrC}//(111)_{Mo}$ 错配度是 2.97%，属于共格界面；ZrO_2 和 ZrC 与基体在最密排面上为半共格关系和共格关系，并且界面错配度能够达到最低 2.97%，塑性降低 12.92%。主要因为钼基体中没有微米颗粒阻碍位错，缺少载荷传递的载体。

Mo-TiC 合金主要存在 TiC 和生成 TiO_2，TiC 以片层状分布于钼基体，片层状数量多于 Mo-ZrC 合金，尺寸也大于 Mo-ZrC 合金，TiO_2 以棒状分布于基体中，通过两相的共同作用，强度相比于 Mo-ZrC 合金提高了 20.61%。在钼基体中，主要存在的是 TiC 相，如图 2-78 所示，其低指数晶面 $(100)_{TiC}//(100)_{Mo}$ 错配度是 10.82%，属于半共格界面，$(110)_{TiC}//(110)_{Mo}$ 错配度是 30.93%，属于非共格界面，$(111)_{TiC}//(111)_{Mo}$ 错配度是 8.32%，属于半共格界面；另外也有少量的 TiO_2 存在，其低指数晶面 $(100)_{TiO_2}//(100)_{Mo}$ 错配度是 18.54%，属于半共格界面，$(110)_{TiO_2}//(110)_{Mo}$ 错配度是 20.18%，属于半共格界面，$(111)_{TiO_2}//(111)_{Mo}$ 错配度是 8.70%，为半共格界面；TiO_2 和 TiC 与基体在最密排面上为半共格关系和共格关系，而基体中主要以 TiC 为主，错配度高于 ZrO_2，塑性降低 35.92%。与 Mo-ZrC 合金作用韧化一致。

Mo-ZrC-La(NO$_3$)$_3$ 合金主要生成 $La_2Zr_2O_7$，纳米 ZrC 和 ZrO_2 所生成的强化相在基体中分布极少，通过 $La_2Zr_2O_7$ 的作用，相比于 Mo-La(NO$_3$)$_3$ 合金强度提高了 1.83%，而相比于 Mo-ZrC 合金，其强度下降了 11.06%，主要说明了 ZrC 和 ZrO_2 强化相数量减少，与 La(NO$_3$)$_3$ 添加后形成 $La_2Zr_2O_7$ 有关，如图 2-78 所示，$La_2Zr_2O_7$ 在 Mo 基体中，其低指数晶面 $(0001)_{La_2Zr_2O_7}//(100)_{Mo}$ 错配度是 5.53%，属于半共格界面，$(0001)_{La_2Zr_2O_7}//(110)_{Mo}$ 错配度是 4.40%，属于共格界面，$(0001)_{La_2Zr_2O_7}//(111)_{Mo}$ 错配度是 14.40%，属于半共格界面；其强化作用较弱，而韧化作用较强。微量的 La_2O_3 在 Mo 基体中，其低指数晶面 $(0001)_{La_2O_3}//(100)_{Mo}$ 错配度是 29.88%，属于非共格界面，$(0001)_{La_2O_3}//(110)_{Mo}$ 错配度是 27.69%，属于非共格界面，$(0001)_{La_2O_3}//(111)_{Mo}$ 错配度是 39.09%，属于非共格界面；La_2O_3 与基体均为非共格关系，虽然错配度较大，但由于强化相数量较少，所以强化效果较弱。错配度的失配导致烧结过程中晶粒尺寸异常长大是导致合金强度降低的主要原因。

Mo-TiC-La(NO$_3$)$_3$ 合金主要是 TiC, TiO$_2$, La$_2$O$_3$ 以及生成相 La$_2$Ti$_2$O$_7$, 强化相数量较多, 并且分布均匀, 强化相既有片层状的 TiC, 棒状 TiO$_2$, 又有球状的 La$_2$Ti$_2$O$_7$, 抗拉强度相比于 Mo-TiC 合金提高 4.15%, 塑性提高 19.17%, 通过 La(NO$_3$)$_3$ 的添加, 强度和塑形同时提高, 而抗拉强度相比于 Mo-La(NO$_3$)$_3$ 合金提高 43.82%, 塑性下降 33.50%, 强度的提高大于塑性的下降幅度, 如图 2-78 所示, TiC 相和 TiO$_2$ 的低指数晶面 (100) $_{TiC}$//(100)$_{Mo}$ 错配度是 10.82%, 属于半共格界面, (110) $_{TiC}$// (110)$_{Mo}$ 错配度是 30.93%, 属于非共格界面, (111) $_{TiC}$//(111)$_{Mo}$ 错配度是 8.32%, 属于半共格界面; TiO$_2$ 的低指数晶面 (100)$_{TiO_2}$//(100)$_{Mo}$ 错配度是 18.54%, 属于半共格界面, (110) $_{TiO_2}$//(110)$_{Mo}$ 错配度是 20.18%, 属于半共格界面, (111) $_{TiO_2}$//(111)$_{Mo}$ 错配度是 8.70%, 属于半共格界面; TiO$_2$ 和 TiC 与基体在最密排面上为半共格关系和共格关系, 而 La$_2$Ti$_2$O$_7$ 在 Mo 基体中, 其低指数晶面 (0001) $_{La_2Ti_2O_7}$//(100)$_{Mo}$ 错配度是 5.53%, 属于半共格界面, (0001) $_{La_2Ti_2O_7}$//(110)$_{Mo}$ 错配度是 4.40%, 属于共格界面, (0001) $_{La_2Ti_2O_7}$//(111)$_{Mo}$ 错配度是 14.40%, 属于半共格界面; 因此 Mo-TiC-La(NO$_3$)$_3$ 合金主要是通过 TiC, TiO$_2$ 强化, 通过 La$_2$Ti$_2$O$_7$ 微米颗粒的载荷传递强韧化, 韧性低于 Mo-TiC 合金。

Mo-TiC-ZrC 合金主要是 TiC, TiO$_2$, ZrC, ZrO$_2$ 和 ZrTiO$_4$, 强化相细小均匀地存在于基体中, 抗拉强度相比于 Mo-TiC 合金提高 4.23%, 塑性提高 24.23%, 通过 ZrC 的添加, 强度和塑形同时提高, 而抗拉强度相比于 Mo-ZrC 合金提高 25.10%, 塑性下降 20.39%, 而通过 TiC 的添加, 强度的提高, 塑性大幅下降, Mo-TiC-ZrC 合金主要形成了 ZrTiO$_4$ 相, TiC, TiO$_2$, ZrC, ZrO$_2$ 相较少。如图 2-78 所示, ZrTiO$_4$ 的低指数晶面 (100) $_{ZrTiO_4}$//(100)$_{Mo}$ 错配度是 32.69%, 属于非共格界面, (110) $_{ZrTiO_4}$// (110)$_{Mo}$ 错配度是 34.14%, 属于非共格界面, (111) $_{ZrTiO_4}$//(111)$_{Mo}$ 错配度是 27.56%, 属于非共格界面; 强化作用显著, ZrC 在 Mo 基体中, 其低指数晶面 (100)$_{ZrC}$//(100)$_{Mo}$ 错配度是 13.87%, 属于半共格界面, (110)$_{ZrC}$//(110)$_{Mo}$ 错配度是 31.55%, 属于非共格界面, (111)$_{ZrC}$//(111)$_{Mo}$ 错配度是 2.97%, 属于共格界面; 韧化作用明显, 塑性也协同提高。

Mo-TiC-ZrC-La(NO$_3$)$_3$ 合金主要是 TiC, TiO$_2$, ZrC, ZrO$_2$, ZrTiO$_4$, La$_2$O$_3$, La$_2$Ti$_2$O$_7$, La$_2$Zr$_2$O$_7$, 抗拉强度相比于 Mo-TiC-ZrC 合金降低 6.31%, 塑性提高 15.43%, 通过 La(NO$_3$)$_3$ 的添加, 强度略微降低, 塑形明显提高, 抗拉强度相比于 Mo-TiC-La(NO$_3$)$_3$ 合金降低 26.24%, 塑性提高 20.33%, 通过 ZrC 的添加, 强度略微降低, 塑性提高量大于 La(NO$_3$)$_3$ 的添加, 而抗拉强度相比于 Mo-ZrC-La(NO$_3$)$_3$ 合金提高 32.42%, 塑性降低 12.67%, 通过 TiC 的添加, 强度显著提高, 塑性略有降低, 主要的生成相为 TiO$_2$, ZrTiO$_4$ 和 La$_2$Ti$_2$O$_7$。如

图 2-78 所示，在 Mo 基体中，$ZrTiO_4$ 的低指数晶面 $(100)_{ZrTiO_4}//(100)_{Mo}$ 错配度是 32.69%，属于非共格界面，$(110)_{ZrTiO_4}//(110)_{Mo}$ 错配度是 34.14%，属于非共格界面，$(111)_{ZrTiO_4}//(111)_{Mo}$ 错配度是 27.56%，属于非共格界面；强化作用显著，TiO_2 的低指数晶面 $(100)_{TiO_2}//(100)_{Mo}$ 错配度是 18.54%，属于半共格界面，$(110)_{TiO_2}//(110)_{Mo}$ 错配度是 20.18%，属于半共格界面，$(111)_{TiO_2}//(111)_{Mo}$ 错配度是 8.70%，属于半共格界面；其低指数晶面 $(0001)_{La_2Ti_2O_7}//(100)_{Mo}$ 错配度是 5.53%，属于半共格界面，$La_2Ti_2O_7$ 的低指数晶面 $(0001)_{La_2Ti_2O_7}//(110)_{Mo}$ 错配度是 4.40%，属于共格界面，$(0001)_{La_2Ti_2O_7}//(111)_{Mo}$ 错配度是 14.40%，属于半共格界面；因此韧化作用显著，综合而言，Mo-TiC-ZrC-La(NO$_3$)$_3$ 合金达到了强韧化协同作用。

2) 界面结合力对合金性能的影响

第二相与基体相界面的结合强度有助于提高合金的强度和韧性，界面结合强度的提高降低了合金在拉伸变形过程中从相结合界面产生裂纹的可能性。界面性质是影响复合材料内载荷传递、微区域应力分布、残余应力、变形断裂过程以及物理性能和力学性能的重要因素[187]。有时为了提高复合材料的强度和抗蠕变性能，需要一个较强的界面，有时为了提高复合材料的韧性，则希望存在一个较弱的界面，以利于更多地耗散断裂过程中的能量[188]。

La-TZM 钼合金中 $ZrTiO_4$ 第二相与基体结合力最强，$La_2Ti_2O_7/La_2Zr_2O_7$ 相最弱，所以基体中存在大量的 $La_2Ti_2O_7/La_2Zr_2O_7$ 相会导致合金强度的降低，塑性提高。例如 Mo-ZrC 合金 (1028.34 MPa) 中添加 La(NO$_3$)$_3$ 制备出的 Mo-ZrC-La(NO$_3$)$_3$ 合金 (914.61 MPa)，塑性 9.08%，合金强度降低了 113.7 MPa。主要是合金中形成的 $La_2Zr_2O_7$ 相，与界面结合力较弱，易断裂，所以导致强度降低，但合金中弱界面耗散了断裂过程的能量，塑性提高。Mo-TiC-La(NO$_3$)$_3$ 合金中生成的 La_2O_3 较少，合金中不但形成了少量的 $La_2Ti_2O_7$ 相，合金的塑性 6.59%，还存在 TiC 和 TiO_2 相，TiC 和 TiO_2 纳米第二相与基体具有较强的结合力，所以合金的强度提高。

Mo-La(NO$_3$)$_3$ 合金中，La_2O_3 相与基体的结合力较弱，合金的强度最低，但塑性最高。而 Mo-TiC 合金中 TiC 和 TiO_2 相结合强度均大于 La_2O_3 相，Mo-ZrC 合金中 ZrC 和 ZrO_2 相结合强度均大于 La_2O_3 相，所以 Mo-TiC 合金和 Mo-ZrC 合金的强度大于 Mo-La(NO$_3$)$_3$ 合金，塑性也有所降低。而 Mo-TiC-ZrC 合金中，由于形成了 $ZrTiO_4$ 相，合金的强度相对于 Mo-ZrC 合金和 Mo-TiC 合金分别提高了 264.31 MPa 和 52.42 MPa。ZrC 和 TiC 与钼基体的弱界面结合强度使 Mo-La(NO$_3$)$_3$ 合金相对于 Mo-TiC 合金，有效提高了 Mo-La(NO$_3$)$_3$ 合金的塑性。

2.3.6.4 La-TZM 钼合金多相协同作用强韧化机理

1) 不同第二相在 La-TZM 钼合金中的弥散强韧化作用

钼合金变形过程中，当变形量达到一定程度时，晶内滑移开始发挥作用，晶内位错开始随机、离散地出现，但尚未形成完整的位错线或位错环。随着变形进一步进行，单个离散位错出现搭接，甚至出现位错环，位错周围的第二相微粒开始发挥阻碍位错运动、改变位错运动轨迹、改善位错组态的作用，此时掺杂物质才真正开始发挥对钼合金的强韧化作用。当晶内位错滑移到晶界时，无论是否转滑移到相邻晶粒，都会在晶界处出现明显的位错台阶。

当变形量达到较大程度时，位错数量不断增大，且在晶内和晶界分布不均，越接近晶界，位错密度越大，在晶界处形成非常多的位错台阶，晶界宽度因此而不断变大。在钼金属的变形过程中，无论纳米第二相微粒的数量多少，都只能在一定程度上改善位错滑移轨迹，减缓位错塞集速度，局部改善材料的力学性能，而不可能完全阻碍位错向晶界的塞集。但是大的颗粒能够使位错塞积，改变位错的组态。

当变形量达到非常大的程度时，如果没有第二相微粒的组织改善作用，这些塞集在一起的位错将引起应力集中或形成微裂纹，逐步导致材料失效。正是由于第二相微粒的钉扎作用，使晶内和晶界处的位错密度逐步接近，界内力学性能和晶界力学性能趋于一致，材料才可以宏观表现出优异的整体力学性能。第二相微粒可以改善钼金属的力学性能，但其改善效果有限，绝不可能彻底改变钼金属变形的基本规律，经过合金物质掺杂的钼金属依然属于典型的脆性金属。

如图 2-83(b) 所示，当基体中的第二相粒子硬度不太高，尺寸较小且可变形时，运动的位错与其相遇时将切过粒子，与基体一起变形。如图 2-84(g) 所示。在 La-TZM 钼合金中位错切过了较小的 La_2O_3 颗粒，由于位错切过第二相粒子产生新的表面，将额外做功，消耗能量，因而强化了材料。分析显示，第二相氧化镧颗粒可以使合金中位错钉扎、缠结形成亚晶，也可以阻碍位错的运动，使位错形成位错环增殖。

图 2-84 是 La-TZM 钼合金板材 TEM 照片。如图 2-84(a) 所示，在掺镧 TZM 钼合金中均匀地存在 La_2O_3 第二相颗粒。如图 2-84(b) 和 (g) 所示，$La_2Ti_2O_7$ 颗粒在钼基体中尺寸约 1.5μm (图 2-84(b))，而 La_2O_3、TiC、ZrC 等小颗粒只有 0.1μm 左右，并且第二相颗粒既存在于晶界，又存于晶内 (图 2-84(g))。

如图 2-84(d) 所示，合金中的第二相氧化镧颗粒使位错大量钉扎和缠结，形成亚晶粒。位错遇到第二相颗粒的阻碍，会产生两种机制，如图 2-83(a) 和 (b) 所示，分别是奥罗万绕过机制示意图和切过机制示意图。如图 2-83(a) 所示，当位错移动过程中遇到第二相颗粒的阻碍时，若遇到的第二相颗粒硬度较高，位错会绕过颗粒继续移动，在第二相颗粒上形成位错环，使位错产生增殖。如图 2-84(e) 和 (f) 所示，掺镧钼合金中的位错绕过第二相氧化镧颗粒，形成位错环，产生增殖。

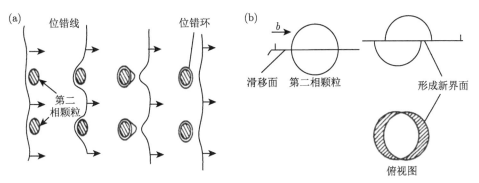

图 2-83 位错与第二相颗粒作用机制示意图

(a) 绕过第二相颗粒的位错；(b) 位错切割第二相

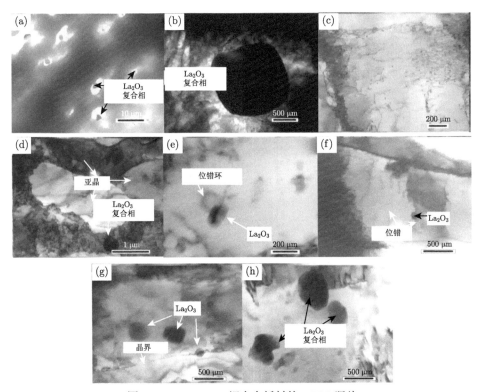

图 2-84 La-TZM 钼合金板材的 TEM 照片

2) La-TZM 钼合金中的强韧化机理

与其他 6 种合金相比较，Mo-TiC-ZrC-La(NO$_3$)$_3$ 综合性能最优为：抗拉强度 1211.13 MPa，伸长率 7.93%，强塑性最高达到 9604.26 MPa%。可见，合金中的第二相颗粒不但发挥了强化作用，而且对塑性有一定范围的提高。表现在不同尺度的强化相和不同错配度强化相作用，La-TZM 钼合金制备经历了烧结，热轧-温轧-冷轧过程，在合金烧结过程中，基体中出现了不同尺度的颗粒相，微米颗粒相和纳米颗粒相在再结晶温度之前存在于晶界处 (图 2-85(a))，在高于再结晶温度之后，随着晶界的迁移，大部分微米和纳米相颗粒进入晶内 (图 2-85(b))，热轧变形过程中，随着晶粒的破碎机拉伸变形，纳米和微米强化相部分位于晶界，部分仍然位于晶内 (图 2-85)，通过最后冷轧变形，位错大量产生并强化相颗粒产生相互作用，主要表现在位错通过不同错配度的纳米相颗粒和微米相颗粒，当位错遇到错配度较低的纳米相颗粒时，通过位错滑移可在较低应力作用下通过颗粒相，而当位错通过错配度较高的颗粒相时，需要更大的应力作用才能通过，相对而言，错配度大时，第二相的强化作用明显，因此，对基体起强化作用的主要是纳米颗粒相，并且错配度越高，强化作用越高 (图 2-85(c))。但是，当位错遇到微米相颗粒时，由于颗粒本身是多晶体，晶粒排列复杂，位错不能通过，所以大量位错开始在微米相处堆积，如此，晶界处的应力集中减弱，有利用晶体的变形，这种微米相颗粒有效地降低了位错的分布组态，进而提高了材料的塑性。但微米相颗粒对材料的强度提高作用微弱 (图 2-85(c))。

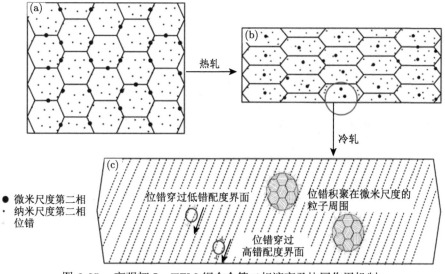

图 2-85　高强韧 La-TZM 钼合金第二相演变及协同作用机制

由于 La-TZM 钼合金中的微米相为 $La_2Ti_2O_7$, 其与钼基体属于低错配度共格关系, 小尺寸的微米颗粒相能够堆积少量的位错, 但未导致裂纹过早的形成, 改变了位错的组态, 但界面结合力较弱, 有利于更多地耗散断裂过程中的能量, 所以少量 $La_2Ti_2O_7$ 微米相颗粒的均匀分布有助于合金的塑性提升, 综合合金中大量纳米相颗粒, TiC、La_2O_3、TiO_2 等产生奥罗万强化和共格 ZrC 的位错切过强化, 所以, La-TZM 钼合金不但具有高强度, 而且兼具高塑性。

2.3.7　小结

本文研究了 La-TZM 钼合金体系中, 第二相的形成机制, 多元多相 La-TZM 钼合金的断裂及第二相调控, 调控的 $Mo-C_6H_{12}O_6-TiC-ZrC-La(NO_3)_3$ 合金体系中第二相对合金组织和性能的影响, 通过计算第二相与基体的错配度以及界面结合强度, 对 $Mo-C_6H_{12}O_6-TiC-ZrC-La(NO_3)_3$ 合金的界面结合行为与强韧化机理进行了深入的讨论。得出的主要结论如下。

(1) 热力学计算为第二相的反应的可能性和先后顺序提供判据。La-TZM 钼合金中, 整个反应过程包括以下四个阶段。在第一阶段 (0~675.96℃): TiH_2、ZrH_2 与氧气反应生成 TiO_2 和 ZrO_2。果糖 ($C_6H_{12}O_6$) 逐渐分解生成碳分子水平, 然后碳与氧、Mo、TiH_2 和 ZrH_2 反应生成 CO_2、MoC、ZrC、TiC 和 H_2。同时, $La(NO_3)_3 \cdot 6H_2O$ 分解为 La_2O_3、NO 和 NO_2。在第二阶段 (680~960℃): TiH_2 和 ZrH_2 分解生成的 Ti, Zr 和 H_2。在第三阶段 (≥1200℃): Ti 和 Zr 与固溶的氧反应生成 $ZrTiO_4$。在第四阶段 (≥1350℃): La_2O_3、TiO_2 和 ZrO_2 复合氧化反应生成粗大微米 $La_2Ti_2O_7$ 相和 $La_2Zr_2O_7$ 相。La-TZM 钼合金的第二相为 TiO_2、ZrO_2、ZrC、TiC、MoC、$ZrTiO_4$、La_2O_3、Ti/Zr 固溶相和 $La_2Ti_2O_7/La_2Zr_2O_7$ 相。

(2) La-TZM 在变形过程中, 热轧-温轧-冷轧过程中, 伴随着晶粒破碎, 拉长, 晶粒继续细化, 以及粗大的第二相在温轧过程中破碎, 第二相尺寸减小。La-TZM 钼合金断裂是由于合金中存在粗大的 $La_2Ti_2O_7$ 和 $La_2Zr_2O_7$ 相, 粗大的微米颗粒相在加工过程中破裂, 破裂空洞相互贯穿形成微裂纹, 微裂纹在进一步变形过程中扩展导致断裂。

(3) La-TZM 钼合金通过 C 元素 (CNT, Fructose, Graphite)、Ti、Zr ($Ti(SO_4)_2$、$Zr(NO_3)_4$)、Ti、Zr (纳米 TiC、纳米 ZrC) 不同掺杂方式制备新的 La-TZM 钼合金, 五种合金化方式中, $Mo-CNT-TiH_2-ZrH_2-La(NO_3)_3$ 合金屈服强度最低为 (1018.33 ± 23.34)MPa, 而 $Mo-C_6H_{12}O_6-TiC-ZrC-La(NO_3)_3$ 合金屈服强度最高为 (1293.42 ± 14.68)MPa, 通过合金化方式降低合金中微米相的体积分数是屈服强度增大的主因。

(4) 单元系合金 $Mo-La(NO_3)_3$, Mo-ZrC, Mo-TiC 与复合二元系 $Mo-ZrC-La(NO_3)_3$ 合金, $Mo-TiC-La(NO_3)_3$ 合金, Mo-TiC-ZrC 合金的强度依次升高, Mo-

TiC-ZrC 合金具有 (409.23 ± 17.72)HV 的硬度，抗拉强度 1292.65 MPa，伸长率 6.87%，综合性能最优。

(5) Mo-$C_6H_{12}O_6$-TiC-ZrC-La$(NO_3)_3$ 合金体系中，通过计算 TiC，ZrC，TiO_2，ZrO_2，La_2O_3(P-3m1)，La_2O_3(Im-3m)，$ZrTiO_4$，MoC(Fm-3m)，Mo_2C(Fm-3m)，MoC(P-6m2)，Mo_2C(P63)，$La_2Ti_2O_7$/$La_2Zr_2O_7$ 第二相与基体的错配度，第二相与基体的主要结合方式为半共格结合，其中，ZrC 第二相与 Mo 基体，$(111)_{ZrC}$//$(111)_{Mo}$ 的错配度最低为 2.97%，属于共格界面，La_2O_3(P-3m1) 第二相与 Mo 基体，$(0001)_{La_2O_3}$//$(111)_{Mo}$ 的错配度最高为 39.09%，属于非共格界面；Mo_2C(Fm-3m)，Mo_2C(P-6m2)，MoC(Fm-3m) 和 TiO_2 与基体在三个密排面的结合均为半共格界面。界面结合错配度越大，阻碍位错运动作用越显著，因此，Mo-$C_6H_{12}O_6$-TiC-ZrC-La$(NO_3)_3$ 合金中第二相的强化效果依次为：La_2O_3(P-3m1) > $ZrTiO_4$ > MoC(Fm-3m) > Mo_2C(Fm-3m) > MoC(P-6m2) > Mo_2C(P63) > ZrO_2 > La_2O_3(Im-3m) > TiC > ZrC > TiO_2 > $La_2Ti_2O_7$/$La_2Zr_2O_7$。

(6) 根据固体电子理论计算可得 Mo-$C_6H_{12}O_6$-TiC-ZrC-La$(NO_3)_3$ 合金体系中，$ZrTiO_4$ 与钼基体相界面处电子密度 ρ 最高，界面结合力最强，其次是 MoC 和 Mo_2C，结合强度最低为 $La_2Ti_2O_7$/$La_2Zr_2O_7$。MoC 和 Mo_2C 与钼基体在界面上电子密度连续性好，界面应力小，$La_2Ti_2O_7$/$La_2Zr_2O_7$ 与界面应力最大，界面在加工过程中连续性遭到破坏。导致破裂。

(7) Mo-$C_6H_{12}O_6$-TiC-ZrC-La$(NO_3)_3$ 合金在轧制过程中，与基体错配度半共格或者非共格的 La_2O_3、TiC 等纳米第二相产生奥罗万强化，与基体共格的 ZrC 相产生位错切过强化，多种纳米相颗粒使位错钉扎导致位错增殖和缠结，产生亚晶粒，微米 $La_2Ti_2O_7$/ $La_2Zr_2O_7$ 相颗粒使位错堆积，改变了位错组态。

(8) 高强韧 Mo-$C_6H_{12}O_6$-TiC-ZrC-La$(NO_3)_3$ 合金通过微米颗粒相对位错组态的改变提高材料的塑性，但对材料的强度提高微弱，强度的提高主要依靠纳米相颗粒，并且错配度越高，强化作用越明显。微米-纳米双尺度强化相共存是强韧化的有效手段。

第 3 章　La-TZM 钼合金的低氧性和抗氧化性能

3.1　TZM 钼合金的高致密低氧性研究

3.1.1　不同球磨时间及球磨介质对合金粉末颗粒形貌的影响

分别对真空干磨、无水乙醇 + 聚乙二醇 ($CH_3CH_2OH+PEG$) 电解质分散剂湿磨后的粉末颗粒形貌进行研究，考察不同球磨介质对于球磨后粉末颗粒的影响。调整球磨时间，考察经过 3h、6h、9h、12h 球磨后，合金粉末颗粒形貌的变化。真空干磨不同球磨时间后的粉末颗粒形貌，如图 3-1 所示。

图 3-1　不同球磨时间的真空干磨后合金粉末颗粒形貌
(a) 未球磨；(b) 3h；(c) 6h；(d) 9h；(e) 12h

从图 3-1 可以看出，经过不同时间真空干磨后，合金粉末与未球磨钼粉相比，颗粒形貌发生了较大变化。未球磨钼粉颗粒呈类球状，且颗粒表面均匀平滑；但粉末粒度分布大小不均，较小的颗粒粒径不足 0.1μm，大颗粒粒径超过5μm。经球磨的合金粉末，粉体反复发生变形、破碎、叠合、冷焊，最终失去原有的形貌特征而呈片层状。随着球磨时间的增加，粉末颗粒与研磨球撞击和摩擦的次数增大，粉末颗粒经过多次变形后，内部产生大量微裂纹，微裂纹进一步萌生，颗粒开始破碎，颗粒由最初的球状变形为片层状，单个片层状颗粒进一步破碎成几个部分。破碎后的各部分随着撞击和摩擦的持续作用，在进一步发生破碎的同时，位置也发生了迁移，一部分破碎的颗粒与原始颗粒主体分离开来，成为单个颗粒，促使颗粒细化。另外一部分破碎的颗粒互相重叠在一起，再经过与研磨球的撞击和摩擦作用，冷焊在一起，形成了相互交错的多层状。晶粒内部发生的严重的晶格畸变引起大量位错和空位等缺陷增生。这些细化的颗粒和内部大量的缺陷在固相烧结过程中相互作用，有助于提高合金的致密化程度。

真空干磨过程中，颗粒的表面能逐渐增大，表面活性较高，极易发生团聚现象。并且粉末颗粒表面极易发生氧化，从而会增加 TZM 钼合金的氧含量。在球磨过程中，加入表面张力较小的有机溶剂不但可以起到较好的分散作用，降低粉末团聚现象，而且有机溶剂包覆在颗粒表面可以防止环境介质中的氧将具有较高表面能的颗粒氧化。图 3-2 分别为采用真空干磨和加入无水乙醇 + 聚乙二醇电解质分散剂有机溶剂湿磨 9h 后的粉末颗粒形貌。

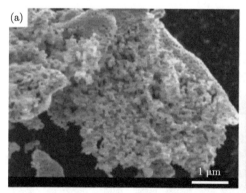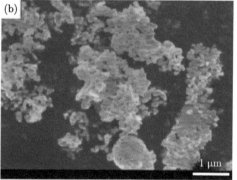

图 3-2　不同球磨介质 9h 球磨后颗粒形貌
(a) 干磨；(b) CH_3CH_2OH+PEG

由图 3-2 可以看出，图 3-2(a) 中粉末颗粒团聚现象较之图 3-2(b) 中的粉末颗粒更为显著。并且加入聚乙二醇电解质分散剂球磨后的合金粉末与真空干磨的合金粉末颗粒相比较，颗粒间叠合、冷焊现象得到有效改善。

3.1.2　颗粒级配对 TZM 钼合金致密化程度及氧含量的影响

采用筛析法测试经球磨的合金粉末粒度组成。将一定重量的合金粉末置于筛孔尺寸大小依次递减的一套标准筛内 (100~600 目)，筛动一定时间后，合金粉末按颗粒大小，分别留在 100~400 目标准筛内，而在 500 目和 600 目标准筛内，没有合金粉末存在。由此分析，合金粉末最小粒度大于 27μm(400 目)，最大粒度大于 74μm(100 目)。根据上述分析结果，本研究按粒度由大到小，设计了四个粒度区间，分别为:27~37μm，38~48μm，49~74μm，>74μm。基于堆积体系的颗粒级配优化模型，计算 TZM 钼合金紧密堆积颗粒级配配比。

Besson 等 [74] 提出了一种基于连续尺寸分布颗粒的堆积理论-Andreasen 方程，该方程需要无限小尺寸颗粒。而后，Dinger 和 Funk 在连续尺寸分布颗粒堆积理论的基础上，通过在分布中引入有限小颗粒尺寸，建立了 Dinger-Funk 模型。本研究在计算 TZM 钼合金紧密堆积颗粒级配配比时，所采用的颗粒级配优化模型即为 Dinger-Funk 模型。

假定当 $D = D_S$ 时，

$$\frac{\text{CPFT}}{100} = 0 \tag{3-1}$$

当 $D = D_L$ 时，

$$\frac{\text{CPFT}}{100} = 1 \tag{3-2}$$

则

$$\frac{\text{CPFT}}{100} = \frac{\left(\dfrac{D}{D_L}\right)^n - \left(\dfrac{D_S}{D_L}\right)^n}{\left(\dfrac{D_L}{D_L}\right)^n - \left(\dfrac{D_S}{D_L}\right)^n} \tag{3-3}$$

$$\frac{\text{CPFT}}{100} = \frac{D^n - D_S^n}{D_L^n - D_S^n} \tag{3-4}$$

式中 CPFT：小于某尺寸的累积体积百分数，%；D：各分级特征颗粒尺寸，μm；D_S：最小颗粒尺寸，μm；D_L：最大颗粒尺寸，μm；n：分布模数；

本研究以经过球磨的合金粉末为对象，取 $D_L = 74$μm，$D_S = 27$μm，按 4 级即 27~37μm，38~48μm，49~74μm，>74μm 作为粒度配料。各级特征颗粒尺寸分别取 66μm，48μm，37μm 和 32μm。根据连续尺寸分布颗粒的堆积理论，n 的取值在 0.33~0.55 范围内，实际分布的孔隙率最小。在本研究中，n 分别取 0.33，0.37，0.41，0.45，0.49，0.53 和 0.57。计算中假设条件为：材料是同种原料，材料密度在球磨前后基本不变，材料的质量分数和体积分数均相同。

利用 Dinger-Funk 方程 (式 (3-4))，计算 TZM 钼合金粉末紧密堆积颗粒级配理论配比。计算结果如表 3-1 所示。不同 n 值对体系粒度组成的理论计算结果如图 3-3 所示。

表 3-1　不同分布模数时根据模型计算颗粒区间的理论配比 (φ_s/%)

$D_n \sim D_{n-1}$/μm	n						
	0.33	0.37	0.41	0.45	0.49	0.53	0.57
>74	9.05	9.21	9.35	9.50	9.66	9.81	9.89
49~74	38.60	38.94	39.28	39.61	39.94	40.27	40.44
38~48	25.21	25.12	25.03	24.94	24.85	24.75	24.70
27~37	27.69	26.67	26.27	25.88	25.49	25.10	24.93

图 3-3 是分布模数 n 在 0.33~0.57 取不同值时的粒度组成计算结果。

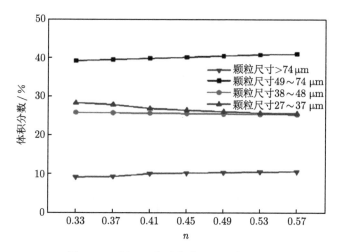

图 3-3　不同 n 值时粒度组成计算结果

结合表 3-1 和图 3-3 可以看出，颗粒范围在 49~74μm 以及 >74μm 的大颗粒的体积分数随着 n 值的增大而增大，当 n 值为 0.33 时，49~74μm 的颗粒体积分数为 38.60%，当 n 值增大到 0.57 时，体积分数增大至 40.44%，体积分数增幅在 2% 左右。当 n 值为 0.33 时，>74μm 的颗粒体积分数为 9.05%，n 值增大到 0.57 时，体积分数则增大至 9.89%。颗粒范围在 38~48μm 的中颗粒，随着 n 值增大，体积分数在 25% 上下变化，其体积分数变化幅度不大。颗粒范围在 27~37μm 的颗粒体积分数则随着 n 值增大而减小。当 n 值为 0.33 时，体积分数为 27.69%，当 n 值增大到 0.57 时，体积分数减小至 24.93，体积分数减小约 3%。随着 n 值的变化，堆积体系内，各颗粒范围内的颗粒所占体积分数变化幅度均不大，变化幅度为 2%~3%，27~37μm 的颗粒体积分数变化幅度小于 1%。颗粒范围在 49~74μm 及 >74μm 的大颗粒所占体积分数之和约为 50%，颗粒范围在 38~48μm 的中颗粒和 27~37μm 的小颗粒所占体积分数之和也在 50% 左右。由此推断，大颗粒在合金内部均匀分布，其体积约占整个合金体积的 50%，而中颗粒和小颗粒则是根据"钻空隙"理论，分布在相邻大颗粒之间的空隙中，降低了合金的孔隙率。从而，使合金内部组织更加致密化，增大了合金的相对密度。

按上述不同 n 值计算得到的合金粉末颗粒级配配比，制备出对应不同 n 值的 TZM 钼合金。采用阿基米德原理测试不同 TZM 钼合金的实测密度，并计算实测密度与合金理论密度的比值，从而得出合金相对密度。相对密度用于评价合金的致密化程度。然后，采用 TC306R 氧分析仪，对上述 TZM 钼合金进行氧含量测试。测试结果如表 3-2 所示。相对密度及氧含量测试结果如图 3-4 和图 3-5 所示。

表 3-2　按不同 n 值计算颗粒级配配比制备的 TZM 钼合金相对密度及氧含量

结果	n						
	0.33	0.37	0.41	0.45	0.49	0.53	0.57
相对密度/%	90.25	90.87	90.41	89.94	89.60	89.04	88.33
氧含量/ppm	138	129	132	147	149	161	165

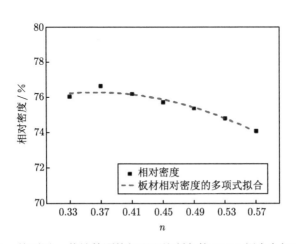

图 3-4　按不同 n 值计算颗粒级配配比制备的 TZM 钼合金相对密度

由图 3-4 可知，当分布模数 n 取值在 0.37 附近时，合金的相对密度达到最大值，此时，体系达到最紧密堆积，连续分布的颗粒堆积密度最大。合金内部致密化程度最高。此时，合金的孔隙率最低。

由图 3-5 可知，当 n 取值在 0.37 附近时，合金氧含量达到最小值。TZM 钼合金致密化程度较高，在形核过程中，晶粒排列紧密，内部组织密实，孔隙和空穴数量较少，从而降低了合金内部游离氧含量。因此，TZM 钼合金组织的致密化程度对合金氧含量具有较大影响。合金越致密，合金内部孔隙率越低，孔隙和空穴数量越低，游离氧含量也越低，合金氧含量越低。反之，组织越疏松多孔，合金氧含量越高。

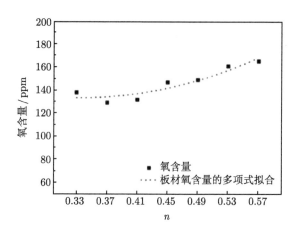

图 3-5　按不同 n 值计算颗粒级配配比制备的 TZM 钼合金氧含量

上述研究结果表明，分布模数 $n = 0.37$ 时，按照堆积体系的颗粒级配优化模型 Dinger-Funk 方程，计算出的 TZM 钼合金颗粒级配配比进行配料，所制备出的 TZM 钼合金试样的相对密度最大，氧含量最低。

采用传统制备工艺制备出的 TZM 钼合金，相对密度约为 75%，氧含量为 500~600ppm。按照颗粒级配配比进行配料后，制备出的 TZM 钼合金相对密度最高可达 90.87%，相对密度提高了 15% 以上，氧含量最低可达到 129ppm，氧含量与传统 TZM 钼合金相比降低 400ppm 以上。由此可以看出，颗粒级配能够显著提高合金的相对密度，并且能够大幅度降低合金的氧含量。

3.1.3　碳的掺杂方式对 TZM 钼合金致密化程度及氧含量的影响

3.1.3.1　碳的掺杂方式对 TZM 钼合金致密化程度的影响规律

分别以石墨粉 (graphite)、硬脂酸 ($C_{18}H_{36}O_2$) 和碳纳米管 (CNT) 作为碳源，加入到经过球磨及颗粒级配配料工艺处理过的合金粉末中，制备 TZM 钼合金试样。对比不同的碳源对合金致密程度及氧含量的影响。图 3-6 是采用上述三种不同形式的碳源制备出的 TZM 钼合金相对密度比较。

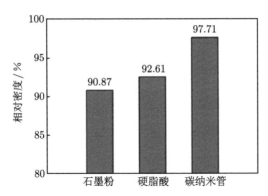

图 3-6 三种不同形式的碳源制备出的 TZM 钼合金相对密度比较

通过比较图 3-6 中三种 TZM 钼合金的相对密度可知, 采用硬脂酸及碳纳米管作为碳源的 TZM 钼合金与采用石墨粉作为碳源相比, 合金的相对密度有不同程度的提高。采用硬脂酸作为碳源, 合金相对密度为 92.61%, 与以石墨粉作为碳源的 TZM 钼合金相比, 相对密度提高了约 1.7%。采用碳纳米管作为碳源, 合金相对密度可以达到 97.71%, 与以石墨粉作为碳源的 TZM 钼合金相比提高了约 6.8%。

将传统石墨粉作为碳源, 石墨为六边形层状结构, 对分子的吸附力较弱。并且石墨粉粒径较大, 粒度范围为 30~40μm。石墨与钼粉在合金粉末中, 无法紧密排列, 各颗粒间存在较大间隙, 合金致密化程度较低。将硬脂酸溶液作为碳源, 溶液将合金粉末充分浸润, 提高了硬脂酸与合金粉末的接触面积, 硬脂酸分子在合金内部分布均匀。并且, 硬脂酸是一种有机饱和脂肪酸, 它具有一定黏性, 有利于颗粒间的黏结、融合, 可以减小粉末颗粒间的间隙。但是, 随着固相烧结的进行, 有机酸受热分解, 一部分碳固溶进入基体形成金属碳化物颗粒, 另一部分则以 CO_2 和 H_2 形式被排出。这部分排出的物质最初聚集的部位则形成空位, 使合金内部出现间隙。将碳纳米管作为碳源, 由于碳纳米管粉末的比表面积和表面活性均较高, 表面对分子具有很强的吸附能力, 可以实现其与合金粉末的紧密堆积。并且碳纳米管粒度范围在 2~100nm, 碳纳米管粉末可以作为细小的填充颗粒, 填充到合金粉末间的间隙中, 显著提高合金组织的致密化程度。

图 3-7 是以硬脂酸和碳纳米管作为碳源, 制备出的 TZM 钼合金组织微观形貌 SEM 图。

图 3-7(a) 为加入硬脂酸的 TZM 钼合金表面 SEM 图, 从图中可知, TZM 钼合金表面存在较多的孔洞。这些孔洞形成初期, 是相邻颗粒间的间隙和空位。在固相烧结过程中, 基体内的有机酸受热分解以气体挥发的形式排出基体, 留下

了更多孔洞。伴随着分子热运动，一部分新产生的孔洞与原始孔洞相遇，并相互融合形成尺寸更大的孔洞。这些孔洞的存在不仅降低了材料的力学性能，而且为游离氧提供了聚集空间，随着这些部位游离氧的不断聚集，局部氧含量增大，孔洞周围的合金基体逐渐被氧化，合金内部氧含量增大，第二相粒子与氧结合生成粒度较大的氧化物颗粒，使弥散强化效果变差，进一步降低了材料的力学性能。

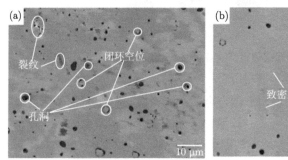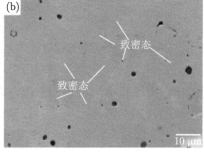

图 3-7　　TZM 钼合金微观结构 SEM 图
(a) 加入硬脂酸；(b) 加入碳纳米管

图 3-7(b) 为加入碳纳米管的 TZM 钼合金表面 SEM 图，合金表面孔洞、裂纹以及空位闭环数量均较少。碳纳米管粉末填充到内部空隙中，合金内部颗粒排列紧密，合金组织致密。且碳纳米管熔点为 3593℃，固相烧结过程中，碳纳米管不会受热分解成挥发气体而产生空位。同时，碳纳米管具有较大的表面能，从而显著加快颗粒间形成冶金的结合过程，提高了合金烧结体致密度，从而提高合金组织的致密化程度。

3.1.3.2　碳的掺杂方式对 TZM 钼合金氧含量的影响规律

在经过球磨和颗粒级配工艺处理过的合金粉末中，按合金设计成分加入对应量的石墨粉、硬脂酸和碳纳米管粉末，制备出三种不同碳源的 TZM 钼合金。采用 TC306R 氧分析仪对三种 TZM 钼合金进行氧含量测试，测试结果如图 3-8 所示。

从图 3-8 中，可以看出，采用硬脂酸和碳纳米管作为碳源，其氧含量均可以控制在 100ppm 以下。其中，以碳纳米管作为碳源的 TZM 钼合金氧含量仅为 30ppm。与采用其他两种碳源制备出的 TZM 钼合金氧含量为 129ppm，在三种不同碳源制备出的 TZM 钼合金中，氧含量最高。采用 X 射线光电能谱仪分别对以硬脂酸和碳纳米管作为碳源的 TZM 钼合金进行元素分布分析。元素分布分析结果如图 3-9 和图 3-10。

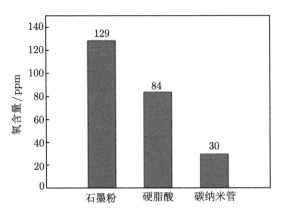

图 3-8 三种不同碳源的 TZM 钼合金氧含量

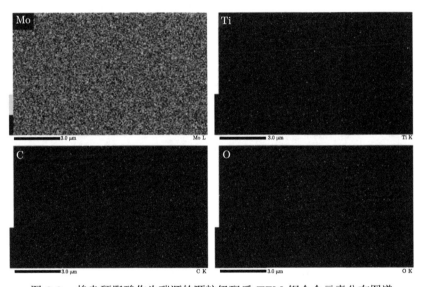

图 3-9 掺杂硬脂酸作为碳源的颗粒级配后 TZM 钼合金元素分布图谱

比较图 3-9 与图 3-10 中碳元素和钛元素的分布可见，元素分布主要呈现出形状不规则的环状。在环内，两种元素分布较少。由此推测，碳、钛与钼基体在烧结过程中，生成了合金固溶体，固溶体主要存在于晶界处。氧元素的分布与碳、钛两种元素分布形式相近，也以不规则环状形式为主。这是由于氧在合金内部主要以钛、锆氧化物形式存在。此外，在合金内部孔隙间，还存在少量的游离氧。

造成两种碳源的 TZM 钼合金氧含量差异的原因在于，在加入碳纳米管的 TZM 钼合金中，碳元素分布均匀，而在加入硬脂酸的 TZM 钼合金中，碳元素分布比较集中。硬脂酸在固相烧结过程中受热分解，以挥发性气体的形式通过孔隙排出合金。以硬脂酸作为碳源的 TZM 钼合金中碳原子数少于以碳纳米管作为碳源的 TZM 钼合金中的碳原子数。因此，损失了部分能够还原合金内部金属氧化物的碳原子。而在固相烧结过程中，碳纳米管不会受热分解成挥发性气体。并且，碳纳米管粉末具有较强的活性，在颗粒表面层出现大量的活性原子，活化作用使合金内的微观粒子，从常态转变为容易发生化学反应的活跃状态，从而降低了表面原子的激活能，还降低了碳原子还原金属氧化物所需的自由能，使碳原子能够充分地与金属氧化物发生还原反应，从而降低了合金氧含量。

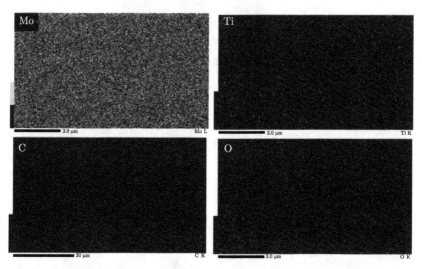

图 3-10　掺杂碳纳米管作为碳源的颗粒级配后 TZM 钼合金元素分布图谱

3.1.4　小结

本节主要介绍了低氧高致密 TZM 钼合金制备过程，对比分析了不同球磨工艺、颗粒级配工艺以及不同碳源引入方式对于合金组织致密程度及氧含量的影响规律。可以得出以下结论：

(1) 经过球磨后，合金粉末反复地发生变形、破碎、叠合、冷焊，最终失去原有的形貌特征而呈现出片层状形貌，同时颗粒得到细化。这些细化的颗粒和内部大量的缺陷在固相烧结过程中相互作用，有助于提高合金致密化程度。

(2) 采用颗粒级配后的 TZM 钼合金更加致密，相对密度 >90%，与传统工艺制备出的 TZM 钼合金相比，相对密度可以提高 15% 以上。

(3) 分布模数 n 在 0.37 附近时，按照堆积体系的颗粒级配优化模型 Dinger-Funk 方程，计算出的 TZM 钼合金颗粒级配配比进行配料，所制备出的 TZM 钼合金相对密度最大可达到 90.67%，氧含量最低可达到 129ppm。最佳颗粒级配理论配比为：9.21%(>74μm)、38.94%(49~74μm)、25.12%(38~48μm)、26.67%(27~37μm)。

(4) 碳源的不同引入方式将导致合金组织致密程度及氧含量出现差异。以石墨作为碳源，制备出的 TZM 钼合金相对密度为 90.87%。采用硬脂酸作为碳源，合金相对密度为 92.61%。与以石墨粉为碳源的 TZM 钼合金相比，相对密度提高约 1.7%。采用碳纳米管作为碳源，合金相对密度可以达到 97.71%，与以石墨作为碳源的 TZM 钼合金相比，提高了约 6.8%。合金组织越致密，合金内部孔隙率越低，孔洞数量越低，游离氧含量也越低，合金的氧含量越低。

3.2 La-TZM 钼合金的抗氧化性研究

3.2.1 La-TZM 钼合金的高温抗氧化性能

3.2.1.1 合金氧化质量损失分析

图 3-11 为具有相同尺寸规格的 La-TZM 和 TZM 钼合金试样在相同条件下分别保温 10min、15min 和 30min 的氧化质量损失率曲线。由图 3-11 可见，

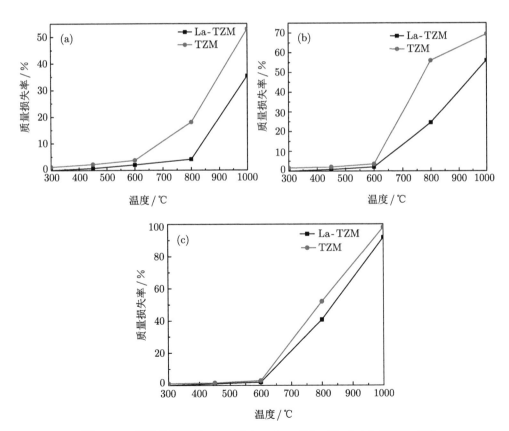

图 3-11   样品分别保温 10min(a)、15min(b)、30min(c) 的氧化曲线

La-TZM 和 TZM 钼合金试样在氧化温度为 600° 以下时基本没有质量损失,表明氧化现象不明显。随着氧化温度的升高,质量损失率均呈线性增长趋势。比较图 3-11(a)~(c) 可知,TZM 钼合金的氧化质量损失率曲线均在 La-TZM 钼合金氧化质量损失率曲线的上方,说明在同一氧化温度下,无论保温 10min、15min 还是 30min,传统 TZM 钼合金的氧化质量损失率均大于 La-TZM 钼合金的氧化质量损失率,即掺杂镧可以显著抑制 TZM 钼合金的氧化行为。

　　表 3-3 和表 3-4 分别为 La-TZM 钼合金和 TZM 钼合金试样在 800℃ 和 1000℃ 下不同保温时间的氧化质量损失率数据。由表可知,在 800℃ 和 1000℃ 下,随着保温时间的增加,La-TZM 钼合金和 TZM 钼合金的氧化质量损失都逐渐增大,但是 La-TZM 钼合金的氧化质量损失率均小于 TZM 钼合金的氧化质量损失率。在 1000℃ 下,保温 10min、15min 和 30min 时 La-TZM 钼合金的氧化质量损失率分别为传统 TZM 钼合金的 66.8%、80.7% 和 93.8%。由此也可以说明,掺镧在 TZM 钼合金的高温氧化过程中能阻碍氧对合金基体的侵蚀,提高了 TZM 钼合金的抗氧化能力。

表 3-3　800℃ 下不同保温时间合金板材的氧化质量损失

加热温度/℃	保温时间/min	质量损失率/%	
		La-TZM	TZM
800	10	2	18
800	15	24.49	56
800	30	40.81	52

表 3-4　1000℃ 下不同保温时间合金板材的氧化质量损失

加热温度/℃	保温时间/min	质量损失率/%	
		La-TZM	TZM
1000	10	35.42	53.06
1000	15	56	69.39
1000	30	91.83	97.95

3.2.1.2　合金表面氧化组织与形貌分析

　　1) TZM 钼合金表面氧化层能谱分析

　　图 3-12 所示分别为 La-TZM 和 TZM 钼合金经过 800℃ 和 1000℃ 温度下不同保温时间氧化后的表面 EDS 能谱图。由能谱图中 O 原子和 Mo 原子的含量比例可以推出 Mo 的氧化物存在形式。由图可知,800℃ 温度下氧化 10min 后 La-TZM 和 TZM 钼合金表面 O 原子与 Mo 原子百分比的比例分别为 2.51:1 和 2.65:1;800℃ 温度下氧化 30min 后其比例分别为 2.67:1 和 2.75:1;1000℃ 温度下氧化 10min 后其比例分别为 2.49:1 和 2.77:1。由此可以看出,La-TZM 钼

合金氧化后合金表面 O 原子与 Mo 原子的含量比例均小于传统 TZM 钼合金，即 La-TZM 钼合金氧化后合金表面吸氧量少，存在的 MoO_3 均少于传统 TZM 钼合金，且传统 TZM 钼合金表面均以 MoO_3 为主，而 La-TZM 钼合金表面 MoO_3 与 MoO_2 含量相差不大。由此也可以说明掺杂镧后的 TZM 钼合金高温下抗氧化性能强于传统的 TZM 合金。

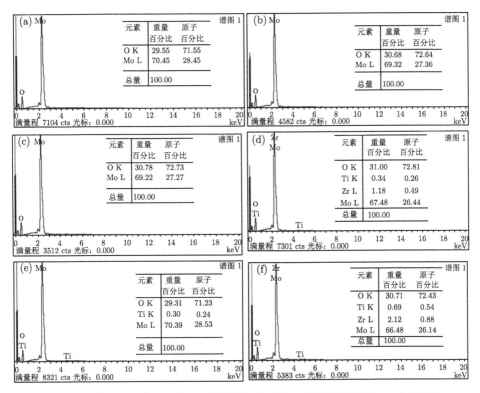

图 3-12 样品分别在不同温度不同保温时间条件下氧化后的表面 EDS 能谱图

(a) La-TZM, 800℃, 10 min; (b) TZM, 800℃, 10 min; (c) La-TZM, 800℃, 30 min; (d) TZM, 800℃, 30 min; (e) La-TZM, 1000℃, 10 min; (f) TZM, 1000℃, 10 min

2) TZM 钼合金表面氧化层 SEM 形貌特征

图 3-13 与图 3-14 分别为 La-TZM 和 TZM 钼合金板材经过 800℃ 和 1000℃ 温度下不同保温时间氧化后的表面 SEM 图。由图 3-13 可以看出，SEM 图像均有白色区域或者白色斑点出现，结合能谱分析可知表面经过氧化后生成了 Mo 的氧化物，导致表面导电性降低。

图 3-13(b)、(d) 显示，TZM 钼合金板材在整个氧化过程中都以层片状形式逐渐被氧侵蚀，且层片向外扩张明显，另外有孔洞的缺陷处较其他地方被氧化得

更严重，氧化到 30min 后，层片状氧化物破碎，基体被严重入侵 (图 3-13(f))。La-TZM 钼合金经过不同时间氧化后，表面也呈层片状被氧化侵蚀，但与 TZM 钼合金不同，其层片状氧化物均包覆在合金表面，并且出现较少孔洞 (图 3-13(a)、(c)、(e))，只是在 1000℃ 温度下氧化 15min 后表面氧化层才开始出现少量向外扩张现象 (图 3-14(c))。

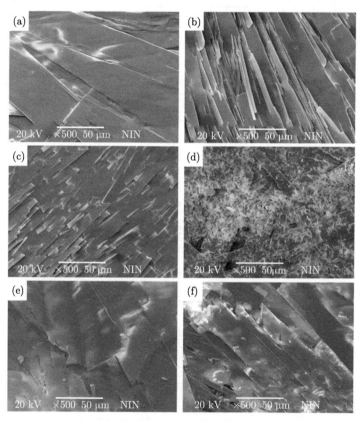

图 3-13　样品 800℃ 不同保温时间条件下氧化后的表面 SEM 图
(a) La-TZM, 800℃, 10 min; (b) TZM, 800℃, 10 min; (c) La-TZM, 800℃, 15 min; (d) TZM, 800℃, 15 min; (e) La-TZM, 800℃, 30 min; (f) TZM, 800℃, 30 min

根据图 3-14，在 1000℃ 温度下，La-TZM 和 TZM 钼合金试样在 10min 氧化后，表面均出现絮状氧化物颗粒 (图 3-14(a)、(b))，氧化至 15min 后絮状物消失，留下层片状的氧化层 (图 3-14(c)、(d))。而传统 TZM 钼合金试样在 800℃ 氧化 15min 时表面已出现絮状氧化物颗粒 (图 3-13(d))，氧化 30min 后絮状物消失且表面氧化层破裂出现孔洞，其在 1000℃ 氧化 10min 时絮状氧化物颗粒大量出现，覆盖了整个合金表面 (图 3-14(b))。

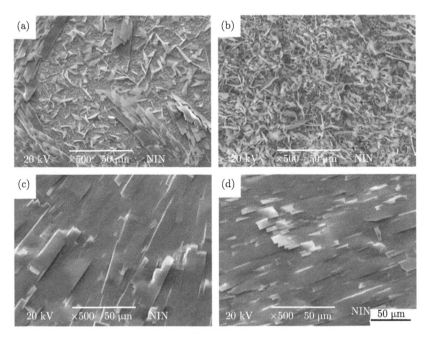

图 3-14   样品在 1000℃ 不同保温时间条件下氧化后的表面 SEM 图
(a) La-TZM, 1000℃, 10 min; (b) TZM, 1000℃, 10 min; (c) La-TZM, 1000℃, 15 min; (d) TZM, 1000℃, 15 min

3.2.1.3   截面分析

图 3-15 为 La-TZM 和 TZM 钼合金分别在 800℃ 和 1000℃ 下加热 10min 后的截面扫描电子显微镜图。由图 3-15(b)、(d) 可见，在 800℃ 下加热 10min 后，两种合金板材都产生了厚厚的氧化层，而且这种钼的氧化物的松散的层状形态与图 3-15 所示的表面图像是一致的。从这些图像可以看出，在松散的氧化层和合金板材基体之间有一个复杂的氧化层。由图 3-15(e)、(f) 可以看出，在 1000℃ 下氧化 10min 后，这些松散的层状氧化层消失了，只剩下先前产生的致密的氧化层。

由图 3-15(a)、(c) 可以看出，La-TZM 和 TZM 钼合金松散的氧化层的平均厚度分别为 92μm 和 221μm，TZM 钼合金的氧化层厚度是 La-TZM 钼合金的 2~3 倍。从图 3-15(e)、(f) 可以看出，La-TZM 钼合金经过 1000℃ 氧化 10min 后留下的致密的氧化层厚度也比 TZM 钼合金更薄，这也说明传统的 TZM 钼合金更容易被氧化。

图 3-15　样品在 800℃ 和 1000℃ 氧化 10 min 后的截面 SEM 图

(a) 和 (b) La-TZM, 800 ℃, 10 min; (c) 和 (d) TZM, 800 ℃, 10 min; (e) La-TZM, 1000 ℃, 10 min; (f) TZM, 1000 ℃, 10 min

3.2.1.4　综合热分析

图 3-16 为 La-TZM 和 TZM 钼合金板材综合热分析 TG-DTA 曲线。由图中 TG 曲线可以看出，两种样品在较低温度升温时均有少量增重，达到一定温度时增重明显，温度达 850℃ 左右时质量骤然下降，此温度下对应的 DTA 曲线有一个明显的放热峰，结合之前的 EDS 能谱分析可知，之前生成的 MoO_3 在此时发生了挥发，且挥发明显。比较 (a)、(b) 两图，图 (a) 中 DTA 曲线在 510℃ 处有一较弱的放热峰，且在此处的 TG 曲线也上升加快，根据 TZM 钼合金在空气中的氧化规律可知在此处样品表面发生的氧化反应加快，开始生成 MoO_3；而图 (b)

中在 460℃ 处已出现较小放热峰，说明样品在 460℃ 时氧化反应已开始加剧。比较两图的 TG 曲线，加热到 1100℃ 之后，图 (a) 所表示的 La-TZM 钼合金板材样品质量损失率为 8.08%，而图 (b) 所表示的 TZM 钼合金板材样品质量损失率则达到 10.58%，说明后者氧化挥发更为严重。由此可以判断，与传统 TZM 钼合金相比，La-TZM 钼合金能抑制表面的氧化，即 La-TZM 钼合金的抗氧化能力更强。

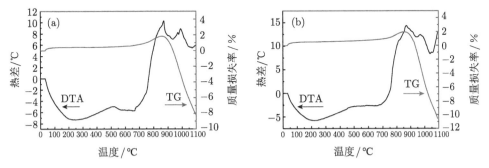

图 3-16 合金板材 TG-DTA 曲线
(a) La-TZM；(b) TZM

3.2.1.5 氧化过程分析

TZM 钼合金经过 400~800℃ 高温氧化后，在样品表面形成由合金元素氧化物组成的保护层，该保护层由 MoO_3、MoO_2、合金元素氧化物和轻质强化相组成，但是随着氧化时间增加或者温度增大该氧化物保护层逐渐挥发而向外扩张，促使氧进一步侵蚀基体。而对于掺杂了镧元素的 La-TZM，如图 3-17 所示，硝酸镧溶液经固液掺杂入 TZM 钼合金后，La 在合金中以第二相 La_2O_3 颗粒的形式存在[78]。由于 La_2O_3 的粒度比较小，能填补合金大颗粒间隙的孔隙，减小了合金晶粒间的孔隙，使组织更致密化，La 元素以第二相的形式存在于合金中，起到第二相弥散强韧化作用，提高了合金的强韧性。同时组织的高致密度也使氧化后合金表面氧化物组成的层叠状结构均匀地覆盖在基体表面，这种结构能阻碍氧向基体内部的扩散，对基体产生了一定的保护作用，提高了 La-TZM 钼合金的高温抗氧化性，因此其氧化质量损失率较传统 TZM 钼合金低。

总而言之，稀土元素镧掺杂 TZM 钼合金由于其细小的氧化镧颗粒的作用而使合金组织更致密化，生成的合金氧化物会在基体表面形成致密氧化物覆盖层，可以有效地阻碍氧向基体的侵入，从而使 La-TZM 钼合金的抗氧化性能提高。相比传统的 TZM 钼合金，在空气气氛下升温时镧掺杂 TZM 钼合金能将剧烈氧化反应开始温度提升 50℃，有效减缓了氧化速率。稀土元素镧掺杂的 La-TZM 钼合金具有更高的强韧性和耐腐蚀性，扩展了 TZM 钼合金的应用范围。

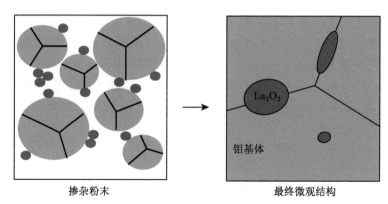

掺杂粉末   最终微观结构

图 3-17　镧元素在 La-TZM 钼合金中的存在形式示意图 [78]

3.2.2　Pt@La-TZM 钼合金的高温抗氧化性能

3.2.2.1　氧化动力学分析

图 3-18 显示了分别在 400℃、600℃、800℃ 和 1000℃ 下加热 15min、30min、45min、1h、2h、3h 和 4h 的铂涂覆的 La-TZM 钼合金样品的氧化质量损失。对于在 1000℃ 、1200℃ 和 1400℃ 下加热的样品，保持时间分别为 15min、30min 和 45min。基于图 3-18，镀铂的 La-TZM 钼合金的质量损失随着保持时间增长而逐渐增加。当氧化温度低于 600℃ 时，几乎没有质量损失，表明没有明显的氧化。随着氧化温度的升高，质量损失呈上升趋势。当温度升至 800℃ 并保持 1h 时，氧化现象明显。在 2h 时，质量损失更多，4h 后质量损失约为 60％，表明基底氧化

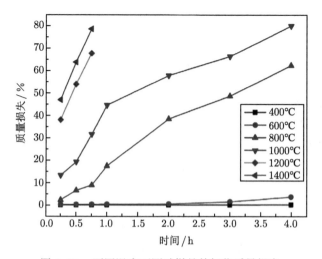

图 3-18　不同温度下测试样品的氧化质量损失

严重。当温度在加热 15min 后上升到 1000℃ 时，质量损失为 13.31%，在 1h 氧化后达到 44.53%，而当氧化时间超过 2h 时，超过一半的基底被氧化。如图 3-18 所示，在高温 (1000~1400℃，15min，30min，45min 保持时间) 特别是在 80% 质量损失的加热 45min 后的 1400℃ 时，发生急剧氧化，表明氧化质量损失增加，并且氧化随着温度的升高而更加严重。

表 3-5 显示了在 800℃ 和 1000℃ 不同保温时间下，铂涂层的 La-TZM 钼合金和未涂层的 La-TZM 钼合金样品之间氧化质量损失的比较，未涂层的 La-TZM 钼合金的氧化损失来自参考文献 [85]。从表中可以看出，未涂覆的 La-TZM 钼合金在 15min 保温时间下的质量损失为 24.49% 和 56%，而在 800℃ 和 1000℃ 下保温 15min 的铂涂覆的 La-TZM 钼合金的质量损失为 2.24% 和 13.31%，分别降低了 90.85% 和 76.23%。然后，当在 800℃ 下加热保持 30min 时，铂涂覆的 La-TZM 钼合金和未涂覆的 La-TZM 钼合金的质量损失分别为 6.64% 和 40.81%。当在 1000℃ 下加热时，保持 30min 铂包覆的镧-TZM 钼合金和未包覆的 La-TZM 钼合金的质量损失分别为 19.29% 和 91.83%。镀铂的 La-TZM 钼合金的质量损失明显低于未镀铂的 La-TZM 钼合金。在 1000℃ 下 30min 内，未镀铂的 La-TZM 钼合金几乎完全氧化，而镀铂的 La-TZM 钼合金似乎开始被氧化。这清楚地表明，铂涂层可以有效地阻止氧化和合金基体腐蚀，提高 TZM 钼合金的抗氧化性能。

表 3-5 合金板在 800℃ 和 1000℃ 下的质量损失

热处理温度/℃	保温时间/min	质量损失/%	
		La-TZM	涂铂 La-TZM
800	15	24.49	2.24
800	30	40.81	6.64
1000	15	56	13.31
1000	30	91.83	19.29

3.2.2.2 镀铂镧钛合金板的氧化特性

1) 铂涂层的表面分析

图 3-19 显示了镀铂的 La-TZM 钼合金板的扫描电子显微镜表面形貌图像和表面能谱元素分析。如图 3-19(a) 所示，涂层在基底表面上均匀分布有圆形颗粒，没有裂纹或剥落，也没有孔洞缺陷。图 3-19(b) 显示在合金板的表面上存在致密的铂涂层，表明铂涂层和基底之间具有良好的黏附性。

2) 氧化层的表面形貌及能谱分析

图 3-20 和图 3-21 显示了在 400~1400℃ 氧化不同时间的铂涂覆的 La-TZM 钼合金板的表面扫描电子显微镜图像和能谱图，与先前对 La-TZM 钼合金表面氧化层形态的研究进行了比较 (图 3-22(a) 和 (b))。图 3-20(a)~(c) 显示，镀铂的

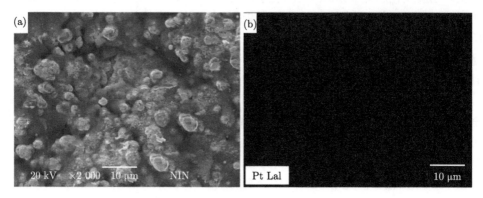

图 3-19　原始样品镀铂表面的扫描电子显微镜 (a) 和能谱元素分析图像 (b)

La-TZM 合金板表面没有被氧腐蚀损坏，当氧化温度低于 600℃ 以及 800℃ 15min 时，没有孔缺陷。结合 EDS 分析 (图 3-21(a) 和 (b))，表明 O 含量很小，因此没有出现氧化钼，表面形貌仍然完好。在图 3-20(d)、(e) 和 (f) 中，当氧化温度高于 800℃ 时，样品表面有白色斑点。结合光谱分析 (图 3-21(c))，表明氧化后在表面上产生氧化钼，导致表面电导率降低。图 3-20(d) 显示了当氧化温度为 800℃ 时，在板表面上有少量孔，表明基体合金已经被表面处的氧腐蚀。如图 3-21(c) 所示，氧和钼的能谱指向在空穴处生成的氧化钼。在 400~800℃ 的较低温度范围内的氧化显示合金板保持稳定，直到在 800℃ 加热 4h。

　　图 3-20(e) 和 (f) 显示了在 1000℃ 氧化 15min 和 4h 的合金板的表面扫描电子显微镜图像。合金板表面逐渐被氧腐蚀，具有明显的表面裂纹。氧化时间为 4h 时，合金表面出现片状氧化膜，出现较小的孔洞。不同保温时间的比较表明，保温时间为 4h 时，絮状氧化物颗粒开始出现并紧密附着在基体表面 (图 3-22(a) 和 (b))。没有电镀铂的合金板在 15min 后已经完全氧化，表明铂涂层显著延迟和减缓了氧化。

　　图 3-20(g) 和 (h) 显示了当氧化温度为 1200℃ 和 1400℃ 时在 15min 氧化的合金板的表面扫描电子显微镜图像。可以看出，当合金被加热到更高的温度时，絮状氧化物颗粒的数量随着保持时间而减少。最终，当温度达到 1400℃ 且保持时间为 15min 时，絮状氧化物颗粒消失，留下层状氧化物层。结果表明，随着加热温度的升高，氧化加剧。

　　3) 横断面形态和能谱分析

　　图 3-23 显示了原始镀铂 La-TZM 钼合金板的横截面扫描电子显微镜和能谱表面扫描图像。从图 3-23(a) 和 (b) 可以看出，未加热的合金板上的涂层与基体合金具有良好的黏附性，没有裂纹，也没有剥落。如图 3-23(a) 所示，原始的平均厚度涂层约为 5.48mm。

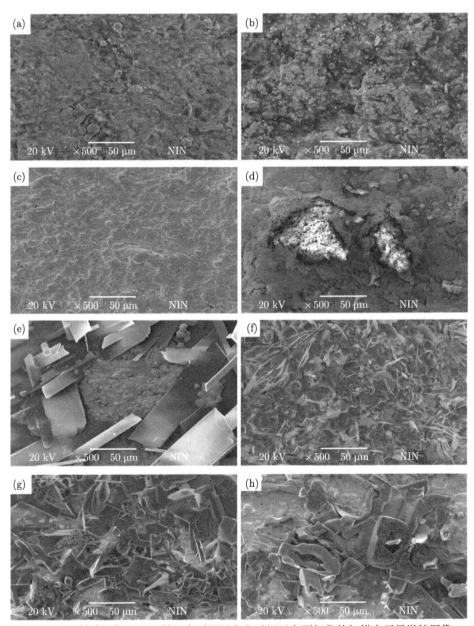

图 3-20 铂涂层镧 TZM 样品在不同温度和时间下表面氧化的扫描电子显微镜图像

(a) 400℃, 4h; (b) 600℃, 4h; (c) 800℃, 15min; (d) 800℃, 4h; (e) 1000℃, 15min; (f) 1000℃, 4h; (g) 1200℃, 15min; (h) 1400℃, 15min

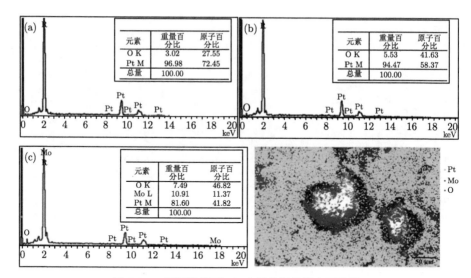

图 3-21　不同温度下 4h 内氧化样品的表面能谱

(a) 400℃；(b) 600℃；(c) 800℃

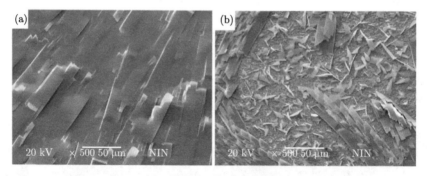

图 3-22　La-TZM 样品表面氧化的扫描电子显微镜图像

(a) 1000℃，10min；(b) 1000℃，15min

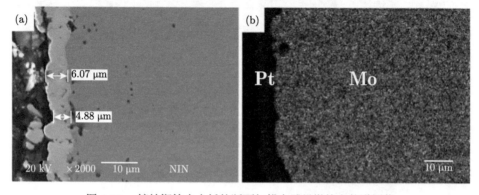

图 3-23　镀铂镧钛合金板的断面扫描电子显微镜和能谱图像

图 3-24 显示了未加热并在 400~1400℃ 氧化不同时间的镀铂 La-TZM 钼合金板的横截面扫描电子显微镜图像。图 3-24(a) 和 (b) 显示了在 400℃ 和 600℃ 下加热 4h 后样品的微小变化，表明铂涂层仍然与基体合金具有良好的黏附性。如图 3-24(c) 和 (d) 所示，当在 800℃ 加热 15min 时，涂层逐渐从基体中分离，并且在加热 4h 后在基体和铂涂层之间获得松散的氧化层。与图 3-20 相比，表面氧化物表现为片状薄层。可以看出，氧化从表面开始，向内传播。图 3-24(e) 和 (f) 显示了分别在 800℃ 下加热 4h 和 10min 的镀铂的 La-TZM 钼合金板和 La-TZM 钼合金板之

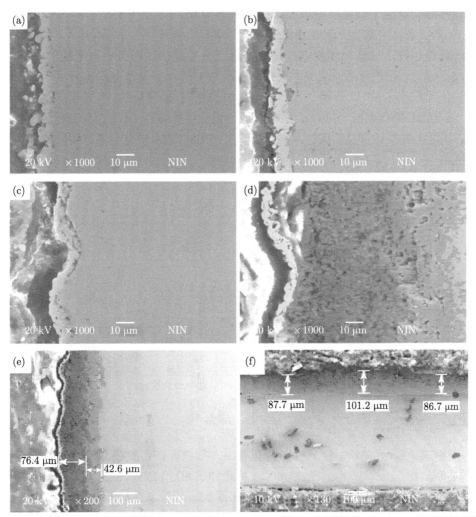

图 3-24　在不同温度和不同时间加热的镀铂 La-TZM 钼合金板的横截面扫描电子显微镜图像
(a) 400℃，4h；(b) 600℃，4h；(c) 800℃，15min；(d) 和 (e) 800℃，4h 和 (f) 800℃ 加热 10min 的 La-TZM 钼合金板

间的氧化层厚度的比较。La-TZM 的疏松氧化层厚度合金在 800℃ 加热 10min 后约为 100mm，而在相同温度下加热 4h 后，氧化层厚度为镀铂的镧钛硅合金只有 110mm，表明铂涂层提高了 La-TZM 钼合金的抗氧化性。

3.2.2.3　热重分析

图 3-25 显示了镀铂和未镀铂的 La-TZM 钼合金的差热分析结果。热重曲线显示，当加热到较低温度时，两个样品的重量增加较小，然而，在温度 400~800℃ 下，镀铂的 La-TZM 钼合金的增重并不明显。温度到 850℃ 时，增益具有清晰的放热峰，对应于差热分析和差示扫描量热曲线。EDS 分析结合先前的结果显示 MoO_3 先前在高温下生成并挥发。图 3-25(a) 中的差热分析曲线在 750℃ 有一个弱放热峰，玻璃化转变温度略有明显上升曲线，对应于空气中的氧化反应，形成 MoO_3。在图 3-25(b) 中，放热峰出现在 650℃，热重曲线上升更明显，表明氧化反应在 650℃ 开始。基体合金被氧严重腐蚀，MoO_3 的生成温度比镀铂的 La-TZM 钼合金低 100℃。结果表明，铂涂层能抑制 La-TZM 钼合金表面氧化，减缓氧对基体合金的腐蚀，因此铂涂层的 La-TZM 钼合金具有较好的抗氧化性能。

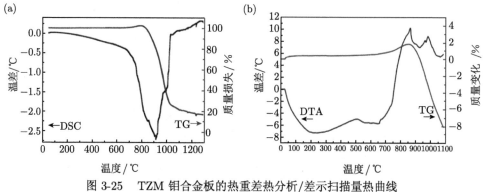

图 3-25　TZM 钼合金板的热重差热分析/差示扫描量热曲线
(a) 镀铂 La-TZM 钼合金；(b) La-TZM 钼合金

3.2.2.4　氧化机理

镀铂的 La-TZM 钼合金板在所有表面上都镀有铂，在高温氧化实验中提高了其抗氧化性。在 15min 内，400℃ 加热和 800℃ 加热几乎不发生氧化反应。因为钼和铂的热膨胀系数不同，而钼的热膨胀系数为 $5.2×10^{-6}K^{-1}$，Pt 为 $9×10^{-6}K^{-1}$。

随着温度的升高，铂涂层的热膨胀系数高于钼基体。随着加热时间的延长，高温下铂涂层表面出现裂纹，引起氧的侵入和腐蚀。随着氧化温度和时间的增加，氧化物膨胀、断裂并逐渐挥发，导致铂涂层断裂和剥落。涂层的破坏导致基体内侧逐渐氧化，留下少量氧化温度高于 1200°C 的 La-TZM 钼合金基体和残留的 Pt 涂层。

3.2.3 小结

(1) 在混料时，将 La 元素以化学反应的方式加入到基体中，本方法可以使合金以原子或者分子的形式混入合金粉末中，这样使得合金粉末更小，使得烧结坯的晶粒更小，使得合金产生细晶强化，在后续轧制过程中可以保持较小的晶粒，提高板材的综合性能。

(2) 稀土镧掺杂 TZM 钼合金由于其细小的氧化镧颗粒的作用而使合金组织更致密化，生成的合金氧化物会在基体表面形成致密的氧化物覆盖层，可以有效地阻碍氧向基体的侵蚀，从而使 La-TZM 钼合金的抗氧化性能提高。

(3) 在 La-TZM 钼合金镀层表面电镀一层致密的铂镀层，扫描电子显微镜观察无裂纹和缺陷。在高温氧化实验中，铂涂层的 La-TZM 钼合金样品在 800°C 开始发生明显的氧化。随着温度和时间的增加，氧化腐蚀逐渐发生，在 1400°C 加热 15min 后，样品质量损失 80%。这是因为铂涂层与 La-TZM 钼合金基体具有不同的热膨胀系数，导致涂层随着加热温度和时间的增加而开裂。铂涂层由于涂层与基体之间的良好结合而提高了镧钛记忆合金的抗氧化性，阻止了氧向基体的侵入，从而大大提高了铂涂层镧钛记忆合金的抗氧化性。

(4) 与 La-TZM 钼合金相比，铂涂层的 La-TZM 钼合金板防止了严重的氧化，当在空气中加热时，其起始温度增加了 100°C，大大减缓了氧化速率。对钛硅合金板氧化行为的研究表明，镀铂的镧钛硅合金具有较高的耐蚀性，大大拓展了 TZM 钼合金的应用。

3.3 TZM 钼合金的抗氧化性研究

3.3.1 NiCoCrAlTa 涂层氧化行为研究

为了防止钼基体在高温下被氧化，需要在钼合金表面制备 MCrAlY 涂层。MCrAlY(M=Ni，Co，NiCo) 涂层具有良好的塑性和高温强度以及抗氧化性能。MCrAlY 按基体分为 Fe 基、Co 基、Ni 基三类型。Fe 基抗硫化作用好，但易与基体合金组织不匹配；Ni 基延展性和抗氧化性较好；Co 基具有较高的抗硫蚀能力；NiCoCrAlY 及 CoNiCrAlY 是将 Ni 基和 Co 基结合起来，具有较好的延展性和抗氧化性的同时亦具有较好的抗硫蚀能力。在长时间高温氧化环境下，Al 可以在界面形成致密的 Al_2O_3 保护膜，可阻止氧气向基体的扩散，Cr 会促进保护膜的形成，且与氧气反应生成 Cr_2O_3，可以提高涂层的抗腐蚀性能和热膨胀系数,减小在高温环境下由于热膨胀系数失配产生的内应力,延长涂层的寿命。MCrAlY 涂层中 Y 的质量分数一般为 0.3%~1.0%,Y 可以抑制金属相中空位的聚集,阻止金属阳离子向外扩散,对氧化物形成钉扎作用从而提高其黏附性,抑制氧化物的横向生长,减小横向拉应力,提高涂层与基体间的结合力,改善涂层的热震性能。Ta 主要以 Ni_3Ta 相的形式存在于 γ 相中,会对涂层起到固溶强韧化的作用,提高涂层的显微硬度,抑制 Ni 的内扩散,提高低温到中温阶段的拉伸屈服强度,改善涂层的抗氧化性能。目前,国内外主要研究 NiCo 基、CoNi 基等 MCrAlY 涂层在发动机上的应用。制备方法有电弧喷涂、等离子喷涂、火焰喷涂等。

基于此,本研究采用 NiCoCrAlTa 作为抗氧化涂层,采用超音速等离子喷涂将粉末涂覆在基体表面。在确定了粉末的成分后,根据热膨胀系数计算与基体的热膨胀系数比较确定了粉末的添加量,研究了涂层的喷涂厚度及在不同温度条件下涂层的氧化行为以及 Ta 对涂层抗氧化性能的影响,最后,采用能量色散光谱仪 (EDS)、扫描电子显微镜 (SEM) 和 X-ray(XRD) 检测分析了涂层的高温抗氧化性能。

3.3.1.1   涂层的厚度

涂层的厚度对涂层的高温抗氧化性能有着重要的影响和作用,合适的厚度是提高涂层稳定性和延长涂层寿命的重要因素。若涂层厚度太薄,在氧化过程中氧气容易通过涂层中的微缺陷扩散至界面和基体,使得涂层从基体表面剥落,导致基体被氧化。若涂层厚度太厚,在高温条件下,涂层中由于成分分布的不均匀和存在热膨胀系数差易导致应力集中,在内应力较大的部分发生开裂,为氧气扩散提供通道,造成涂层失效。结合超音速等离子喷涂与钼合金的使用领域,在确保对基体抗氧化性能的基础上尽量选择合适的涂层厚度,实验中喷涂厚度为 320~340μm。喷涂过程中采用的喷涂参数如表 3-6 所示。

表 3-6   超音速等离子喷涂实验参数

参数	数值
Ar_2 速率/(L/min)	35
H_2 速率/(L/min)	40
喷涂距离	350
电流/A	300~350
电压/V	50~70
送粉率/(g/min)	6~8

3.3.1.2   涂层的热膨胀系数计算

热膨胀系数的计算采用近似计算:

$$\alpha = \frac{\sum m_i \alpha_i}{\sum m_i} \tag{3-5}$$

式中，m_i 为图层中组分 i 的质量分数；i 为涂层中组分 i 的热膨胀系数。

$$热膨胀系数的失配值 = \frac{\alpha - \alpha_{基体}}{\alpha_{基体}} \times 100\% \tag{3-6}$$

研究表明涂层保持稳定性的重要前提是热膨胀系数的失配值不能超过 25%，当热膨胀系数的失配率达到 25%以上时，在氧化过程中涂层与基体界面处会产生较大的切应力从而导致涂层开裂。本节在设计涂层成分含量时，通过计算涂层热膨胀系数的值与钼基体的值进行对比，使涂层与基体的热膨胀系数保持相同或相近，钼基体的热膨胀系数为 $5.8 \times 10^{-6} °C^{-1}$，涂层热膨胀系数的计算值为 $6.1 \times 10^{-6} °C^{-1}$，与基体的失配率 5%。

表 3-7 中列出了本研究中材料的热膨胀系数。

表 3-7　涂层材料热膨胀系数

材料	热膨胀系数/$(\times 10^{-6} °C^{-1})$
Al_2O_3	4.0
Ni	13.0
Co	12.5
Cr	6.2
Ta	6.5

根据热膨胀系数计算对涂层成分进行设计，调整涂层中各组分的含量使涂层与钼基体的热膨胀系数相差不大，钼基体为 $6.7 \times 10^{-6} °C^{-1}$，涂层为 $6.2 \times 10^{-6} °C^{-1}$。

3.3.1.3　涂层的保护性能

1) X-ray 衍射 (XRD)

图 3-26 为 NiCoCrAlTa 涂层在不同温度 ((a)1073K、(b)1273K、(c)1473K、(d)1673K) 氧化 2h 后 XRD 图。

在氧化过程中，当温度较低时，Al 表面氧化形成 Al_2O_3 的过程中，Al 可以在 Al_2O_3 表面形成保护膜，随着温度的升高，它会与其他元素形成多组分复合体。如图 3-26(a) 所示，在 1073K 氧化 2h 后，涂层中出现 Al_2O_3 相及 Ta_2O_3 相。在 1273K 时仍保持稳定的 Al_2O_3 相及 Ta_2O_3 相，形成 Al_2O_3 及 Ta_2O_3 复合的保护层，防止基体氧化。随着元素的扩散及温度的进一步升高，钽等元素在 1437K 形成多组分复合物，在涂层中形成 Al_3Ta 和 Ni_3Ta。在 1673K 处出现了 MoO_3，这表明涂层钼基体已经被氧化，氧化后 2h，结果表明在表面上存在 Ta_2O_5 相，如图 3-26(d) 所示，表明 Ta 作为一种难熔氧化物，在氧化过程中起到了骨架作用。在升温过程中，Al 与 Ta 在涂层表面形成复合保护层保护基体不被氧化，随着温度的升高，元素的氧化和扩散加剧，但 Ta_2O_5 依旧作为层中的难溶颗粒对涂层起到支撑作用。

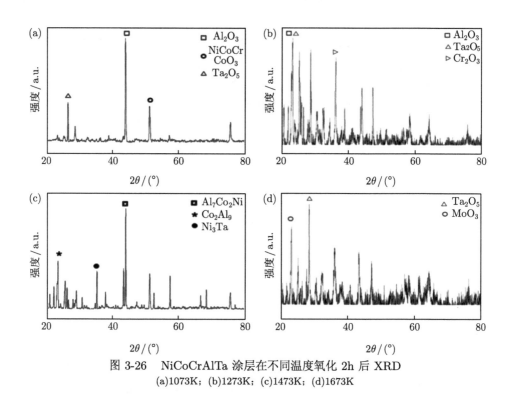

图 3-26　NiCoCrAlTa 涂层在不同温度氧化 2h 后 XRD
(a)1073K；(b)1273K；(c)1473K；(d)1673K

2) 扫描电子显微镜 (SEM) 分析

图 3-27 显示了在不同温度下氧化 2h(a)1073K、(b)1273K、(c)1473K、(d)1673K 的抛光截面形貌 SEM 图像。可以看出在不同温度氧化后涂层均呈现双层结构，外层为氧化层，结构较为疏松，内层的结构比较致密，形貌基本保持原始喷涂态。结果表明，在氧化后涂层具有典型的层状结构，结构致密且无穿透性裂纹及缺陷，在 1073K，涂层中的 Al 元素及 Ta 元素扩散至涂层表层形成 Al_2O_3 和 Ta_2O_5 相，形成一层致密的保护膜，随着氧化温度升高，在 1273K，保护膜表面出现微孔隙，此时涂层中的微孔隙能有效地减缓热循环过程中产生的内应力，有效阻止微裂纹的进一步扩展 [189,190] 且 Al_2O_3 的存在能填补这些微裂纹，起到自修补的作用。在 1473K 时，保护膜中出现部分孔洞，这可能是由于 Al 的扩散，在涂层中留下的扩散

通道导致氧气向基体的扩散，涂层出现部分氧化，但仍能有效地对基体进行防护。在 1673K 时在基体表面出现 MoO_3 相，表明氧气已扩散到基体表面导致基体出现氧化。在氧化初期，涂层中的 Al 元素在界面衬底附近富集，并与从涂层中扩散的 Ta 元素反应形成低 Al 含量的金属间化合物，如 $AlTa_2$ 和 Al_2Ta_3，Al_2O_3 的存在使 Ta_2O_5 致密化[191] 细化了 Ta_2O_5 晶粒，改善了涂层与基体元素的互扩散。在氧化过程中，Al 会扩散到表面并形成 Al_2O_3 保护层。同时，部分氧扩散到涂层中会使涂层氧化，厚度减小。氧化 2h 后，在涂层表面有保护层，可以防止氧扩散到基底并填充涂层中的裂纹和缺陷，并阻挡氧气的扩散通道。此外，涂层中的 Ta 氧化产生 Ta_2O_5，Ta_2O_5 具有高的抗热震性和高温抗氧化性，氧化后形成保护膜，保护基体至 1473K。

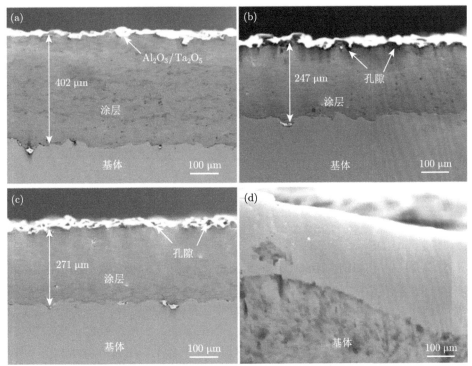

图 3-27　NiCoCrAlTa 涂层在不同温度氧化 2h 后截面 SEM 图谱
(a) 1073K；(b) 1273K；(c) 1473K；(d) 1673K

图 3-28 为 NiCoCrAlTa 在 1273K 和 1473K 氧化 2h 后样品的表面形貌 SEM 图。由图可知，氧化后在涂层表面形成了致密的玻璃相，可有效阻挡氧气向基体的扩散。根据 TaAl 相图[192]，TaAl 可形成 $AlTa_2$、AlTa、Al_2Ta 和 Al_3Ta 相。Ta 含量可在 3.5%~13.5%(质量分数) 范围内形成低含量的金属间化合物，如 Al_3Ta。

Ta$_2$O$_5$ 的热膨胀系数为 $1.5 \times 10^{-6} \sim 3.5 \times 10^{-6}$K^{-1}。添加 Al$_2O_3$ 可使 Ta$_2$O$_5$ 致密化,有效抑制 Ta$_2$O$_5$ 相的 α-γ 相变,提高热膨胀系数,减少涂层与基体之间的热膨胀失配,提高结合强度,降低应力,抑制裂纹萌生。在氧化过程中,涂层可以形成基于 Ta$_2$O$_5$ 和 Al$_2$O$_3$ 的致密混合氧化物膜,可以有效地改善基体的抗氧化性。根据 Ta-O 相图,O 在 Ta 中的溶解度为 6%(摩尔分数)[192]。在氧化过程中,O 可以溶解在 α-Ta 中以形成 [Ta, O] 固溶体。在氧化过程中,Al 元素沿氧化膜方向扩散,界面附近的 Al 富集,随着氧化温度的升高,氧化膜中的裂纹为其他元素的短程扩散提供了条件,如 Ni、Co 和 Al,在涂层表面形成网状富氧化物的 Ni、Co 和 Al 混合氧化物。在 1473K 氧化 2h 后,涂层表面出现了微孔,这些微孔可能是由 Al 元素的扩散导致的,为氧气扩散提供了短程通道,这与前面的结果是一致的。

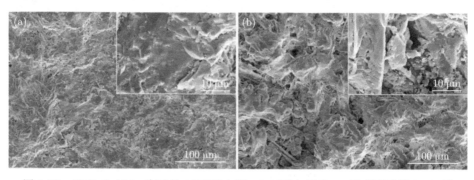

图 3-28　NiCoCrAlTa 涂层在 1273K(a) 和 1473K(b) 氧化 2h 后表面形貌 SEM 图

3) 能谱 (EDS)

图 3-29 为 NiCoCrAlTa 涂层在 1073K 氧化 2h 后 EDS 能谱图。由图 3-29 分析可知,在涂层表层产生了一层致密的 Al$_2$O$_3$,阻挡了氧气通过涂层向基体扩散的通道,降低了氧气向基体的扩散速率,有效减少了高温下钼基体的氧化。涂层中各相分布均匀,在涂层表层出现了氧的富集,表明在表面形成了氧化物膜,涂层与基体之间存在明显的界面,未出现互扩散行为,表明在此温度下涂层对基体表现出惰性,不影响基体的机械性能。在涂层与基体之间的界面处部分区域出现了氧,可能是在喷涂过程中的缺陷或者试样表面的缺陷所导致的。而从界面处的氧含量图可以得知在此处并未出现氧的富集,表明基体未出现氧化行为。

图 3-30 为 NiCoCrAlTa 涂层在 1273K 氧化 2h 后的 EDS 图。分析结果可知,在 1273K 时,涂层表层的 Al$_2$O$_3$ 层具有较好的稳定性和致密度,涂层中各元素分布均匀,涂层与基体界面未出现互扩散。在较高的温度下表面的 Al$_2$O$_3$ 层中出现

了少部分的微裂纹，但这些微裂纹可减小涂层中产生的应力，提高涂层的稳定性，且涂层中 Al 元素的进一步扩散可填补到表层的微裂纹中，阻挡氧气向基体的扩散。根据氧在涂层表面的分布可知，随着温度升高，氧气向涂层内部的扩散逐渐加剧，深度增加，在涂层中出现了致密的氧化膜，涂层中各相分布均匀，表明涂层在此温度下具有较好的稳定性，在涂层与基体界面处未出现氧化行为，表明在界面处部分区域产生的少量氧化物不会对涂层在基体表面的结合有明显影响，反而会消耗涂层中残存的氧，提高涂层的抗氧化性能。

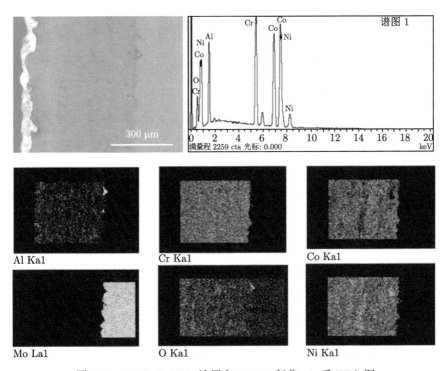

图 3-29 NiCoCrAlTa 涂层在 1073K 氧化 2h 后 EDS 图

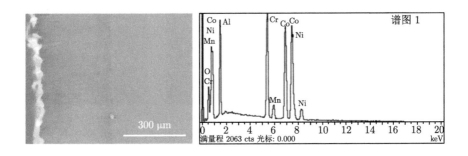

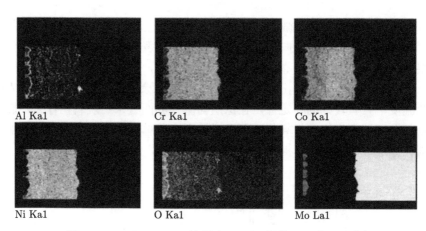

图 3-30　NiCoCrAlTa 涂层在 1273K 氧化 2h 后 EDS 图

图 3-31 为 NiCoCrAlTa 涂层在 1473K 氧化 2h 后的 EDS 图，分析可知随

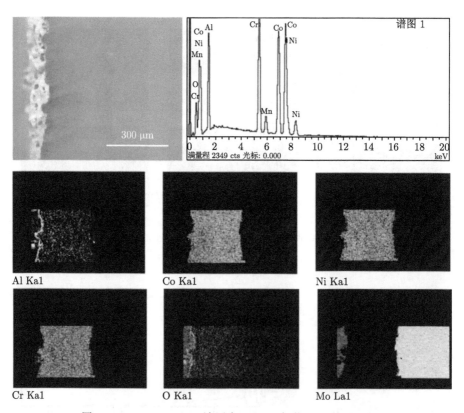

图 3-31　NiCoCrAlTa 涂层在 1473K 氧化 2h 后 EDS 图

着温度的进一步升高，涂层表层出现裂纹和空洞，涂层的氧化程度逐渐加深，但 Co、Ni、Cr 依然均匀分布在涂层中。

在氧气向基体扩散的过程中，浓度逐渐减小，钼基体未被氧化，在涂层与基体界面处出现了少部分的 Al_2O_3，可能是由于在喷涂过程中界面处存在的缺陷，在氧化过程中，涂层中的 Al 扩散到界面的缺陷处，氧化生成 Al_2O_3，消耗了界面处的氧气，保护基体不被氧化，但界面处的 Al_2O_3 会导致涂层的黏附性降低，使涂层在更高的温度下易从基体表面剥落。在 1473K 时 Ta 与 Ni 和 Al 在涂层中形成 Al_3Ta 和 Ni_3Ta 相，使得涂层的稳定性降低，但表层的 Al_2O_3-Ta_2O_5 复合保护层依旧对基体具有较好的保护作用。涂层中各相在氧化后分布均匀，从氧的富集区域可知随着温度升高氧向涂层的扩散进一步加深，涂层内部的 Al 元素与氧反应生成 Al_2O_3 相，虽然表层的保护膜中出现了较多的孔洞，但涂层内部仍具有较好的抗氧化性能。

图 3-32 为 NiCoCrAlTa 涂层在 1673K 氧化 2h 后的 EDS 图，分析可知在 1673K 时涂层表面出现了 MoO_3 相，表明基体已受到氧化，根据图 3-26 的结果可知，在基体表面存在 Ta_2O_5 相，表明 Ta_2O_5 在氧化过程中可作为涂层的支撑材料，有效保护钼基体至 1473K，这与前面的实验结果一致。

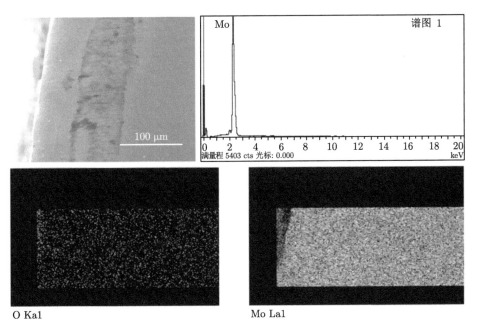

图 3-32 NiCoCrAlTa 涂层在 1673K 氧化 2h 后 EDS 图

4) 氧化过程热力学计算

在氧化过程中，涂层中可能进行的反应有

$$4Al(s) + 3O_2(g) = 2Al_2O_3(s) \tag{3-7}$$

$$2Cr(s) + Ta(s) = Cr_2Ta(s) \tag{3-8}$$

$$4Cr(s) + 3O_2(g) = 2Cr_2O_3(s) \tag{3-9}$$

$$4Ta(s) + 5O_2(g) = 2Ta_2O_5(s) \tag{3-10}$$

反应吉布斯自由能计算结果如图 3-33 所示，在氧化初期，Ta 与氧反应生成 Ta_2O_5，钼在中、低温易氧化形成挥发性氧化钼，Ta_2O_5 将形成致密的保护膜，并在涂层中消耗氧气，从而在低温度和中温度下有效地保护基体。随着温度的进一步升高，Al 和 Ta 与氧气反应生成 Al_2O_3 和 Ta_2O_5，形成致密的保护膜，在高温下，Ni、Cr 和 Ta_2O_5 元素在涂层中形成复杂的多相，进一步消耗涂层中的氧。同时，涂层厚度逐渐减小，但 Ta_2O_5 相仍存在于基体表面，表明 Ta_2O_5 可作为改善涂层耐高温氧化性能的结构组分，这与以前的实验结果一致。

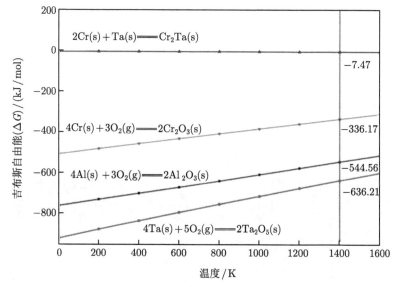

图 3-33　反应的吉布斯自由能变化

3.3.1.4　涂层保护机理

涂层的保护机理包括互熔反应型、消耗反应型和惰性熔膜屏蔽三种保护机理，互熔反应型保护机理是在热处理过程中，涂层中的组分与基体表面的氧化物在较高的温度下发生反应，在基体表面形成均匀分布的半熔融态熔膜，阻止氧气向基体的扩散，保护基体不被氧化，这种涂层一般以硼化物为主。消耗反应型保护机理是根据基体的使用条件和特点，在涂层中添加适量的可与有害组分发生反应的活性组分，使得涂层中该成分由表面至基体厚度范围内形成浓度梯度，含量逐渐降低，从而保护基体，但此种机理的活性组分须对基体呈惰性，不与基体发生反应而影响基体的性能。本研究主要根据的是惰性熔膜屏蔽型保护机理，即钼基体在喷涂抗氧化涂层之后，表面的颗粒结构多为片层状，同时存在少部分熔融颗粒，随着温度升高，涂层颗粒逐渐由黏结的片层状变为黏滞态，在钼基体表面形成致密的保护膜，根据扫描及能谱结果可知，涂层与基体之间界面清晰，未出现互扩散，即涂层对基体表现出惰性，因此可有效隔绝氧气向钼基体的扩散，对基体实现抗氧化保护性能。图 3-34 分别为三种涂层保护机理示意图。

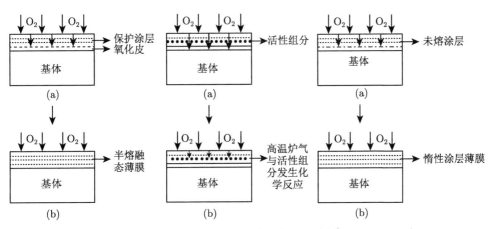

图 3-34 三种涂层保护机理示意图

NiCoCrAlTa 涂层保护机理如图 3-35 所示，根据 NiCoCrAlTa 涂层在氧化过程中的形态变化，在涂层软化点之上，Al 元素和 Ta 元素扩散到涂层表层形成 Al_2O_3-Ta_2O_5 保护层，呈现黏滞态，此层黏滞态熔膜具有较高的致密度，覆盖在涂层表层，可在 1473K 以下有效阻挡氧气向基体的扩散，试样在 1473K 氧化 2h 后出现了 Al_3Ta 和 Ni_3Ta 新相，表明涂层中的难熔氧化物之间发生了互熔反应。但在涂层与基体的界面处未出现反应，表明涂层对基体呈惰性。而在氧化过程中，Ni、Co、Cr、Al、Ta 与氧反应的氧化物生成过程基本类似，即在喷涂后涂层与界面处存在少量。

喷涂后涂层与界面处存在少量缺陷，使得界面处存在少量氧气，随着温度升高，靠近界面的 Al 元素扩散到界面处消耗氧气，同时基体会出现微量氧化，在界面处的氧含量迅速降低，由于表层 Al_2O_3-Ta_2O_5 保护层的存在，涂层中的氧气形成浓度梯度，由表层至界面处逐渐降低，减少了氧气向钼基体表面的扩散。

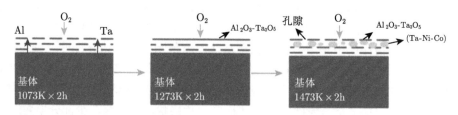

图 3-35　NiCoCrAlTa 涂层保护机理示意图

3.3.2　Zr-Si 涂层氧化行为研究

3.3.2.1　涂层成分组成

碳化硅是 Si-C 二元系统中唯一的二元化合物，包括 α-SiC 和 β-SiC 两种晶型，β-SiC 为立方晶系，从 2100℃ 开始到 2400℃ 不可逆缓慢转化为六方晶系 α-SiC，在转化温度下保温时间与转化的量如表 3-8 所示。SiC 的化学稳定性较好，在 HCl、H$_2$SO$_4$ 和 HF 酸中煮沸也不受侵蚀。在 1000℃ 以上 SiC 同强氧化性气体容易发生反应分解。在氧分压很高时，生成的氧化物有 SiO$_2$ 和 CO$_2$ 或 CO。涂层中 SiC 的含量为 20%。

表 3-8　β-SiC 到 α-SiC 的转化

时间/s	温度/℃	组成/%		时间/s	温度/℃	组成/%	
		β-SiC	α-SiC			β-SiC	α-SiC
0	2100	100	0	0	2300	100	0
300		86	14	300		16	84
600		81	19	600		5	95
900		63	37	900		1	99
1200		67	33	1200		0	100

部分硼化物的熔点如表 3-9 所示，硼化物具有强度大、熔点高等优点，在中性及真空或还原气氛下使用温度可达 2000℃ 以上。TiB$_2$、ZrB$_2$、CeB$_2$ 在真空条件下可达 2500℃ 以上，具有很高的导热性和热稳定性。硼化物的硬度比较高，保证涂层在氧化过程中的结构稳定性。对熔融金属具有良好的耐腐蚀性，并且有很好的浸润性，与黏结层的黏附性较好。

3.3.2.2　涂层的保护性能

1) X-ray 衍射 (XRD) 分析

采用 X-ray 衍射 (XRD) 对在不同温度氧化 2h 后的 ZrB$_2$-SiC 试样物相组成进行分析，结果如图 3-36 所示，在氧化 2h 后，涂层表层的 ZrB$_2$ 和 SiC 相氧化

生成 ZrO_2 和 SiO_2 以及 $ZrSiO_4$ 相，且依旧存在 SiC，表明涂层在氧化过程中形成的 SiO_2 相可形成致密的保护膜，阻挡氧气的扩散。

表 3-9　部分硼化物熔点

材料	熔点/℃	材料	熔点/℃	材料	熔点/℃
HfB_2	3250	ZrB_2	3040	TaB_2	3000
TiB_2	2850	WB_2	2920	WB	2860
NbB_2	2900	W_2B	2770	ThB_2	2500
MoB	2180	MoB_2	2180	CrB_2	2760

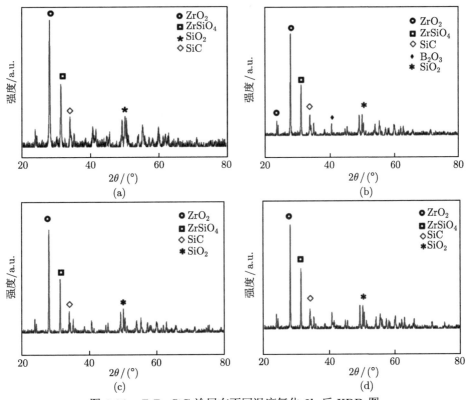

图 3-36　ZrB_2-SiC 涂层在不同温度氧化 2h 后 XRD 图
(a) 1073K；(b) 1173K；(c) 1273K；(d)1373K

由图 3-36 可知，氧化 2h 后涂层中出现了 ZrO_2、SiO_2 和 $ZrSiO_4$ 三种相，ZrO_2 具有较高的高温强度，在氧化过程中可作为涂层的"骨架"对涂层起到支撑作用，而涂层表面的 SiO_2 玻璃相，可有效阻止氧气的扩散，在高温下具有一定的流动性, 可填补到 ZrO_2 的裂纹中, 对涂层在氧化过程中起到修复作用。$ZrSiO_4$(锆英石) 属正方晶系, 密度变动范围很广, 一般为 $3.9\sim4.9g/cm^3$。硬度 $7\sim8$, 热膨胀系数与其他结晶相比较低, 1100℃ 时为 4.6×10^{-6}。$ZrSiO_4$ 是 ZrO_2-SiO_2 二元系中唯一的化合物。在高温下加热发生分解, 分解温度范围为 1540~2000℃。高纯度 $ZrSiO_4$ 自 1540℃ 开始缓慢分解, 1700℃ 开始迅速分解, 并随温度升高分解量增大, 于 1870℃ 分解达 95%。分解产物是单斜型 ZrO_2 和非晶质 SiO_2。因此在实验温度内具有较高的稳定性。

2) ZrB_2-SiC 涂层 SEM 分析

图 3-37 为超音速等离子喷涂制备 NiCoCrAlY/ZrB_2-SiC 涂层在不同温度 (1073K、1173K、1273K、1373K) 氧化 2h 后的截面形貌 SEM 图。

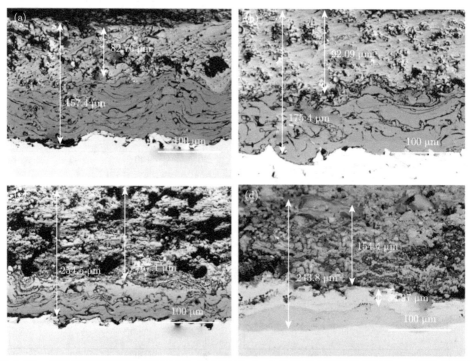

图 3-37　超音速等离子喷涂制备 NiCoCrAlY/ZrB_2-SiC 涂层在不同温度氧化 2h 后的截面形貌 SEM 图
(a) 1073K；(b) 1173K；(c) 1273K；(d)1373K

由图 3-37 可知, 在氧化 2h 后涂层呈现双层结构, 黏结层和表层均具有较高的致密度, 这是对基体提供抗高温氧化性能的前提, 氧化后表层呈现明显的玻璃相, 而黏结层保持典型热喷涂的层状结构, 涂层与钼基体之间具有明显的界面, 未出现互扩散, 保证黏结层在基体表面具有良好的黏附性。

在氧化 2h 后,涂层的厚度随着温度的升高而呈现增加的趋势。这是由于在氧化过程中表层的 ZrB_2 和 SiC 氧化生成 ZrO_2 以及 SiO_2,同时部分 B_2O_3 在高温下逐渐挥发,在涂层中提供了氧气扩散的通道,使得涂层氧化加剧,厚度逐渐增加。但在氧化温度内,涂层始终保持稳定的双层结构至 1173K,在 1273K 和 1373K 时,在表层和黏结层之间出现了一个新层,这是黏结层中元素扩散形成的热生长氧化物导致的。特别是 Al 元素的扩散,Al 在高温时具有较高的活性,迅速扩散至黏结层和表层的界面处,在喷涂过程中粒子的堆叠结构中存在少量的 O_2,Al 元素与界面处的氧反应生成 Al_2O_3 相,随着温度逐渐升高,黏结层中其他元素也扩散至界面处,黏结层的厚度逐渐减小,在黏结层和表层之间形成了新的薄层。

图 3-38 为超音速等离子喷涂 $NiCoCrAlY/ZrB_2$-SiC 涂层在不同温度 (1073K、1173K、1273K、1373K) 氧化 2h 表面形貌 SEM 图,涂层在氧化后表层致密度较好,呈现粒子堆垛状结构,随着温度升高,表面逐渐形成熔融的玻璃相。由 NiCoCrAlY/ZrB_2-SiC 涂层氧化后 SEM 图分析可知,涂层表层呈现为粒子的堆垛状,部分粒子在氧化过程中熔融形成扁平状,涂层的致密度较高,在氧化后仍存在部分未熔融颗粒。在喷涂过程中,等离子焰流中心区域的离子具有较高的能量,在

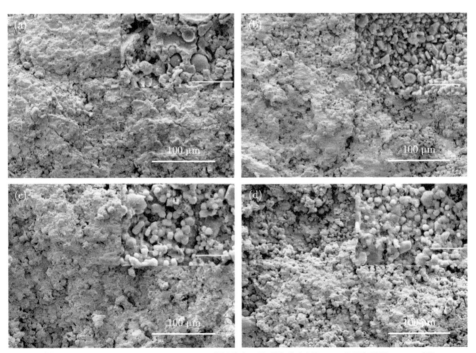

图 3-38 NiCoCrAlY/ZrB_2-SiC 涂层在不同温度氧化 2h 表面形貌 SEM 图
(a) 1073K;(b) 1173K;(c) 1273K;(d) 1373K

边缘区域的粒子由于能量较低不能充分熔融或半熔融，且存在一些粒径较大的颗粒难以熔融，以颗粒状堆叠到基体表面。涂层氧化后表面呈现完整的熔融态，未熔融或半熔融粒子覆盖在熔融态涂层下，在氧化 2h 后，涂层具有良好的堆垛表层，阻挡氧气向内部涂层的扩散，涂层表面未出现裂纹和孔洞。随着温度逐渐升高，涂层表面进入熔融态的粒子增多，表面呈现典型的玻璃状，具有较好的气密性，抗氧化性能增强，由于 B_2O_3 的熔点较低，挥发导致在涂层中形成一些微裂纹和孔洞，而 SiO_2 玻璃相在高温下具有较好的流动性，可以对氧化过程产生的裂纹和孔洞进行填补，使涂层的高温稳定性明显提高，在 1373K 氧化 2h 后仍保持致密的玻璃相，对基体提供较好的保护性能。

3) ZrB2-SiC 涂层能谱 (EDS) 分析

图 3-39 为超音速等离子喷涂制备 NiCoCrAlY/ZrO_2-SiC 涂层在 1073K 氧化 2h 后的能谱图，可以看到涂层呈现双层结构，氧化之后 NiCoCrAlY 黏结层和 ZrB_2-SiC 表层元素分布均匀，钼基体与黏结层之间存在明显界面，未出现互扩散和偏聚，较好的均匀性可防止在氧化过程中因 Si 元素分布不均匀而导致的区域氧化，避免在升温过程中造成的钼基体氧化。氧含量从表层到基体逐渐降低，表明在涂层表层形成的 SiO_2 相可有效阻挡氧气向基体的扩散，涂层中出现 Si 颗粒可能是在喷涂中的未熔融颗粒造成的。

图 3-39 为超音速等离子喷涂制备 NiCoCrAlY/ZrO_2-SiC 涂层在 1173K 氧化 2h 后的能谱图，分析可知，在氧化后涂层保持稳定的双层结构，ZrO_2-SiC 表层中的氧含量从表层之黏结层界面处显著降低，这是由于在氧化过程中涂层表层 Si 和 Zr 与氧反应，逐渐消耗涂层中的氧气，涂层内部的氧浓度呈现降低的趋势，且表层的 SiO_2 层厚度随着氧化进程逐渐增大，进一步阻挡了氧气向内部的扩散，涂层中 Si 颗粒逐渐减少，表明涂层中的 Si 与氧气发生了反应，这与涂层结构变化是一致的。

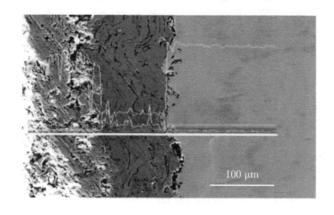
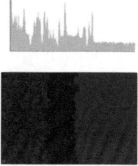

B Ka1_2

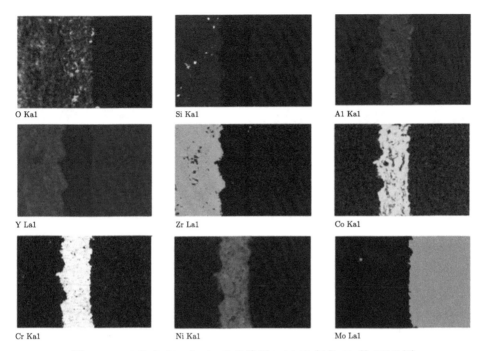

图 3-39 NiCoCrAlY/ZrO$_2$-SiC 涂层 1173 K 氧化 2h 的 EDS 图

图 3-40 为超音速等离子喷涂制备 NiCoCrAlY/ZrO$_2$-SiC 涂层在 1273K 氧化 2h 后的能谱图。分析可知，涂层在氧化 2h 后表现为双层结构，表层和黏结层保持较好的稳定性，但 Al 含量和 O 含量出现变化。根据黏结层和表层界面处的氧含量和铝含量可知在界面处出现了 Al 的富集，这是在高温下 Al 向界面处的扩散导致的。Al 易扩散在界面处与氧反应生成 Al$_2$O$_3$ 热生长氧化物，消耗了涂层中的氧气，使涂层中氧含量降低，但热生长氧化物的存在会导致涂层与黏结层的黏附性降低，导致涂层易剥落，降低涂层的稳定性。Ni、Co、Cr、Y 依然保持均匀的分布表明黏结层的高温稳定性较好，可对基体提供有效的抗氧化防护。

图 3-41 为超音速等离子喷涂制备 NiCoCrAlY/ZrO$_2$-SiC 涂层在 1373K 氧化 2h 的 SEM 图。由图可知 ZrO$_2$-SiC 表层中保持较低的氧含量，但在表层和黏结层之间的界面处出现较大的氧含量，这是由于在氧化过程中，表层与基体的热膨胀系数存在差异而产生内应力，使得涂层产生裂纹，为氧气提供了扩散的通道，导致氧气进入，扩散至黏结层。随着界面处热生长氧化物的进一步增多，Al$_2$O$_3$ 的含量逐渐升高，而 Al$_2$O$_3$ 的熔点较高，会导致 SiO$_2$ 的流动性降低。当涂层表层出现裂纹后，内部的 Si 氧化形成 SiO$_2$，但 Al$_2$O$_3$ 降低了 SiO$_2$ 对涂层的填补作用，降低了涂层的抗氧化性能，在涂层中形成的 ZrSiO$_4$ 相在高温下与产生的氧化物发生反应，分解形成 ZrO$_2$ 并出现体积变化，导致 ZrSiO$_4$ 的热震稳定性降低。

此外，分解生成物 SiO_2 也易与其他成分形成低熔点的化合物，加速涂层的损坏。

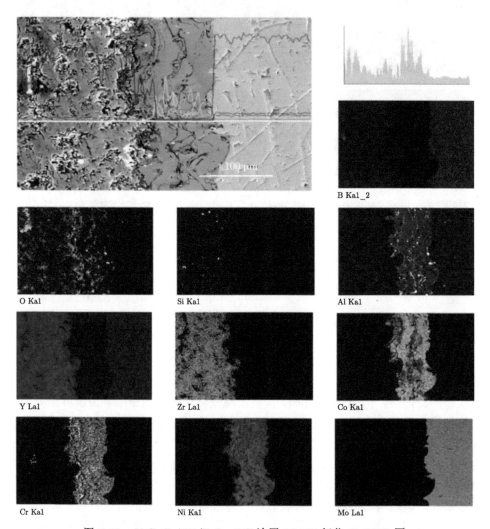

图 3-40　　NiCoCrAlY/ZrO_2-SiC 涂层 1273K 氧化 2h EDS 图

由图 3-42 可知 NiCoCrAlY 层的氧含量明显较之前出现升高，表明氧气可通过表面的 SiO_2 层扩散至黏结层，但黏结层中的元素会消耗扩散进来的氧气，依然对基体提供有效的抗氧化保护。

4) 涂层氧化机理分析

在 1073K 到 1373K 的温度区间内，ZrB_2-SiC 涂层在氧气气氛下发生的反应有 [192]

$$2ZrB_2(s)+5O_2(g) \longrightarrow 2ZrO_2(s)+2B_2O_3(g) \qquad (3\text{-}11)$$

$$2SiC(s) + 3O_2(g) \longrightarrow 2SiO_2(l) + 2CO(g) \tag{3-12}$$

$$B_2O_3(l) \longrightarrow B_2O_3(s) \tag{3-13}$$

$$SiO_2(l) \longrightarrow SiO_2(g) \tag{3-14}$$

$$SiO_2(l) + ZrO_2(s) \longrightarrow ZrSO_4(s) \tag{3-15}$$

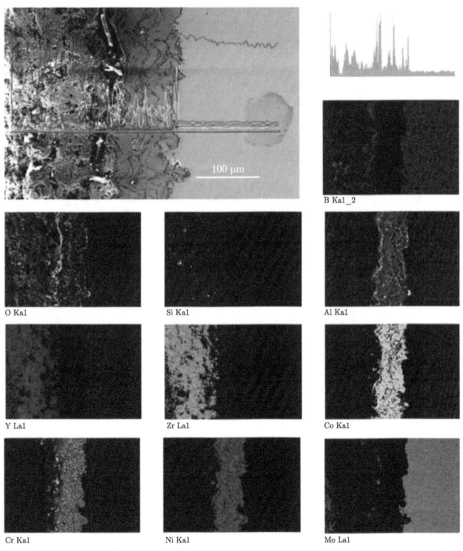

图 3-41   为超音速等离子喷涂制备 NiCoCrAlY/ZrO$_2$-SiC 涂层在 1373K 氧化 2h 的
SEM 图

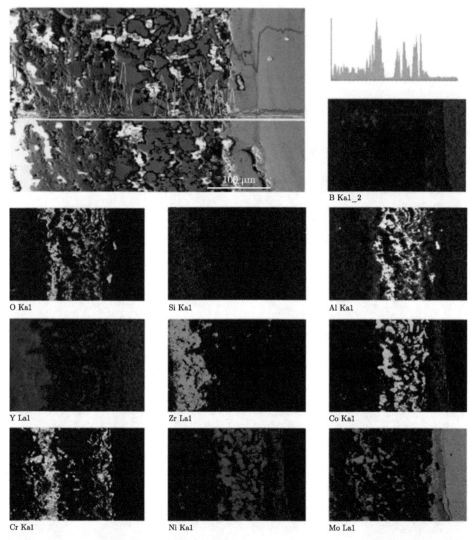

图 3-42　为超音速等离子喷涂制备 NiCoCrAlY/ZrO$_2$-SiC 涂层在 1373K 氧化 2h SEM 图

　　根据反应式可知在反应后涂层中生成 B$_2$O$_3$、SiO$_2$、ZrO$_2$ 和 ZrSiO$_4$ 几种氧化物，但在氧化 2h 后涂层表面未出现 B$_2$O$_3$ 相，可能包括以下几个原因：B$_2$O$_3$ 的熔点为 450℃，在高于熔点的温度时迅速挥发，导致表层的 B$_2$O$_3$ 含量降低，且氧化时间为 2h，B$_2$O$_3$ 逐渐消耗完，而涂层本身的厚度为 260μm，B$_2$O$_3$ 量较少，从而未观测到 B$_2$O$_3$。Si 在高温氧化过程中形成 SiO$_2$，呈非晶玻璃态，具有很低的氧扩散率，可阻挡氧气向钼基体的扩散，减缓氧气对钼基体的侵蚀速率。且 SiO$_2$ 在高温下具有黏性流动性，在涂层氧化过程中由于热膨胀系数差异和涂层本身缺陷会产生裂纹，这些裂纹会为氧气提供扩散通道，而具有流动性的黏性 SiO_2 相可填补到涂层中由于氧化而产生的孔洞和裂纹处，表现为涂层具有自愈合性能，在较高的温度和较长的氧化时间内保证涂层具有良好的抗氧化性能和稳定性。

ZrO_2 晶型有单斜形、四方形、立方形三种，可在不同温度发生以下转变：ZrO_2(单斜)(1000℃ 以上)ZrO_2(四方)。此可逆转变伴随 7% 的体积变化，加热时单斜结晶转变为四方结晶体积收缩，反之体积膨胀，但二者并非发生在同一温度，前者发生在约 1200℃，后者发生在 1000℃ 附近，四方晶型的 ZrO_2 到 2300℃ 以上会出现立方晶型 [193−195]。ZrO_2 在高温氧化过程中具有较高的强度，对涂层起到支撑的结构作用，虽然 ZrO_2 在高温下出现晶型转变产生体积变化而导致涂层中产生裂纹，但黏结层中存在的 Y_2O_3 可作为 ZrO_2 的稳定剂而保持 ZrO_2 的稳定性。

由于 ZrO_2 温度变化时会发生晶型转变，且热导率较低而热膨胀系数又较高，所以 ZrO_2 在高温下的抗热震性能较差，限制了其在循环氧化和存在温度梯度服役环境下的稳定性和使用寿命。在实际应用中一般通过加入 Y_2O_3 等作为稳定剂来提高其抗热震性能，工艺上可采用使其部分稳定的方法，此时制品的热震稳定性要比全稳定的好。其中一方面是由于纯氧化锆在 20~200℃ 区间热膨胀系数为 $8\times10^{-6}℃^{-1}$，在 1100℃ 附近有体积效应，其平均线膨胀系数为 $4.4\times10^{-6}℃^{-1}$。氧化锆制品在加热过程中无可逆的体积效应，平均线膨胀系数为 $(8.8\sim11.8)\times10^{-6}℃^{-1}$。在 ZrO_2 中加入 8%MgO，可在 1800℃ 获得全稳定的 ZrO_2 立方固溶相，将其冷却在 1500℃，就出现了弥散于 ZrO_2 立方基体中的四方 ZrO_2。由于 ZrO_2 单斜型与四方形之间的可逆转变伴随有体积效应，容易在氧化过程中出现开裂从而导致涂层失效和剥落。因此一般通过在 ZrO_2 中加入适量的 CaO、MgO、Y_2O_3、Nb_2O_3、ScO_3 等阳离子半径与 Zr^{4+} 半径相差在 12% 以内的氧化物，在高温处理后得到的立方稳定型固溶体 ZrO_2 在 2000℃ 以下均具有较好的稳定性，使得 ZrO_2 由于温度变化而产生的晶型转变所导致的体积变化减小或消除，有效消除由于体积变化产生的内应力导致的裂纹。

5) 结合强度测试

本实验根据划痕法测试涂层与基体间的结合强度，以涂层从基体表面剥落的临界载荷作为涂层结合强度的表征，如图 3-43 所示为 20μm 厚的涂层通过划痕法测试后表面形貌 SEM 图，载荷为 100N，分析可知，涂层与从基体表面剥落的临界载荷为 75N，涂层与基体的结合强度较好，可保证在高温氧化过程中涂层在基体表面具有较高的黏附性，涂层不易剥落，延长了涂层的使用寿命。

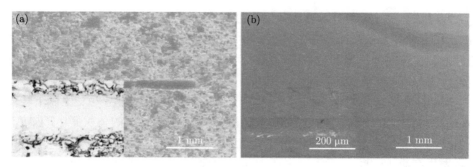

图 3-43　划痕法测定 NiCoCrAlTa 涂层和 NiCoCrAlY/ZrB$_2$-SiC 涂层表面的 SEM 图

3.3.3　小结

(1) 测试了 NiCoCrAlTa 涂层在不同温度下的抗氧化性能。涂层具有较高的致密度，在氧化 2h 后涂层表层可形成 Al$_2$O$_3$-Ta$_2$O$_5$ 复合保护层，阻挡氧气向基体的扩散，随着温度升高，在表层的保护层中产生一些微裂纹和孔洞，减小了涂层中由热膨胀系数差异所导致的内应力，同时 Al 元素向表层的进一步扩散可填补这些空洞，对钼基体提供有效的保护至 1473K，在更高的温度下，随着 Al 元素的消耗，在涂层中扩散的通道为氧气提供了路径，使得涂层逐渐失效，但涂层中的 Ta$_2$O$_5$ 依旧作为涂层的支撑材料至 1673K。

(2) 在 1473K 时，涂层中形成了 Al$_3$Ta 和 Ni$_3$Ta 相，导致涂层表面的孔洞逐渐增大，同时在涂层与基体的界面处形成少量 Al$_2$O$_3$ 相，降低了涂层在基体表面的黏附性，使得涂层在更高的温度下剥落。由吉布斯自由能计算结果可知，在氧化过程中，Ta 易与氧气反应生成 Ta$_2$O$_5$ 相，钼合金在升温过程中的中低温过程极易氧化，在升温过程中形成的 Ta$_2$O$_5$ 可对涂层提供有效的保护，使得涂层的稳定性提高，有效延长涂层使用寿命。

(3) 测试了 NiCoCrAlTa/ZrB$_2$-SiC 涂层在不同温度下的抗氧化性能。涂层在氧化后具有较高的致密度，在氧化 2h 后涂层表面形成 SiO$_2$ 保护层，阻挡氧气向基体的扩散，随着温度升高，在表层的保护层中产生一些微裂纹和孔洞，涂层表面的 SiO$_2$ 相具有较好的流动性，可对氧化产生的裂纹和缺陷进行填补，使得涂层具有自愈合性能，涂层中氧化后产生的 ZrO$_2$ 具有较高的高温强度，提高了涂层在氧化过程中的稳定性。

(4) 涂层氧化后在表层和黏结层的界面处出现 Al 的富集，黏结层的 Al 元素扩散至界面与从表层扩散进来的氧气和喷涂后残留的氧气反应生成 Al$_2$O$_3$ 热生长氧化物，使得界面处的 Al 含量和 O 含量增高，虽然热生长氧化物会导致在更高的温度下涂层易从黏结层剥落，但在实验温度内涂层保持稳定的双层结构，对基体提供较好的抗氧化保护性能，钼基体未出现氧化行为。

(5) 涂层为双层结构，表层由熔融粒子和半熔融粒子堆垛而成，呈现典型的热喷涂形貌，在氧化后表面生成玻璃相的 SiO_2，随着温度升高，SiO_2 玻璃相逐渐增多，表层的致密度提高。氧化过程中表层的 B_2O_3 相由于熔点较低而挥发，涂层内部的 B 元素则由于表层 SiO_2 膜的存在而保持均匀分布。

第 4 章 La-TZM 钼合金的抗腐蚀性研究

4.1 La-TZM 钼合金的电化学腐蚀性研究

4.1.1 La-TZM 钼合金的电化学腐蚀机理

4.1.1.1 酸中碱介质中极化曲线分析

表 4-1 是 TZM 钼合金和 La-TZM 钼合金在 Cl$^-$ 含量 3.5％的酸性、中性、碱性介质中的电化学测试结果,其中酸性和碱性介质中 C(H$^+$)、C(OH$^-$) 为 1mol/L。从表 4-1 可以看出, 同种材料在不同溶液中的腐蚀速率存在差异, TZM 钼合金和掺 La-TZM 钼合金在碱性介质中表现出较大的腐蚀速率, 在酸性介质中的腐蚀速率最小。对于碱性介质, OH$^-$ 和 Cl$^-$ 双重腐蚀, 快速破坏合金表面的钝化膜, 产生点蚀, 进而引起晶间腐蚀, 使 TZM 钼合金和 La-TZM 钼合金腐蚀速率加快; 与碱性介质相比较, 两类合金在中性和酸性介质中的腐蚀速率较慢, 由于粉末冶金制备的两类合金对酸性介质有良好的耐蚀性, 所以合金在酸性介质中腐蚀速率最慢。

表 4-1　TZM 合金和 La-TZM 钼合金在不同介质中的电化学测试结果

样品	腐蚀介质	腐蚀电势 E_{corr}/V	腐蚀电流密度 I_{corr}/(A/cm^2)
TZM	酸性介质	-0.3828	3.96×10^{-6}
	中性介质	-0.4150	5.49×10^{-6}
	碱性介质	-0.8246	1.49×10^{-5}
La$_2$O$_3$-TZM	酸性介质	-0.2949	3.23×10^{-6}
	中性介质	-0.4487	9.85×10^{-6}
	碱性介质	-0.9028	2.04×10^{-5}
La(NO$_3$)$_3$-TZM	酸性介质	-0.3562	3.31×10^{-6}
	中性介质	-0.4278	7.17×10^{-6}
	碱性介质	-1.033	2.13×10^{-5}

图 4-1 是 TZM 钼合金和 La-TZM 钼合金在不同介质中的极化曲线, 可以看出, 在中性介质和碱性介质中, La-TZM 钼合金腐蚀速率较快, 而在酸性介质中, TZM 钼合金腐蚀速率较快。因此, TZM 钼合金耐 Cl$^-$ 和 OH$^-$ 侵蚀能力较好, 而 La-TZM 钼合金耐 H$^+$ 侵蚀能力较好。在中性和碱性介质中, 首先, La-TZM 钼

合金在掺杂元素处更容易出现孔蚀，孔蚀蔓延引起更多的晶间腐蚀；其次，稀土 La 元素对合金内部晶界上富集的游离氧具有吸附、钉扎作用，使晶界处易出现贫氧现象，形成氧化膜的氧化还原反应减弱，造成 Cl^-、OH^- 不断对基体内部进行腐蚀。在酸性介质中，SO_4^{2-} 减弱了 La 对氧的吸附、钉扎作用，同时，La-TZM 钼合金对硫酸的耐蚀性更强。

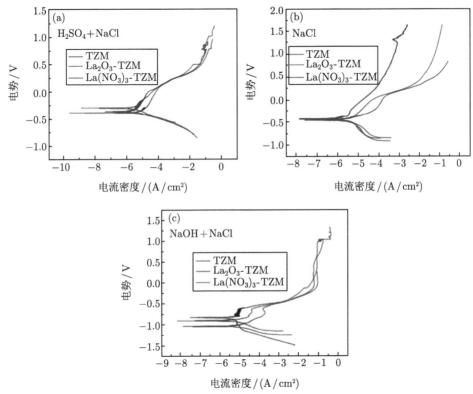

图 4-1　TZM 钼合金和 La-TZM 钼合金在不同介质中的 Tafel 曲线: (a) 酸性介质;(b) 中性介质;(c) 碱性介质

4.1.1.2　酸中碱介质中交流阻抗图谱分析

1) 合金在酸性腐蚀介质中的交流阻抗测试结果分析

图 4-2 为 TZM 钼合金和 La-TZM 钼合金在酸性介质中的交流阻抗图谱。从图 4-2 中可以看出，TZM 钼合金的容抗圆弧半径较小，La-TZM 钼合金的相位角平台及 |Z| 值明显高于 TZM 钼合金，因此，La-TZM 钼合金在酸性介质中的电极反应过程阻力明显增大，即腐蚀速率降低，形成钝化膜的致密性和均匀性更好。这与上述极化曲线的测试结果相一致 (图 4-1(a))。

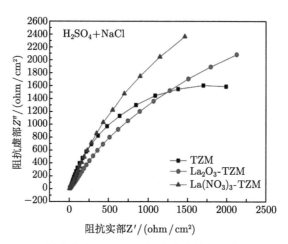

图 4-2　TZM 钼合金和 La-TZM 钼合金酸性介质中的交流阻抗谱

　　由于 TZM 钼合金和 La-TZM 钼合金在酸中碱介质下均有钝化膜覆盖在其表面，并且两者的交流阻抗谱均呈单一的容抗弧，故其所对应的等效电路与后文中图 4-34 一致，这里便不再赘述。用图 4-34 所示的等效电路 (R(Q(R(QR))) 型电路) 分别对 TZM 钼合金和 La-TZM 钼合金在酸性介质中的交流阻抗谱进行拟合，可得到如表 4-2 所示的交流阻抗谱拟合数据。

表 4-2　TZM 钼合金和 La-TZM 钼合金在酸性介质中的交流阻抗谱拟合数据

样品	腐蚀介质	TZM	La$_2$O$_3$-TZM	La(NO$_3$)$_3$-TZM
$R_s/(\Omega \cdot cm^2)$		3.577	7.119	8.809
$Q_1/(mF/cm^2)$		1.568	1.286	5.854
$R_r/(\Omega \cdot cm^2)$	酸性介质	43.27	185.9	793
$Q_2/(mF/cm^2)$		1.339	0.772	1.429
$R_{ct}/(\Omega \cdot cm^2)$		3995	6551	42610

　　表 4-2 为两种合金在酸性介质中的交流阻抗谱拟合数据。从表 4-2 中的等效电路拟合结果分析，La-TZM 钼合金的膜层电阻 R_r 和电荷转移电阻 R_{ct} 均高于 TZM 钼合金，其中 La(NO$_3$)$_3$-TZM 钼合金的 R_r 和 R_{ct} 相比 La$_2$O$_3$-TZM 钼合金值提高更为明显，说明液-液掺杂得到的 La(NO$_3$)$_3$-TZM 钼合金在酸性介质腐蚀过程中形成了更为致密的保护层，提高了合金的膜层电阻 R_r 和电荷转移电阻 R_{ct}，腐蚀过程中离子和电荷的传输阻力增大，使钝化膜的破坏过程减缓，从而降低了腐蚀速率，提高了合金的抗电化学腐蚀能力。这一结论与极化曲线的测试结果一致 (图 4-1)。

　　2) 合金在中性腐蚀介质中的交流阻抗测试结果分析

　　图 4-3 为 TZM 钼合金和 La-TZM 钼合金在氯化钠溶液中的交流阻抗谱。从图 4-3 中可以看出，TZM 钼合金的容抗圆弧半径最大，且 TZM 钼合金的相位角

平台及 |Z| 值明显高于 La-TZM 钼合金,故 La-TZM 钼合金在中性介质中腐蚀速率增加,钝化膜破裂严重,阳极溶解过程发生,形成的点蚀更加严重。这与上述极化曲线的试验结果一致 (图 4-1(b))。用图 4-34 所示的等效电路 (R(Q(R(QR))) 型电路) 分别对 TZM 钼合金和 La-TZM 钼合金在氯化钠溶液中的交流阻抗谱进行拟合,可得到如表 4-3 所示的交流阻抗谱拟合数据。

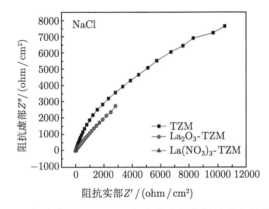

图 4-3　TZM 钼合金和 La-TZM 钼合金在氯化钠溶液中的交流阻抗谱

表 4-3　TZM 钼合金和 La-TZM 钼合金在氯化钠溶液中的交流阻抗谱拟合数据

样品	腐蚀介质	TZM	La$_2$O$_3$-TZM	La(NO$_3$)$_3$-TZM
$R_s/(\Omega\cdot cm^2)$		8.199	6.592	2.682
$Q_1/(mF/cm^2)$		0.237	0.480	0.191
$R_r/(\Omega\cdot cm^2)$	中性介质	64.7	65.11	61.36
$Q_2/(mF/cm^2)$		5.621×10^{-2}	1.037	0.966
$R_{ct}/(\Omega\cdot cm^2)$		2.17×10^4	1.135×10^4	0.0416×10^4

　　表 4-3 为两种合金在中性介质中的交流阻抗谱拟合数据。从表 4-3 中的等效电路拟合结果分析,TZM 钼合金的膜层电阻 R_r 和电荷转移电阻 R_{ct} 总体高于 La-TZM 钼合金,说明 TZM 钼合金在中性介质腐蚀过程中相比于 La-TZM 钼合金形成了更为致密的保护层,离子和电荷传输阻力的增大,减缓了钝化膜的破坏过程,降低了合金的腐蚀速率。

　　3) 合金在碱性腐蚀介质中的交流阻抗测试结果分析

　　图 4-4 为 TZM 钼合金和 La-TZM 钼合金在碱性介质中的交流阻抗谱。从图 4-4 中可以看出,合金在碱性介质中的交流阻抗谱均呈现单一的容抗弧。与合金在中性介质中交流阻抗图谱规律类似,TZM 钼合金的阻抗半径最大,故 TZM 钼合金在碱性溶液中腐蚀速率最小,钝化膜破裂程度最小。这与上述极化曲线的试验结果相一致 (图 4-1(c))。用图 4-34 所示的等效电路 (R(Q(R(QR))) 型电路)

分别对 TZM 钼合金和 La-TZM 钼合金在碱性介质中的交流阻抗谱进行拟合，可得到如表 4-4 所示的交流阻抗谱拟合数据。

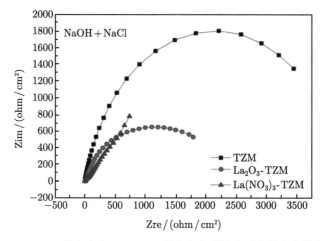

图 4-4　TZM 钼合金和 La-TZM 钼合金在碱性介质中的交流阻抗谱

表 4-4　TZM 钼合金和 La-TZM 钼合金在碱性介质中的交流阻抗谱拟合数据

样品	腐蚀介质	TZM	La$_2$O$_3$-TZM	La(NO$_3$)$_3$-TZM
$R_s/(\Omega \cdot cm^2)$		2.105	7.23	1.821
$Q_1/(mF/cm^2)$		0.382	0.951	0.135
$R_r/(\Omega \cdot cm^2)$	碱性介质	467.2	195.4	22.58
$Q_2/(mF/cm^2)$		0.175	40.17	4.007
$R_{ct}/(\Omega \cdot cm^2)$		3877	409.9	986.4

表 4-4 为两种合金在碱性介质中的交流阻抗谱拟合数据。从表 4-4 中的等效电路拟合结果分析，TZM 钼合金的膜层电阻 R_r 和电荷转移电阻 R_{ct} 远远高于 La-TZM 钼合金，说明 TZM 钼合金在碱性介质腐蚀过程中形成的保护层很大程度上提高了合金的膜层电阻 R_r 和电荷转移电阻 R_{ct}，减缓了钝化膜的破坏过程，降低了合金的腐蚀速率；La-TZM 钼合金的腐蚀反应电阻减小，腐蚀速率增加。

4.1.1.3　酸中碱介质中表面微观组织形貌特征

图 4-5 是 TZM 钼合金 (a)、(b) 和 La-TZM 钼合金 (c)、(d)、(e)、(f) 在酸性介质中腐蚀表面的 SEM 照片。从图 4-5(a)、(c)、(e) 可看出，与 La-TZM 钼合金相比较，经酸性介质腐蚀，TZM 钼合金最表面腐蚀层大部分已脱落，并且深一层的网状腐蚀层已出现，而 La-TZM 钼合金最表面腐蚀层仍未开始脱落，由此说明，La-TZM 钼合金在酸性介质中的腐蚀能力强于 TZM 钼合金，与上述电化学测试分析结论一致 (图 4-1 和图 4-2)。两类合金表层网状形貌相似，各条线经

腐蚀逐渐变宽变深形成沟和槽,沟槽相互交叉、联结将腐蚀表面分割成若干小块,沟槽内部出现新的蚀孔,孔蚀逐步向合金基体深处蔓延。

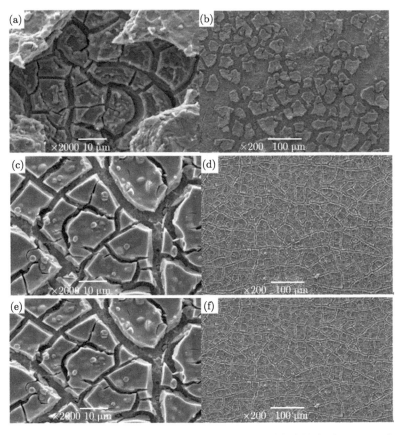

图 4-5　TZM 钼合金和 La-TZM 钼合金在酸性介质中腐蚀表面 SEM 照片

　　图 4-6 是 TZM 钼合金 (a)、(b) 和 La-TZM 钼合金 (c)、(d)、(e)、(f) 在氯化钠溶液中腐蚀后的表面 SEM 照片。从图 4-6(a)、(c)、(e) 可看出,与 TZM 钼合金相比,在中性介质中,La-TZM 钼合金表面有较宽的腐蚀沟槽,开裂沿合金元素周围以点蚀展开,有深一层的腐蚀出现,其腐蚀程度远高于 TZM 钼合金,与上述电化学测试结果相一致 (图 4-1 和图 4-3)。La-TZM 钼合金腐蚀机理主要是表层的蚀孔遇到晶界处,腐蚀缝隙合并延展产生晶间腐蚀,残留的腐蚀层表面出现大量散落均匀的腐蚀微孔,当腐蚀层丧失结合力后与基体分离、脱落,基体沟槽内部又出现深一层的腐蚀。TZM 钼合金腐蚀程度较为轻微,合金元素周围仍有裂开倾向,有少量孔蚀出现,腐蚀痕迹由添加的合金元素沿四周进行扩展。

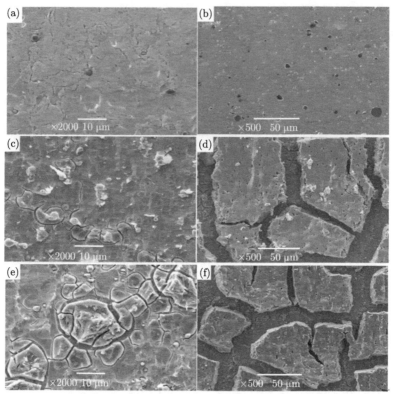

图 4-6　TZM 钼合金和 La-TZM 钼合金在氯化钠溶液中腐蚀表面 SEM 照片
(a)、(b) TZM 钼合金；(c)、(d) La₂O₃-TZM 钼合金；(e)、(f) La(NO₃)₃-TZM 钼合金

　　图 4-7 是 TZM 钼合金 (a)、(b) 和 La-TZM 钼合金 (c)、(d)、(e)、(f) 在碱性介质中腐蚀后的表面 SEM 照片。由图 4-8(a)、(c)、(e) 可见，La-TZM 钼合金在不同倍数扫描电子显微镜下的腐蚀沟槽明显比 TZM 钼合金的表面腐蚀层更宽更深，由此说明，在碱性介质中 TZM 钼合金抗腐蚀性强于 La-TZM 钼合金，与电化学测得的结果相一致 (图 4-1 和图 4-4)。两种合金经碱性介质腐蚀，表面形貌结构基本相类似，众多腐蚀区域分割成网状，腐蚀沿着网状线进一步向内部侵蚀，形成腐蚀沟槽，沟槽内部又出现新的蚀孔，孔蚀逐步向合金基体深处蔓延；蚀孔不但在水平方向沿着晶界向四周呈放射状蔓延，而且在垂直方向不断深入基体，形成更深更大的蚀孔，对基体进行逐层侵蚀。

　　图 4-8 是腐蚀后 La-TZM 钼合金表面的显微结构及能谱分析结果。从图 4-7(f) 低倍形貌图中可以看出，材料表面的腐蚀首先沿着晶界开始，这种腐蚀表面属于典型的晶间腐蚀形貌，由于晶界处的活性较大，腐蚀过程由晶界或邻近产生局部腐蚀。图 4-8(a) 是腐蚀表面放大后的显微结构，可以观察到，材料

的腐蚀层已严重破损开裂，同时可以发现，在腐蚀开裂区域存在团聚状的腐蚀产物。图 4-8(b) 能谱分析表明，腐蚀后材料表面的氧含量明显增大，这表明，腐蚀产物是以氧化物为主。可以推测腐蚀作用的机制是，在电流的作用下，由于氧化还原作用，合金中的 Mo 被氧化成为钼的氧化物，钼的氧化物以薄膜的形式覆盖在合金基体表面，在电解液中，有些钼的氧化物也会定向生长成团聚状结构。

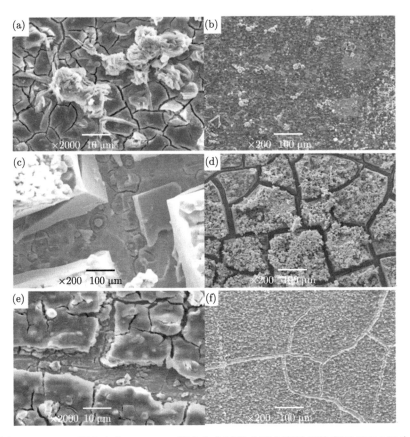

图 4-7   TZM 钼合金和 La-TZM 钼合金在碱性介质中腐蚀后的表面 SEM 照片
(a)、(b) TZM 钼合金；(c)、(d) La$_2$O$_3$-TZM 钼合金；(e)、(f) La(NO$_3$)$_3$-TZM 钼合金

4.1.1.4   酸中碱介质中电化学腐蚀机理分析

综上，TZM 钼合金和 La-TZM 钼合金腐蚀后表面的显微结构均与腐蚀电势及腐蚀电流密度密切相关，腐蚀速率较大的合金在各种腐蚀介质中腐蚀后，合金表面的微观组织结构变化也更加明显，腐蚀速率越大，则显微结构变化越明显。

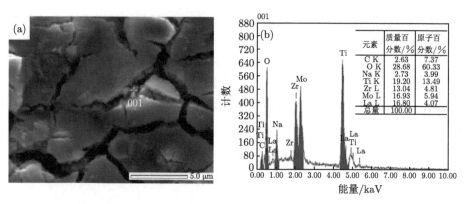

图 4-8　腐蚀后 La-TZM 钼合金表面的显微结构及能谱分析
(a) 显微结构图；(b)EDS 图谱

4.1.2　镀铂 Pt@La-TZM 钼合金电化学腐蚀行为研究

4.1.2.1　Pt@La-TZM 钼合金极化曲线分析

表 4-5 和图 4-9 分别是 Pt@La-TZM 钼合金和 La-TZM 钼合金在 Cl^- 浓度为 3.5%的中性、碱性介质中的腐蚀速率和极化曲线，其中碱性介质中 $C(OH^-)$ 为 1mol/L。从表 4-5 可以看出，Pt@La-TZM 钼合金和 La-TZM 钼合金在碱性介质中表现出较大的腐蚀速率，在中性介质中的腐蚀速率较小；Pt@La-TZM 钼合金在中性和碱性介质中的腐蚀速率显著低于 La-TZM 钼合金。主要由于 La-TZM 钼合金在碱性介质中受到 OH^- 和 Cl^- 双重腐蚀，快速破坏合金表面的钝化膜，产生点蚀，进而引起晶间腐蚀，使 La-TZM 钼合金腐蚀速率加快；而 Pt@La-TZM 钼合金在碱性介质中腐蚀电势明显升高，腐蚀电流密度显著降低，表现出良好的耐蚀性。在腐蚀介质中镀层有效阻碍了 Cl^- 对合金表面钝化膜的破坏及 OH^- 和 Cl^- 双重侵蚀引起的合金晶间腐蚀加剧作用，提高了合金的抗腐蚀性能。

表 4-5　Pt@La-TZM 钼合金和 La-TZM 钼合金在不同介质中的电化学测试结果

样品	腐蚀介质	腐蚀电势 E_{corr}/V	腐蚀电流密度 I_{corr}/(A/cm^2)
Pt@La-TZM	中性介质	-0.0230	3.35×10^{-6}
	碱性介质	-0.5477	1.99×10^{-5}
La-TZM	中性介质	-0.4278	7.17×10^{-6}
	碱性介质	-1.033	2.13×10^{-5}

图 4-9 是合金在不同介质中的极化曲线，可以看出，在中性介质和碱性介质中，La-TZM 钼合金的腐蚀速率较快，镀层 Pt 的腐蚀电流密度分别是未镀铂电流密度的 214% 和 107%，显著减缓了合金的腐蚀速率。从极化曲线图中还可以看出，所有合金都存在一个钝化区域，即当电势增大时，电流密度处于不变的状

态。这表明在电化学测试中合金形成了保护性氧化物膜，阻碍合金表面进一步腐蚀。图 4-9(a) 是合金处于中性介质中的极化曲线，可以看出，钝化膜的形成使合金在一定范围内腐蚀程度降到最低，随着合金进入到维钝区，此时钝化膜的生成速率与溶解速率达到动态平衡，阳极电流密度继续升高加速了合金基体表面的化学溶解，导致自腐蚀电流密度逐渐升高，使合金表面形成的钝化膜吸附 Cl$^-$ 增多，在电流作用下更易透过钝化膜中原有的小孔或缺陷处，与基体合金作用生成可溶性化合物；同时，Cl$^-$ 又易于分散在钝化膜中形成胶态，该状态显著改善钝化膜的电子和离子导电性，破坏钝化膜对基体的保护作用，引起合金基体的进一步腐蚀。图 4-9(b) 是合金处于碱性介质中的极化曲线，可以看出，Pt@La-TZM 钼合金和 La-TZM 钼合金在碱性介质下均呈现出明显的钝化特征，随着电势的升高，合金的电流密度下降到最低，表明合金进入致钝区，在其表面开始生成致密的钝化膜。随着电势的持续升高，合金的电流密度先增大后保持不变，即合金进入维钝区。相比 Pt@La-TZM 钼合金，La-TZM 钼合金的腐蚀电势显著下降。主要是由于 La-TZM 钼合金在掺杂元素处更容易出现孔蚀，孔蚀蔓延引起更多晶间腐蚀，其次，稀土 La 元素对合金内部晶界上富集的游离氧具有吸附、钉扎作用，使晶界处易出现贫氧现象，形成钝化膜的氧化还原反应减弱，造成 Cl$^-$、OH$^-$ 不断对基体内部进行腐蚀，进一步破坏合金的性能。

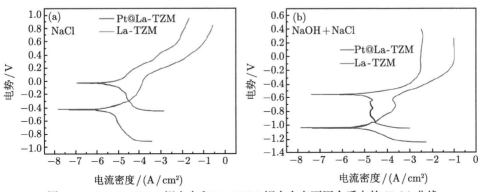

图 4-9 Pt@La-TZM 钼合金和 La-TZM 钼合金在不同介质中的 Tafel 曲线
(a) 中性介质;(b) 碱性介质

综上所述，对比 Pt@La-TZM 钼合金和 La-TZM 钼合金的电化学腐蚀特征，在同一种腐蚀介质中，合金表现出的电化学腐蚀行为类似，Pt@La-TZM 钼合金的抗腐蚀性能远远优于 La-TZM 钼合金。由于镀层 Pt 本身具有很好的耐蚀性，作为优异的涂层电镀在合金基体表面，有效阻碍了介质中的腐蚀性离子对合金基体的侵蚀，提高了合金的腐蚀电势，降低了腐蚀电流密度，显著提升了合金的抗腐蚀性能。

4.1.2.2   Pt@La-TZM 钼合金交流阻抗图谱分析

图 4-10 为 Pt@La-TZM 钼合金在不同腐蚀介质中的交流阻抗谱。从图 4-10 中可以看出，合金在两种不同介质中均表现为单一的容抗弧，具有典型钝态金属阻抗谱特征。交流阻抗谱半径的大小表征了合金耐腐蚀性能的强弱，一般来说，交流阻抗谱的半径越大，说明其电荷传导的阻力越大，腐蚀速率越小，即合金的耐蚀性越好。当 Pt@La-TZM 钼合金处于中性腐蚀介质中时，阻抗图谱表现出一个加宽的容抗弧，主要由于实际体系检测的阻抗应为电极表面钝化面积与活化面积界面阻抗的并联耦合，但因钝化面积的阻抗远远高于活化面积阻抗，因次，实际的阻抗图谱反映的是电极表面活化面积上的阻抗，即两个时间常数叠加在一起，故呈现出加宽的容抗弧。此外，Pt@La-TZM 钼合金在中性介质下的抗腐蚀性能明显优于碱性介质，在中性介质中形成的钝化膜致密性和均匀性更好。这与上述极化曲线的试验结果相一致 (图 4-9)。

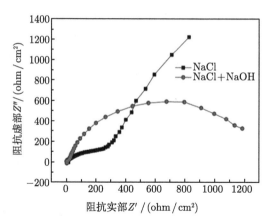

图 4-10   Pt@La-TZM 钼合金在不同腐蚀介质中的交流阻抗谱

通常合金表面涂覆有机或金属基涂层，阻抗谱一般会存在两个或者两个以上的时间常数。采用如图 4-11 所示的 Pt@La-TZM 钼合金在不同腐蚀介质中交流阻抗谱对应的等效电路，用 ZSimpWin 拟合 Pt@La-TZM 钼合金在不同腐蚀介质中自腐蚀电势时的交流阻抗谱，得到拟合效果最优的等效电路为 R(Q(R(Q(RW)))) 型电路，其中，R_s 为溶液电阻，代表参比电极和工作电极之间的电解质阻抗；Q 为腐蚀溶液与工作电极表面之间所形成的双电层电容的常相位角元件 (通常每一个界面之间都会存在一个电容)；其中，Q_1 代表涂层电容，Q_2 代表双电层电容；R_{po} 为微孔电阻，代表通过涂层微孔途经的电阻值；R_t 为电荷转移电阻，代表电极过程中基底金属腐蚀的反应电阻；Z_w 是扩散元件，是阻抗谱中由于扩散过程引起的阻抗特征。

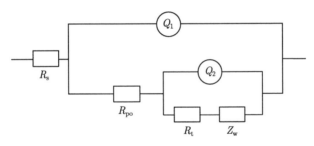

图 4-11 Pt@La-TZM 钼合金在不同腐蚀介质中交流阻抗谱对应的等效电路

表 4-6 为 Pt@La-TZM 钼合金在不同腐蚀介质中的交流阻抗谱拟合数据,从表 4-6 的等效电路拟合结果可以看出,此时,铂涂层已经进入到腐蚀浸泡后期,阻抗谱中出现具有扩散阻抗特征的阻抗谱。腐蚀初期,腐蚀介质还未渗入到达涂层/基底金属界面时,涂层体系相当于一个纯电容;腐蚀中期,由于涂层中 Pt 颗粒对腐蚀剂中 Cl^- 及 OH^- 的阻挡作用,腐蚀介质只能通过 Pt 颗粒之间的孔隙,弯弯曲曲地向内渗入,导致反应粒子传质过程的方向与浓度梯度方向不平行,即出现“切向扩散”现象。由表 4-6 也可以看出,Pt@La-TZM 钼合金在中性介质中的微孔电阻 R_{po} 远远高于碱性介质,说明腐蚀介质的反应粒子在钝化膜之间的渗入作用得到抑制,钝化膜破裂过程减缓;当腐蚀进一步反应,到达腐蚀后期时,随着腐蚀微孔的逐渐扩大,原本存在于 Pt 涂层中的浓度梯度消失,导致界面区域基底合金的腐蚀反应速率加快,从而形成一个新的浓度梯度。当 Pt 涂层表面仅有肉眼看不到的微孔时,在 Pt 涂层内形成扩散过程的浓度梯度层;而当腐蚀继续进行,腐蚀介质中的反应粒子即可顺利透过微孔的扩大孔到达涂层/基底合金界面时,扩散过程即在电极附近的浓度梯度层继续进行。综上,Pt 涂层很好地阻挡了腐蚀介质对合金基体的侵入,使钝化膜的破坏过程减缓,降低了腐蚀速率,提高了合金的抗电化学腐蚀能力。这一结论也与极化曲线的测试结果一致(图 4-9)。

表 4-6 **Pt@La-TZM 钼合金在不同腐蚀介质中的交流阻抗谱拟合数据**

腐蚀介质	中性介质 (NaCl)	碱性介质 (NaCl+NaOH)
$R_s/(\Omega \cdot cm^2)$	2.644	0.7165
$Q_1/(F/cm^2)$	5.582×10^{-4}	2.75×10^{-4}
n_1	0.6991	0.8024
$R_{po}/(\Omega \cdot cm^2)$	268.4	20.93
$Q_2/(F/cm^2)$	5.267×10^{-3}	6.92×10^{-4}
n_2	0.7243	0.8895
$R_t/(\Omega \cdot cm^2)$	3.399×10^{-3}	1.374×10^3
$Z_w/(\Omega \cdot cm^2)$	8.657×10^{-13}	1.046×10^{11}

4.1.2.3   铂镀层表面 SEM 形貌特征分析

图 4-12(a)、(b) 分别为 Pt@La-TZM 钼合金板材原始 Pt 镀层表面的 SEM 图像及 EDS 能谱图。从图 4-12(a) 中可以明显看出，Pt 镀层呈圆形颗粒状且均匀分布在合金基体表层，表明镀层与基体结合性好，无裂纹和剥落现象，无孔洞缺陷，且镀层表面致密性良好；从图 4-12(b) 中可以看出，镀层表面无任何杂质元素，表明镀层质量完好。

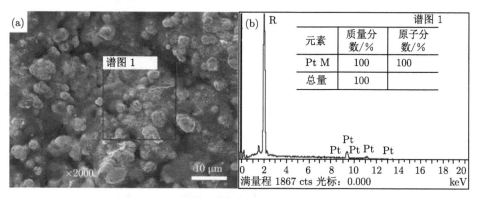

图 4-12   原始试样铂镀层表面的 SEM 图像
(a) 微观组织形貌;(b) 能谱分析

4.1.2.4   Pt@La-TZM 钼合金表面微观组织形貌特征

图 4-13 是 Pt@La-TZM 钼合金 (a)、(b) 和 La-TZM 钼合金 (c)、(d) 在中性介质中腐蚀表面的 SEM 照片。由图 4-13(a)、(b) 可以看出，Pt@La-TZM 钼合金板材表面未被腐蚀介质中的 Cl^- 侵蚀，也未出现孔洞缺陷，表面形貌仍然完好。由图 4-13(c)、(d) 可以看出，La-TZM 钼合金表面腐蚀沟槽较宽，且开裂均由合金试样表面缺陷的半平面处、第二相粒子周围、晶界处优先以点蚀展开，导致 La-TZM 钼合金在这些不规则表面处容易产生腐蚀液的积聚，使这些表面优先进行金属的溶解。随着腐蚀程度进一步加剧，合金表层的蚀孔遇到晶界处，腐蚀缝隙合并延展引起晶间腐蚀，残留的腐蚀层表面出现大量散落均匀的腐蚀微孔，当腐蚀微孔渐渐形成腐蚀沟槽后，腐蚀沟槽联结将合金表面分割成若干腐蚀小块区域，导致沟槽内部出现新的蚀孔，孔蚀逐步向合金基体深处蔓延。可见，采用电镀法制备的 Pt 镀层具有优良的耐蚀性，且与基体结合紧密，从而在很大程度上提高了 La-TZM 钼合金在中性介质中的抗腐蚀性能。

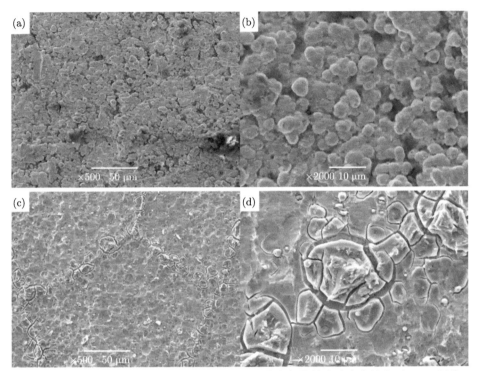

图 4-13 Pt@La-TZM 钼合金和 La-TZM 钼合金在氯化钠溶液中腐蚀表面 SEM 照片
(a)、(b) Pt@La-TZM 钼合金; (c)、(d) La-TZM 钼合金

图 4-14 是 Pt@La-TZM 钼合金 (a)、(b) 和 La-TZM 钼合金 (c)、(d) 在碱性介质中腐蚀表面的 SEM 照片。由图 4-14(a)、(b) 可以看出，Pt@La-TZM 钼合金板材表面被腐蚀介质中的 Cl^- 和 OH^- 侵蚀程度较轻，相比于图 4-13(a)、(b)，Pt@La-TZM 钼合金在碱性介质中的腐蚀程度略微加剧，在 OH^- 和 Cl^- 双重侵蚀下 Pt 镀层最表层的部分颗粒溶解、交联在一起，但合金表面整体未出现明显的孔洞缺陷，表面形貌仍然完好，表现出良好的抗腐蚀性能。由图 4-14(c)、(d) 可以看出，La-TZM 在 OH^- 和 Cl^- 双重侵蚀下，与合金在中性介质下腐蚀表面形貌类似，合金表面被众多腐蚀区域分割成网状，当腐蚀液在网状内部积聚达到临界腐蚀浓度时，腐蚀沿着网状线进一步向内部侵蚀，形成的腐蚀沟槽内部会加剧点蚀程度，点蚀不但在水平方向沿着晶界向四周呈放射状蔓延，而且在垂直方向不断深入基体，形成更深更大的蚀孔，对基体进行逐层侵蚀。当腐蚀层丧失结合力后与基体分离、脱落，基体沟槽内部又出现深一层的腐蚀。相比图 4-13(c)、(d)，La-TZM 钼合金在碱性介质下的腐蚀程度加剧，主要是由于 Cl^- 和 OH^- 双重侵蚀快速破坏合金表面的钝化膜，产生点蚀，引起晶间腐蚀，加剧了合金晶间腐蚀程度。可见，Pt 镀层可以提高 La-TZM 钼合金在碱性介质中对 Cl^- 和 OH^-

的双重侵蚀作用，提高合金的抗腐蚀性能。

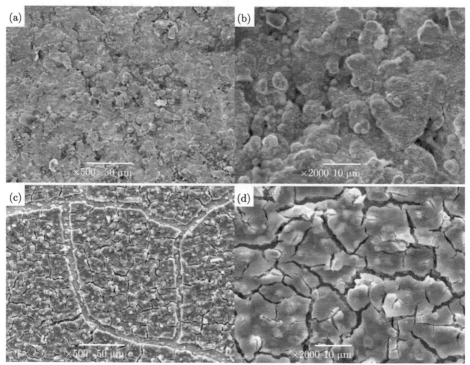

图 4-14　Pt@La-TZM 钼合金和 La-TZM 钼合金在碱性介质中腐蚀表面 SEM 照片
(a)、(b) Pt@La-TZM 钼合金；(c)、(d) La-TZM 钼合金

4.1.2.5　Pt@La-TZM 钼合金截面微观组织形貌特征

　　图 4-15 为 Pt@La-TZM 钼合金在中性介质和碱性介质下的截面 SEM 照片。从图 4-15(a)、(b) 中可以看出未被腐蚀的合金镀层明显可见，且其与合金基体附着性良好，无裂纹和剥落现象，无孔洞缺陷，镀层表面致密性较好；镀层最厚处达到 12.1μm，较薄处厚度为 4.7μm。由图 4-15(c)、(d) 可以看出，Pt@La-TZM 钼合金在腐蚀介质下截面组织形貌完好，镀层有效保护合金基体。与图 4-15(a)、(b) 未被腐蚀的合金基体相比较，只有轻微的腐蚀痕迹；相比较图 4-15(c) 与 (d) 可以看出，镀层在碱性介质中的腐蚀程度相比于中性介质中保护性略微差些，且在碱性介质中镀层厚度也略微减小，由于碱性介质中 OH$^-$ 和 Cl$^-$ 双重侵蚀作用削弱了镀层的保护性，使合金基体受到轻微腐蚀。整体而言，Pt 镀层与基体有着良好的附着性，且镀层截面无孔洞缺陷，致密性较好。由此可以说明电镀法制备的铂涂层与基体结合紧密，防腐蚀性效果较好。

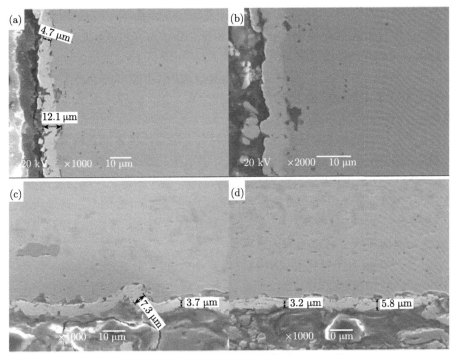

图 4-15   Pt@La-TZM 钼合金截面 SEM 照片
(a)、(b) 原始样；(c) Pt@La-TZM 钼合金-NaCl；(d) Pt@La-TZM 钼合金-NaCl+NaOH

4.1.2.6   Pt@La-TZM 钼合金电化学腐蚀机理分析

综上所述，Pt@La-TZM 钼合金显著提高了合金的腐蚀电势，降低了合金的腐蚀电流密度，减缓了合金的腐蚀速率。由于涂层中 Pt 颗粒改变了腐蚀介质沿着孔隙渗入基体的扩散方向，该阻挡作用使传质过程更困难，当腐蚀继续进行时，最终，使得腐蚀介质的扩散过程在电极附近的浓度梯度层进行。此外，Pt 镀层很好地增大了涂层的微孔电阻 R_{po}，阻挡了介质中腐蚀性离子对合金基体的浸入，减缓了 Cl^- 对腐蚀表面形成钝化膜的破坏作用，有效阻碍了 Cl^- 和 OH^- 双重侵蚀引起的合金晶间腐蚀加剧作用，提高了合金抗腐蚀性能。

4.1.3   小结

(1) 两类合金在不同腐蚀介质中的腐蚀速率差异很大，TZM 钼合金和 La-TZM 钼合金在碱性介质中腐蚀速率最大，在中性介质中腐蚀速率次之，在酸性介质中腐蚀速率较小，这可以用 OH^- 和 Cl^- 双重侵蚀使两类合金晶间腐蚀加剧、Cl^- 有效破坏腐蚀表面形成的钝化膜、TZM 钼合金及 La-TZM 钼合金对酸性介质具有良好的耐蚀性进行合理解释。

(2) 在酸性介质中，TZM 钼合金腐蚀速率较高，掺 La-TZM 钼合金腐蚀速率较低；在中性及碱性介质中，La-TZM 钼合金腐蚀速率较高，TZM 钼合金腐蚀速率较低。可以认为，采用粉末冶金技术制备的 TZM 钼合金耐 Cl⁻ 和 OH⁻ 能力优于掺 La-TZM 钼合金，即 TZM 钼合金更适用于中性及碱性条件；制备的掺 La-TZM 钼合金耐酸侵蚀能力优于 TZM 钼合金，即 La-TZM 钼合金更适用于酸性条件。

(3) 采用电镀法在 La-TZM 钼合金板材表面制备出致密的铂镀层，通过扫描电子显微镜观察，该镀层与基体结合紧密，并且无孔洞裂纹等缺陷。

(4) 通过对 Pt@La-TZM 钼合金在两种不同介质中的电化学腐蚀行为分析，对比 La-TZM 钼合金的电化学腐蚀行为可知，Pt 镀层将合金的自腐蚀电势有效提高了 18.6 倍和 1.89 倍，镀层 Pt 的腐蚀电流密度分别是未镀铂电流密度的 214% 和 107%，显著减缓了合金的腐蚀速率。

(5) 通过扫描电子显微镜 (SEM) 测试分析方法对 Pt@La-TZM 钼合金在两种不同腐蚀后的表面和截面组织形貌分析，对比 La-TZM 钼合金的形貌可知，Pt@La-TZM 钼合金经中性和碱性介质腐蚀后均未出现孔洞缺陷，表面形貌仍然完好；对比合金在两种不同介质中的腐蚀形貌可知，Pt@La-TZM 钼合金经 Cl⁻ 和 OH⁻ 双重侵蚀程度略微加剧，但相比 La-TZM 钼合金，Pt 镀层很好地保护了合金基体，防止合金进一步被侵蚀。

4.2　La-TZM 钼合金的电弧烧蚀行为

4.2.1　掺镧钼钛锆合金的电弧烧蚀行为

1) 样品性能

TZM 和 La-TZM 钼合金的性能如表 4-7 所示。密度和维氏硬度分别提高了 1.7% 和 36.3%，抗拉强度和伸长率分别提高了 16.7% 和 26.2%。La-TZM 钼合金的电阻率比 TZM 钼合金低 34.6%。这种现象可以解释为 La_2O_3 与 Mo 相比具有较差的导电性。此外，La_2O_3 的加入不可避免地会导致晶格畸变。根据自由电子理论 [196]，位错和点缺陷破坏了理想的晶格，导致自由电子在这些位置的散射增加。另一方面，La_2O_3 的加入可以改善钼的空间分布，这种微观结构的变化有助于提高电导率。这些综合效应导致电阻率降低减少 [197]。

表 4-7　TZM 和 La-TZM 钼合金的性能

钢坯	电阻率/($\mu\Omega\cdot cm$)	密度/(g/cm^3)	硬度/HV	伸长率/%	抗拉强度/MPa
TZM 钼合金	8.15	9.90	154.51	1.22	293.2
La-TZM 钼合金	5.33	10.07	210.66	1.54	342.1

如图 4-16(a) 和 (b) 所示,在钼基底中,La_2O_3 颗粒的尺寸不同。大颗粒尺寸约为 1.5μm(图 4-16(b)),但小颗粒只有 0.1μm 左右 (图 4-16(a))。

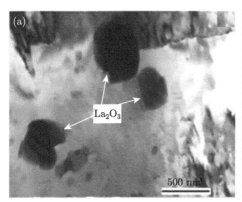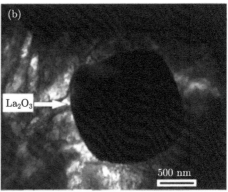

图 4-16　La-TZM 钼合金的透射电镜照片

第二相粒子存在于晶界和晶内。添加稀土氧化物的钨合金具有优异的耐电弧燃烧性和良好的电弧稳定性。表面的 La_2O_3 具有良好的电子发射能力,La_2O_3 颗粒断裂会吸收能量,因此掺镧可以降低电弧能量。

2) 电接触物理现象

5000 次操作期间的电阻如图 4-17 所示。试验过程中,电弧时间和电弧能量的变化趋势相似,不同于闭合压力。当操作数从 1000 增加到 3600 时,它基本保持稳定。但是当操作从 3600 增加到 4000 并且从 4000 到 5000 的变化时,它大幅先增加后减少,波浪式变化。每 1000 次测量一次接触电阻。首先,接触电阻随着 3000 次之前的次数而增加。之后,在 3000~4000 倍减少,最后在 4000~5000 倍增加。接触电阻与材料表面有关。当温度达到 400℃ 时,它会产生氧化物,然后氧化物会阻碍电流传导,因此接触电阻增加,因为电弧侵蚀是从点到面的,在 3000 次之前在表面上产生了更多的氧化物。当电弧能量迅速增大,温度在 700℃ 以上时,表面生成 MoO_3,3000 次后开始蒸发,因此接触电阻在 3000~4000 次之间下降。

3) 质量损失和表面产物

通过测量静触点和动触点的质量损失,测试前总质量为 1.5027g,测试后总质量为 1.4999g。质量损失 0.0028g,占原样品的 0.18%。如图 4-18(b) 和 (c) 所示,静触头的腐蚀大于动触头。两个接触面的一部分被腐蚀,其他部分保持不变。如图 4-18(a) 所示,我们发现表面主要是氧和钼元素,这表明表面上主要产生氧化钼。图 4-18(d) 显示了腐蚀后样品的物相。证实了电弧侵蚀表面的产物主要是 MoO_3、Mo_8O_{23} 和 Mo_4O_{11}。在电弧侵蚀过程中,表面温度可能高于 700℃,因

为 MoO_3 在温度高达 700°C 时产生。根据理论，在电弧侵蚀过程中，表面上的电弧中心温度可能高于 5000°C。

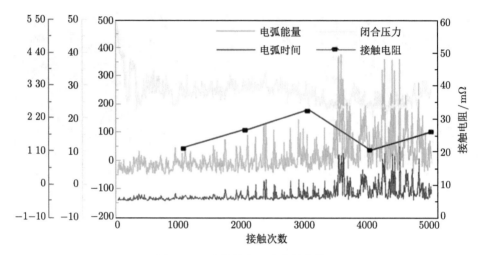

图 4-17　电接触物理现象的变化

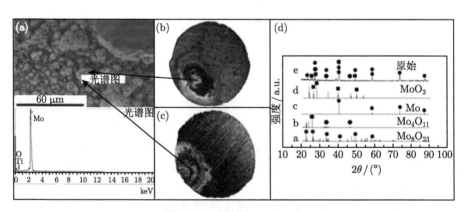

图 4-18　烧蚀表面和产品

(a) EDS 分析；(b) 移动接触；(c) 静态接触；(d) XRD 相分析

4) 微观形貌

如图 4-19 所示，La-TZM 钼合金试样的表面主要形成以下三种缺陷: 氧化物颗粒 (图 4-19(a))、微孔 (图 4-19(c)) 和微裂纹 (图 4-19(d))。氧化扩散到其他区域，开始形成多孔层结构，表面残留的 MoO_3 由于温度的急剧变化而固化成颗粒，使其无法离开表面。如图 4-19(a) 所示，氧化区域进一步扩大。在空气气氛下，它可以诱导烧结状态在表面形成烧结结构，而电弧侵蚀可以引起高温 (图 4-19(b))。

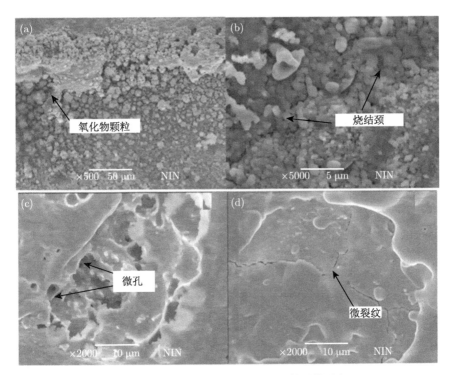

图 4-19   5000 次操作后 La-TZM 的显微形态
(a) 氧化物颗粒; (b) 烧结结构; (c) 微孔; (d) 微裂纹

随着氧化的发展,电弧侵蚀从样品表面开始向内部发展。当温度达到 700℃ 以上时,表面氧化物会蒸发。如图 4-19(c) 所示,表面上有少量小而深的孔。熔层的快速凝固导致熔层组织中空位和位错密度的增加。空位和位错密度的增加会降低晶界强度,从而增加应力作用下晶界裂纹形成的可能性[198]。如图 4-19(d) 所示,表面有少量微裂纹。最严重的缺陷之一是裂纹,它形成于静接触面。

5) 电弧时间/电弧能量的分布和关系

图 4-20 显示出了 La-TZM 钼合金 5000 次暴露实验的电弧能量和电弧时间的分布和关系曲线。在图 4-20 中,电弧时间和电弧能量之间存在一定的定量关系。电弧能量大于 300mJ,持续时间为 12ms,主要维持 1~9ms。电弧能量、电弧时间和焊接力分布不尽相同。5000 次试验 95% 的焊接力小于 37g,平均电弧能量、电弧时间和焊接力分别为 30mJ、1ms 和 15g。图 4-20 中的结果表明,电弧时间对电弧能量有影响,但电弧时间对焊接力没有直接影响。

6) 表面的形成机制

当温度不太高时,钼在空气或水中是稳定的。当温度达到 600℃ 时,钼的氧化开始缓慢,并产生黄色产物 MoO_3。在低于 600℃ 的电弧侵蚀温度开始时,钼

首先形成 MoO_2，然后形成 Mo_8O_{23} 和 Mo_4O_{11}，MoO_2 进一步氧化。当温度升至 600℃ 以上时，中间体迅速氧化成 MoO_3 并蒸发。表面被加热，然后迅速冷却，因为电弧在这个过程中迅速形成，所以只有少量 MoO_3 蒸发。表面会保留一些 MoO_3 产物，如图 4-18(b) 和 (c) 所示。

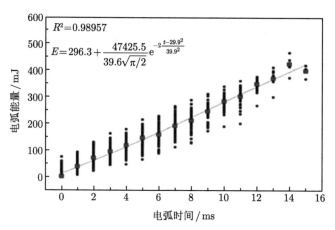

$$R^2 = 0.98957$$
$$E = 296.3 + \frac{47425.5}{39.6\sqrt{\pi/2}} e^{-2\frac{t-29.9^2}{39.9^2}}$$

图 4-20　电弧时间和电弧能量的分布及关系

La-TZM 电弧侵蚀图如图 4-21 所示。电弧侵蚀从单个点开始 (图 4-21(b))，然后点数上升 (图 4-21(c))。随着电弧侵蚀的发展，电弧时间和电弧能量也在增加，点形成侵蚀区域 (图 4-21(d))。表面开始迅速氧化并产生挥发性的 MoO_3(图 4-21(e))，但部分氧化物附着在接触面上 (图 4-21(f))，因此阻碍了电弧的形成，电弧时间将进一步缩短。随着表面的氧化，电弧能量和电弧时间会减少，电弧能量与氧化物的量有关。相反，当氧化物挥发时，电弧能量和电弧时间会增加。

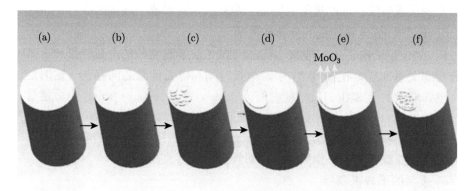

图 4-21　La-TZM 电弧烧蚀过程图

(a) 原始样品；(b) 点蚀开始；(c) 多点烧蚀；(d) 局部烧蚀；(e) MoO_3 挥发；(f) 表面后挥发

接触电阻与接触面和接触条件有关。随着接触表面变化，电阻显示它们有相同的趋势，与电弧侵蚀过程图相对应。

4.2.2 镧在 TZM 合金电弧侵蚀中的作用

1) 粉末形态

通过研磨制备的粉末形态如图 4-22 所示。在图 4-22(a) 和 (c) 中，粉末在研磨前具有多边形形态和团聚，而在 2h 后研磨的粉末混合物显示大部分粉末尺寸减少 (图 4-22(b) 和 (d))，但粉末尺寸略有减小，粉末形状不变。La-TZM 的平均粒径通过测量 100 个颗粒，粉末为 $2.73^{\pm0.04}\mu m$，TZM 粉末的平均粒度为 $2.84^{\pm0.04}\mu m$(图 4-22(d) 和 (b))。

图 4-22   (a)、(c) 球磨前粉末 TZM 和 La-TZM 粉末的表面形态；(b)、(d) 球磨后的 TZM
和 La-TZM 粉末

图 4-23 显示了烧结板坯的显微结构。在图 4-23(a) 和 (b) 中，TZM 和 La-TZM 的晶粒尺寸分别为 25μm 和 15μm，表面有一些白色和黑色的第二相。图 4-23(b) 中小的第二相的数量多于图 4-23(a)。在图 4-23(a) 中，TZM 表面的第二相包含碳、氧、钛和锆。然而，除了图 4-23(b) 中的镧 (La) 之外，第二相的元素主要是氧 (O)、钛 (Ti)、钼 (Mo)。如图 4-23(b) 所示，有许多微小的白色第二相颗粒。

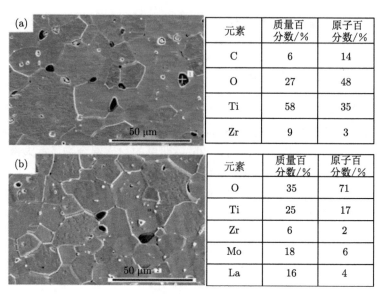

元素	质量百分数/%	原子百分数/%
C	6	14
O	27	48
Ti	58	35
Zr	9	3

元素	质量百分数/%	原子百分数/%
O	35	71
Ti	25	17
Zr	6	2
Mo	18	6
La	16	4

图 4-23　烧结板坯的显微结构
(a) TZM; (b) La-TZM

2) 力学性能与电弧烧蚀性能

图 4-24 显示了样品的拉伸应力-应变曲线。抗拉强度提高了 23.8%[199]。氧化镧颗粒不仅作为异质形核核心，而且作为第二相颗粒在烧结结晶过程中阻碍晶粒生长，导致晶粒细化。平均值如图 4-23 所示，晶粒尺寸从 25μm 减小到 15μm。所以，添加镧可以细化晶粒，提高强度。

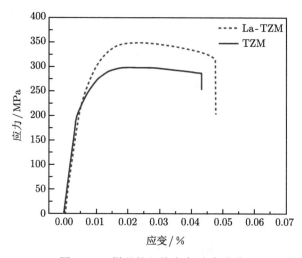

图 4-24　样品的拉伸应力-应变曲线

与 TZM 钼合金相比，La-TZM 钼合金的电导率降低了 34.6%[200]。这种现象可以解释为 La_2O_3 与 Mo 相比具有较差的导电性。根据自由电子理论，金属是自由导电的电子。通过量子理论和自由电子能带理论，电导率的表达式可以导出

$$\sigma = \frac{n_{ef}e^2 l_f}{m^* V_F} \tag{4-1}$$

式中，σ 是导电率；n_{ef} 代表实际的电子数参与传导过程的单位体积电子数；e 是电子功率；l_f 是平均自由程；m^* 是电子的有效质量；V_F 是电子的平均运动速度。镧元素的外部电子排列是 $5d^1 6s^2$。它很容易失去外部的 s 和 5d 或 4f 层电子，原子半径大，可以使电子增加，然后增加导电性。这种影响导致电阻率降低幅度较小。

3) 电弧侵蚀特性

图 4-25 显示出了在 DC20V-10A 下，电弧能量和电弧时间随测试时间的变化，高达 5000 次操作。当运行次数从 1000 次增加到 3000 次时，La-TZM 电弧能量和电弧时间基本保持稳定。然后当操作数从 3000 增加到 5000 时，它们增加。然而，当操作数从 1000 增加到 4000 时，电弧能量和 TZM 电弧时间不断增加。并且在操作数从 4000 增加到 5000 时基本保持稳定。总的来说，La-TZM 的电弧能量和电弧时间在整个过程中小于 TZM，除了当操作数小于 1000 时的电弧能量，因为电接触材料表面不能保证完全平坦。在早期阶段，表面总是与点接触。当 La-TZM 钼合金的接触点比 TZM 钼合金多时，会导致早期 La-TZM 钼合金的接触面积较大。因此，接触面积可能会受到样品初始加工水平的影响。电弧能量和电弧时间的变化主要集中在表面 [199]。平均电弧能量和电弧时间分别下降 17.9% 和 20.9%。

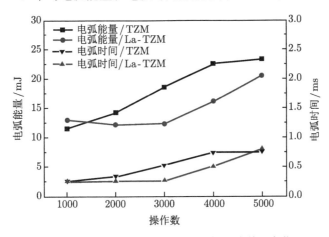

图 4-25　电弧能量和电弧时间随接触次数而变化

4) 电弧侵蚀后的表面形貌

图 4-26 显示了电弧侵蚀后样品的整体表面形态。La-TZM 的电弧侵蚀形态

见图 4-26(a) 和 (b)。试样表面只有一部分被腐蚀,电弧腐蚀的面积很小。表面中央有一个坑,是侵蚀严重的地区。动触头的腐蚀区域对应于静触头。图 4-26(c) 和 (d) 显示了 TZM 的电弧侵蚀形态。静态接触面积大于移动触点。静触头有凹坑,动触头有凸起。在图 4-26(a) 和 (c) 中,TZM 接触材料的电弧侵蚀发生在比 La-TZM 接触材料更大的区域上,测量的侵蚀面积分别为 $0.752mm^2$(图 4-26(a) 和 (b)) 和 $1.115mm^2$(图 4-26(c) 和 (d))。由于掺镧,电弧侵蚀面积减少了 32.6%。TZM 的质量损失为 4mg,La-TZM 为 2.7mg,比 TZM 减少 32.5%。

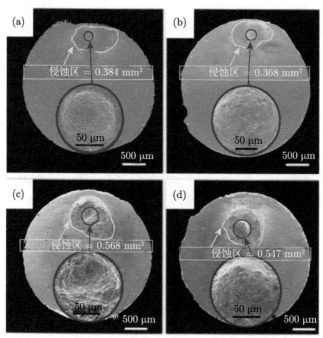

图 4-26　电弧侵蚀后样品的整体表面形态
La-TZM 静态和动态接触的 (a) 和 (b);(c) 和 (d) 代表 TZM 的静态和动态触点

5) 表面缺陷

图 4-27 显示了电弧侵蚀后的缺陷表面形态。La-TZM 钼合金表面试样主要形成以下三种缺陷: ① 材料转移形成的侵蚀峰 (图 4-27(a) 和 (b)), ② 微孔和氧化物颗粒 (图 4-27(c) 和 (d)), ③ 微裂纹 (图 4-27(e) 和 (f))。没有镧,电弧侵蚀区域变得更加集中,因此导致形成更大的侵蚀峰。另外,从图 4-27(c) 中还可以看出,有明显的球形颗粒和小凹坑的痕迹。更有甚者,图 4-27(e) 中有一些裂缝更大更深。然而,当掺杂 1.0% 时,在 TZM 钼合金中加入镧后,表面侵蚀有效减少。首先,腐蚀峰减少了 TZM 钼合金面积的一半。也就是说,材料被切成两半,从运动接触转移到静态接触。其次,镧元素形成的氧化物颗粒可以减少电弧侵蚀而形成烧蚀坑。在 TZM 钼

合金试验中，由于闭合压力增加，氧化层很容易破裂。因此，它比 La-TZM 钼合金更容易使氧化层破裂。并且由于氧化钼挥发或熔滴从表面飞溅，会在表面形成凹坑。最后，最严重的缺陷之一是裂纹。La-TZM 钼合金的微裂纹比 TZM 钼合金轻，这是因为掺镧合金的电弧能量低于图 4-28 中没有镧合金的情况。

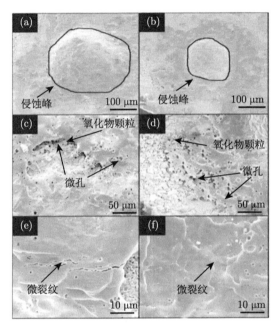

图 4-27 电弧侵蚀后的缺陷表面形态：(a)、(c) 和 (e) 为 TZM；(b)、(d) 和 (f) 为 La-TZM

La-TZM 钼合金的电弧能量和电弧时间、整体表面以及电弧侵蚀后表面的缺陷与 TZM 钼合金相比较，可以解释如下。

下面列出了电弧的形成。首先，触点之间只有空气分子。当接触分离小的时候，有一个高电场强度 $E((3 \pm 10)\mathrm{V/m})$，然后阴极表面的电子会被电场力从接触空间之间的自由电子中拉出。从阴极表面和触点之间发射的自由电子将在电场力的作用下移动到阳极。只要电子速度和动能足够高，离子就可以通过与空气分子碰撞喷射出电子，进而形成自由电子和正离子。新的自由电子也加速了阳极的运动，同样会通过与中性粒子碰撞使中性粒子自由。连续电离使接触充满电子和正离子。电弧介质被击穿，电路在外加电压下再次导通。

图 4-28 显示出了镧在电弧侵蚀下的效果示意图。表面的镧具有很好的电子发射能力，在电场作用下可以传输电子，因为它的电子功比钼低 [201]。其微观结构如图 4-23(b) 所示，初始状态如图 4-28(a) 所示。在图 4-28(b) 中，镧将释放电子并在电场作用下变成正离子，并且电子碰撞气体分子，在图 4-28(c) 中的触点

之间产生新的电子和正离子。电子移动到阳极，正离子移动到阴极。这将形成新的电场，但是电流 (I) 的方向与图 4-28(d) 中的外部电流相反。

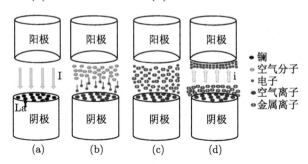

图 4-28　镧在电弧侵蚀下的效应示意图

Wang 等 [201] 发现，电弧电流和电弧能量之间的关系可用以下方程描述：

$$E = a \cdot I \cdot t \tag{4-2}$$

其中，E 是电弧能量；a 是与材料相关的系数；I 为电弧电流；t 为电弧时间。因此，可以通过减小触头间的电弧电流来降低电弧能量。这种关系可以用下面的等式来描述：

$$E = a \cdot (I - i) \cdot t \tag{4-3}$$

其中，E 是电弧能量，a 是与材料相关的系数。I 和 i 是电弧电流，t 是电弧时间。

因此镧掺杂可以通过降低电弧电流来降低电弧能量。随着电弧能量和电弧时间的减少，烧蚀面积减小，电弧侵蚀后的表面缺陷不会更严重。

4.2.3　小结

(1) 在 5000 次电弧测试中，电弧能量和电弧时间的概率分布和变化趋势相似，电弧时间和电弧能量呈指数函数关系。电弧能随测试次数的变化与电阻的变化规律一致。La-TZM 钼合金表面存在氧化物颗粒、弹坑和裂纹缺陷。电阻的变化主要与表面有关。

(2) La-TZM 钼合金具有较高的与钛锆钼合金相比，强度、密度和电阻率更低。掺杂镧通过在触点间形成反向电流，降低了电弧电流，平均电弧能量和电弧时间分别降低了 17.9% 和 20.9%。质量损失减少 32.5%，侵蚀面积减少 32.6%。阴极中的镧具有良好的电子发射能力。

4.3　室温下不同 Cl⁻ 浓度的 TZM 钼合金耐蚀性能

4.3.1　TZM 钼合金在 3.5%HCl 溶液中的腐蚀行为研究

TZM 钼合金在 3.5%HCl 中，经过 240h、720h、1200h、1680h 腐蚀后，失

重情况如表 4-8 所示。

表 4-8　TZM 钼合金在 3.5%HCl 中腐蚀前后 TZM 钼合金失重情况

类别	未腐蚀	T-A10	T-A30	T-A50	T-A70
M_1/g	0.4391	0.4388	0.4383	0.4381	0.4381
M_i/g	0.4391	0.4385	0.4373	0.4264	0.4256
质量损失/g	N/A	0.0003	0.0010	0.0017	0.0025

TZM 钼合金在室温, 3.5%HCl 溶液中, 腐蚀 240~1680h, 失重率计算公式如下:

$$V = \frac{m_1 - m_i}{A \cdot t} \tag{4-4}$$

式中, m_1 为试样原始质量, g; m_i 为试样经 n 天腐蚀后质量, g; A 为试样面积, m²; t 为试样周期 h。

根据上式,计算出 TZM 钼合金在 3.5%HCl 中,腐蚀 240h、720h、1200h、1680h, 失重率分别为: 0.0125g/(m²·h)、0.0139g/(m²·h)、0.0142g/(m²·h)、0.149g/(m²·h)。

腐蚀率计算公式如下:

$$B = 8.76\frac{v}{\rho} \tag{4-5}$$

式中, B 为腐蚀率, mm/a; v 为失重率, g/(m²·h); ρ 为金属材料的密度, g/cm³。

根据上式计算出 TZM 钼合金在 3.5%HCl 中腐蚀 240h、720h、1200h、1680h, 腐蚀率分别为: 0.0110mm/a、0.0119mm/a、0.0122mm/a、0.0128mm/a。TZM 钼合金平均腐蚀率为 0.0120mm/a。可见, TZM 钼合金在 3.5%HCl 中具有良好的耐蚀性。

图 4-29 分别为 TZM 钼合金在 3.5%HCl 中, 腐蚀不同时间的腐蚀形貌 SEM。

由图 4-29 可知, TZM 钼合金在 3.5%HCl 中腐蚀 240h 后, 在合金表面的局部区域发生点蚀。在合金表面无明显附着的腐蚀产物。当合金腐蚀 720h 后, 点蚀坑的数量并没有继续增加, 而是在合金表面生成了一层钝化膜。当合金腐蚀 1200h 后, 从图 4-29(c) 中可以观察到, 合金表面的钝化膜已经遭到一定程度的破坏。此时, 合金表面形貌呈现出局部的层状腐蚀形貌。当腐蚀 1680h 后, 在合金表面形成了一层新的钝化膜。腐蚀 720h 时, 在合金表面形成的已经被破坏的钝化膜, 已经不存在。并且, 部分难以被盐酸溶解和腐蚀的合金成分, 残留在合金表面。

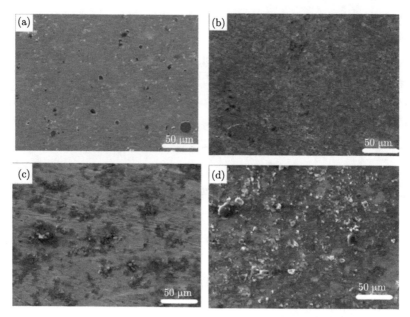

图 4-29　TZM 钼合金在 3.5%HCl 中腐蚀后的 SEM
(a) T-A10; (b) T-A30; (c) T-A50; (d) T-A70

图 4-30 所示是对合金表面残留物质及钝化膜进行 EDS 分析。

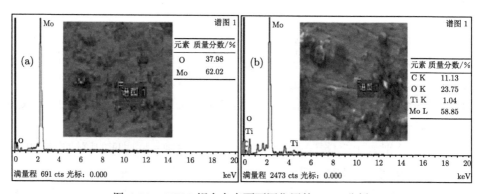

图 4-30　TZM 钼合金表面不同位置的 EDS 分析

　　从图 4-30(a) 中可知，腐蚀 720h 后，TZM 钼合金表面生成的钝化膜是一种钼的氧化物。由于盐酸对钼基体的腐蚀作用，在合金表面，生成了一层由钼的氧化物构成的钝化膜。结合图 4-30(d) 中的层状腐蚀形貌分析，这层钝化膜容易受到来自 HCl 中 Cl^- 的破坏，并能够被 HCl 所溶解。由此得出，在合金表面生成的钝化膜主要由 MoO_2 构成。当合金发生阳极极化反应时，阳极区溶液成分发生了变化。一方面,合金溶解以金属离子的形式进入溶液,但溶液中金属离子向阳极迁移的速率低于金属溶解速率,导致金属离子在阳极区积累。另一方面,界面层中,H⁺ 向阴极迁移,溶液中 OH⁻ 及其他负离子向阳极迁移,并在阳极区富集。随着极化反应的进行,电解质浓度达到饱和或过饱和状态。溶度积较小的金属氢氧化物沉积在金属表面并形成一层不溶性膜。此时,溶液和金属接触面积缩小,电极电势越来越正,使阳极区富集的 OH⁻ 失去电子,生成含氧粒子。含氧粒子与电极表面上的金属原子反应。最终,生成了一层紧密覆盖在合金表面的钝化膜。

如图 4-30(b) 所示,分析残留在合金表面的粒子内各元素含量,C 原子质量分数大于 Ti 原子质量分数,说明粒子化学组成不是单一物质。在制备 TZM 钼合金的固相烧结过程中,一部分 C 固溶进入基体,生成 MoC,还有一部分 C 则与合金元素 Ti、Zr 生成 TiC 和 ZrC 颗粒,作为第二相颗粒,弥散分布于合金内部。由于残留颗粒内部有 O 原子的存在,第二相粒子容易与 O 结合生成氧化物,所以 Ti 原子很难以 TiC 的形式与 O 原子共存于残留颗粒内部。由此分析,Ti 原子在残留颗粒内部的存在形式应为钛的氧化物。由于钛的氧化物和钼的碳化物以及部分不溶于酸的钼的氧化物在酸性条件下具有良好的耐腐蚀性能。所以,当钝化层受到 Cl⁻ 破坏并被 HCl 溶解后,上述颗粒残留在合金表面。

4.3.2 不同 Cl⁻ 浓度下极化曲线分析

图 4-31 是 TZM 钼合金在不同 Cl⁻ 浓度条件下进行电化学腐蚀得到的极化曲线。比较 TZM 钼合金在四种不同 Cl⁻ 浓度介质中的电化学腐蚀极化曲线,可以看出,尽管 TZM 钼合金在不同 Cl⁻ 浓度下的钝化特征并不显著,但从极化曲线整体分析可以看出,合金的腐蚀速率在四种 Cl⁻ 浓度下仍存在较大差异。介质中 Cl⁻ 浓度由 0.5mol/L 升高到 1.0mol/L 的过程中,合金的腐蚀速率不断增大。然而,随着 Cl⁻ 浓度的进一步升高,合金的腐蚀速率显著降低,当 Cl⁻ 浓度达到 1.5mol/L 时,合金的腐蚀速率与 Cl⁻ 浓度为 0.5mol/L 时合金的腐蚀速率基本持平,同为最小值;合金的腐蚀速率在 Cl⁻ 浓度为 1.0mol/L 时达到最大值,且随着介质中 Cl⁻ 浓度由 0.5mol/L 升高到 1.5mol/L 的过程中,腐蚀速率出现先增大后减小的趋势。另外,还可以看出,TZM 钼合金的自腐蚀电流密度随 Cl⁻ 浓度的增加呈现出先增大后减小的趋势,说明材料表面钝化膜的溶解速率随 Cl⁻ 浓度的升高先增大后减小;当 Cl⁻ 达到 1.5mol/L 时,自腐蚀电流密度出现骤然下降的趋势,此时 TZM 钼合金表面钝化膜的溶解速率降低,阻碍了 Cl⁻ 对基体的进一步侵蚀。此外,当 Cl⁻ 浓度处于 0.5~1.0mol/L 范围内时,阳极电流密度的升高加速了合金基体表面的化学溶解,导致自腐蚀电流密度逐渐升高,使合金表面形

成的钝化膜层吸附 Cl⁻ 增多,在电流作用下更易透过钝化膜中原有的小孔或缺陷处,与合金基体作用生成了可溶性化合物;同时,Cl⁻ 又易于分散在钝化膜中形成胶态,该状态显著改善了钝化膜中电子和离子的导电性,破坏钝化膜对基体的保护作用,当到达其临界破裂的 Cl⁻ 浓度时,合金表面所形成的钝化膜破裂,进而引起合金基体的进一步腐蚀,产生点蚀;而当浓度增大至 1.5mol/L 时,阳极电流密度降低减缓了阳极反应,导致表面钝化膜层破坏程度减轻,合金基体腐蚀程度降低。

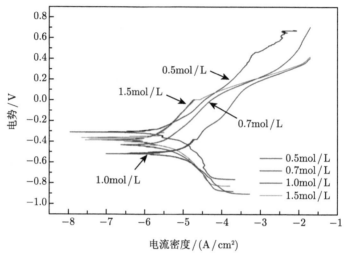

图 4-31　TZM 钼合金在不同 Cl⁻ 浓度条件下的自腐蚀电流密度与点蚀电势的比较

　　图 4-32 为 TZM 钼合金在不同 Cl⁻ 浓度条件下的自腐蚀电流密度及点蚀电势的比较。从图 4-32(a) 中可以看出,TZM 钼合金的自腐蚀电流密度随着 Cl⁻ 浓度的增大呈现出先升高后降低的趋势,在同等的电化学腐蚀条件下,合金的腐蚀倾向性与自腐蚀电流密度成正比,即表明合金的腐蚀倾向性逐渐升高后降低。同样,从图 4-32(b) 中也可以看出 TZM 钼合金的点蚀电势随着 Cl⁻ 浓度的增大先降低后升高,说明其耐点蚀性能在 Cl⁻ 浓度为 0.5mol/L 和 1.5mol/L 时最佳。这主要由于 Cl⁻ 在低浓度溶液中,合金表面钝化膜不断对其进行吸附且在其表面发生迁移,导致 Cl⁻ 在合金表面发生局部集中,使得合金表面局部区域的 Cl⁻ 浓度瞬间增大,引起点蚀。随着 Cl⁻ 浓度的升高,虽然 Cl⁻ 也同样在合金表面发生迁移,但由于其有效浓度逐渐降低,导致合金表面发生局部区域 Cl⁻ 浓度瞬间增大的现象逐渐消失,这是因为溶液中不断增多的 Cl⁻ 在合金表面逐渐累积,从而达到引起其钝化膜破裂的临界 Cl⁻ 浓度,最终导致 TZM 钼合金发生点蚀,随着腐蚀程度的加剧,引起合金发生晶间腐蚀。

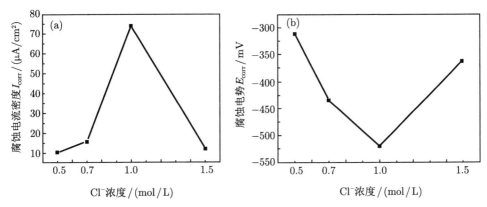

图 4-32 TZM 钼合金在不同 Cl⁻ 浓度条件下的自腐蚀电流密度与点蚀电势的比较

4.3.3 不同 Cl⁻ 浓度下交流阻抗谱图分析

图 4-33 为 TZM 钼合金在不同 Cl⁻ 浓度下的交流阻抗谱。从图 4-33 中可以看出,合金在不同 Cl⁻ 浓度条件下的交流阻抗谱均呈现单一的容抗弧,表明具有典型钝态金属阻抗谱的特征。TZM 钼合金在不同 Cl⁻ 浓度下阻抗谱半径随 Cl⁻ 浓度的增加先减小后增大,表明电极反应过程阻力先减小再增大,其耐蚀性能随 Cl⁻ 浓度的升高先减弱后增强。Cl⁻ 浓度在 0.5mol/L 和 1.5mol/L 时腐蚀速率较低,形成钝化膜的致密性及均匀性更好。这与上述极化曲线的实验结果相一致 (图 4-31)。

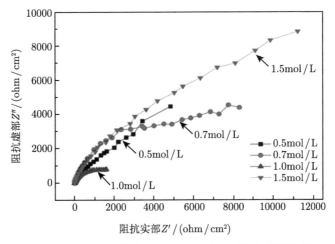

图 4-33 TZM 钼合金在不同 Cl⁻ 浓度下的交流阻抗谱

当金属表面存在点蚀时,其所对应的等效电路可描述为电阻与常相位角元件组成的串联电路。采用如图 4-34 所示的 TZM 钼合金在不同 Cl⁻ 浓度下交流阻抗谱对应的等效电路，用 ZSimpWin 拟合 TZM 钼合金在四种不同 Cl⁻ 浓度溶液中自腐蚀电势时的交流阻抗谱，得到拟合最优的等效电路为 R(Q(R(QR))) 型电路。其中，R_s 为溶液电阻，表示参比电极与工作电极之间的电解质阻抗；Q 为腐蚀液与工作电极表面之间所形成的双电层电容的常相位角元件 (通常每一个界面之间都会存在一个电容)；R_r 为膜层电阻，表示合金表面形成腐蚀产物膜的电阻；R_{ct} 为电荷转移电阻，表示在电极反应过程中的电荷转移阻力。其中 R_{ct} 由电化学反应动力学控制，作为衡量电化学反应难易程度的关键值，也作为评价合金在该种电化学体系中腐蚀反应速度的重要依据。

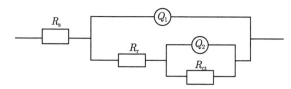

图 4-34　TZM 钼合金在不同 Cl⁻ 浓度下交流阻抗谱对应的等效电路

表 4-9 为 TZM 钼合金在不同 Cl⁻ 浓度下的交流阻抗谱拟合数据，从表 4-9 的等效电路拟合结果可以看出，随着 Cl⁻ 浓度的升高，一方面电荷转移电阻 R_{ct} 表现出先降低后增大的趋势，其中浓度为 1.5mol/L 时增大较为明显，说明在高浓度条件下，离子在钝化膜间的交换作用得到抑制，使具有腐蚀性的 Cl⁻ 在合金表面达到饱和状态，引起钝化膜破裂的临界浓度值变低；另一方面，TZM 钼合金在 Cl⁻ 浓度较高的腐蚀过程中形成了更为致密的保护层，提高了合金的电荷转移电阻 R_{ct}，腐蚀过程中离子与电荷的传输阻力增大，减缓了钝化膜的破坏过程，降低了合金的腐蚀速率，提高了合金的抗电化学腐蚀能力，这一结论与极化曲线的测量结果一致 (图 4-31)。

表 4-9　TZM 钼合金在不同 Cl⁻ 浓度下的交流阻抗谱拟合数据

	溶液 Cl⁻ 浓度			
	0.5mol/L	0.7mol/L	1.0mol/L	1.5mol/L
$R_s/(\Omega\cdot cm^2)$	8.294	5.628	1.577	9.917
$Q_1/(F/cm^2)$	3.974×10^{-4}	1.904×10^{-4}	2.442×10^{-4}	7.785×10^{-5}
$R_r/(\Omega\cdot cm^2)$	1.780×10^3	8.494×10^3	6.931×10^3	2.207×10^2
$Q_2/(F/cm^2)$	5.618×10^{-4}	2.686×10^{-3}	4.42×10^{-4}	2.031×10^{-4}
n	0.59	0.99	0.64	0.52
$R_{ct}/(\Omega\cdot cm^2)$	2.002×10^4	1.206×10^4	2.407×10^3	4.89×10^4

4.3.4　不同 Cl⁻ 浓度下表面微观组织形貌特征

图 4-35 为 TZM 钼合金在不同 Cl⁻ 浓度腐蚀后的表面 SEM 照片。从图 4-35((b)、(d)、(f)、(h)) 可以看出，合金经不同浓度 Cl⁻ 侵蚀后，表面形貌结构基

本相类似，均由合金试样表面缺陷的半平面处、第二相粒子周围、晶界处优先以点蚀展开。这主要由于在合金试样的不规则表面处更容易积聚腐蚀液，导致该处的合金表面金属阳离子比平滑表面更易于溶解，使得处于不规则表面上的原子价键数目变小，且堆积无规律，处于第二相粒子周围、晶界处及缺陷处等不规则表面优先进行金属的溶解。合金表面溶解后，经众多腐蚀区域分割成网状，腐蚀沿着网状线进一步向内部侵蚀，形成腐蚀沟槽，沟槽相互交叉、联结将腐蚀表面分割成若干小块，沟槽内部出现新的蚀孔，蚀孔逐步向合金基体深处蔓延；蚀孔不但在水平方向沿着晶界向四周呈放射状蔓延，而且在垂直方向不断深入基体，形成更深更大的蚀孔，对基体进行逐层侵蚀。

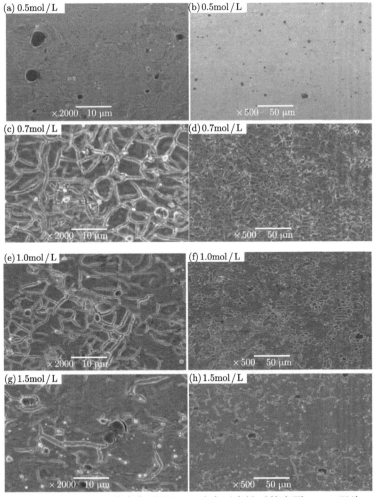

图 4-35　TZM 钼合金在不同 Cl⁻ 浓度下腐蚀后的表面 SEM 照片
(a)、(b) 0.5mol/L；(c)、(d) 0.7mol/L；(e)、(f) 1.0mol/L；(g)、(h) 1.5mol/L

此外，由图 4-35((a)、(c)、(e)、(g)) 可以看出，TZM 钼合金表面腐蚀的剧烈程度随 Cl⁻ 浓度的升高先增强后减弱，说明 TZM 钼合金在 Cl⁻ 浓度较高的腐蚀环境中腐蚀倾向性较弱。同时，还可以看出，TZM 钼合金在 Cl⁻ 浓度为 0.7mol/L 和 1.0mol/L 时，合金在不同倍数扫描电子显微镜下的腐蚀沟槽明显比低浓度 (0.5mol/L) 和高浓度 (1.5mol/L) 的表面腐蚀层更宽更深，且点蚀程度更剧烈，尺寸范围更大，说明 TZM 钼合金的耐点蚀性能随着 Cl⁻ 浓度的升高先减弱后增强。另外，在所有 Cl⁻ 浓度条件下，合金表面均有亚稳态点蚀的产生，表明 Cl⁻ 较易通过钝化膜传递到合金/氧化物界面，在钝化膜尚未达到引起稳态点蚀的条件下，促进合金基体发生短暂的活性溶解，从而加速点蚀的发生。这与上述电化学测试结果相一致 (图 4-31 和图 4-33)。

4.3.5　不同 Cl⁻ 浓度对 TZM 钼合金电化学腐蚀机理分析

综上所述，TZM 钼合金的腐蚀首先沿着第二相粒子周围、晶界处及表面缺陷半平面处发生，由于该处不规则表面上原子的价键数目均较小且在不规则表面堆积无规律，所以金属阳离子在该部位更易于溶解，此外，合金表面晶界处活性较大，腐蚀过程在晶界或邻近产生局部腐蚀，导致晶界及缺陷处先进行金属的溶解，主要以点蚀展开，腐蚀介质通过蚀孔在晶界处堆积，当达到一定浓度时，蚀孔向晶界处腐蚀。在形貌上，出现以蚀孔为中心沿着晶界向外呈发散辐射的腐蚀线，每一个蚀孔均以此种方式向外辐射，随着各条线向外扩张，与另一个蚀孔辐射出的腐蚀线相联结、交叉，最终整个表面遍布了交织状的腐蚀网。这些沿晶界向外辐射的腐蚀线，其生长方向不仅局限于表面水平方向，腐蚀介质在垂直方向通过这些腐蚀线继续向着合金内部深入，伴随着垂直方向的深入，水平方向的腐蚀作用也一直在进行。表面出现深一层腐蚀层后，进而发生晶间腐蚀。当腐蚀继续进行，表面脱落后呈现出起伏不平的粗糙状的新一层腐蚀面，在表面积更大的腐蚀面上出现更多的蚀孔，孔蚀作用依旧如前所述的腐蚀方式，向基体内部腐蚀，直至将整个合金完全腐蚀。

分析 TZM 钼合金电化学腐蚀机理认为，在电流的作用下，由于氧化还原反应，合金中的 Mo 被氧化成为钼的氧化物，钼的氧化物以薄膜的形式覆盖在合金基体表面，在不同 Cl⁻ 浓度的电解液中，有些钼的氧化物也会定向生长成团聚状结构。随着腐蚀时间的延长，腐蚀作用不断向基体内部深入，合金表面和内部均存在大量的蚀孔及沟槽，沟槽相互联结、交叉并逐渐扩大，逐渐降低其与基体的结合力，最终完全丧失结合力而与基体分离、脱落。

4.3.6　小结

(1) 在 Cl-浓度为 0.5 mol/L 1.5 mol/L 的腐蚀条件下，TZM 合金的抗腐蚀性能随 Cl-浓度的升高逐渐降低后增强，在 Cl-浓度为 0.5 mol/L 和 1.5 mol/L 时抗腐蚀性能最佳。

(2) 腐蚀行为由点蚀-晶间腐蚀，腐蚀介质沿着表面-蚀孔-晶界-内裂纹这个通道进行腐蚀；TZM 合金通过氧化还原反应生成薄膜形式及团聚状结构的氧化物覆盖在合金基体表面。

4.4 室温下不同 OH⁻ 浓度的 TZM 钼合金耐蚀性能

4.4.1 TZM 钼合金在 10%KOH 溶液中的腐蚀行为研究

TZM 钼合金在 10%KOH 溶液中，经过 24~240h 腐蚀后，失重情况如表 4-10 所示。

表 4-10 TZM 钼合金在 10%KOH 溶液中腐蚀前后试样失重情况

类别	未腐蚀	T-AL01	T-AL03	T-AL05	T-AL10
M_1/g	0.4369	0.4318	0.4352	0.4297	0.4367
M_1/g	0.4369	0.4037	0.3495	0.2821	0.1341
质量损失/g	—	0.0281	0.0857	0.1476	0.3026
B/(mm/a)	—	10.04	10.22	10.57	10.83

根据公式 (3-5)、(3-6)，计算 TZM 钼合金在 10%KOH 溶液中腐蚀 24h、72h、120h 及 240h 后，腐蚀率分别为：10.04mm/a、10.22mm/a、10.57mm/a、10.83mm/a。TZM 钼合金在 10%KOH 溶液中的平均腐蚀率为 10.42mm/a，是 TZM 钼合金在 3.5%HCl 中的平均腐蚀率的 868 倍。由此可知，TZM 钼合金容易被 KOH 溶液所腐蚀，在 KOH 溶液中，TZM 钼合金的耐腐蚀性能差。根据失重情况得到 TZM 钼合金在 10%KOH 溶液中的失重曲线如图 4-36 所示。从图 4-36 中可以看出，TZM 钼合金在 10%KOH 溶液中，随着腐蚀时间的延长，合金失重不断增大。

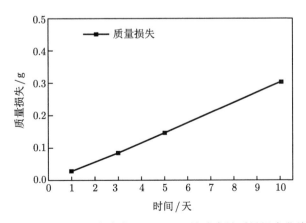

图 4-36　TZM 钼合金在 10%KOH 溶液腐蚀质量损失曲线

图 4-37 所示分别为 TZM 钼合金在 10%KOH 溶液中腐蚀不同时间的腐蚀形貌 SEM。从图 4-37 中，可以看出，在 10%KOH 溶液中，TZM 钼合金具有明显的腐蚀坑形貌。腐蚀初期，在合金表面的局部区域，率先出现腐蚀坑，此时，由于合金仍保持着较为致密的结构，所以腐蚀坑深度并不深。然而，随着腐蚀时间延长，腐蚀 72h 后，从图 4-37(b) 中，可以清晰地看到，腐蚀坑由形成到不断向基体内部延伸，深度不断增大。当腐蚀 120h 后，观察图 4-37(c)，伴随着腐蚀坑向基体内部延伸，腐蚀坑深度及半径也不断扩大，直至由腐蚀坑形成了腐蚀穿孔。此时，KOH 溶液通过穿孔进入合金内部，进而沿着内层进行层状腐蚀。当腐蚀 240h 后，可以看到，在图 4-37(d) 中，原来的穿孔不断扩大，表层大面积瓦解，内层由于层状腐蚀，也完全失去了结合力，合金受到极大程度的破坏。

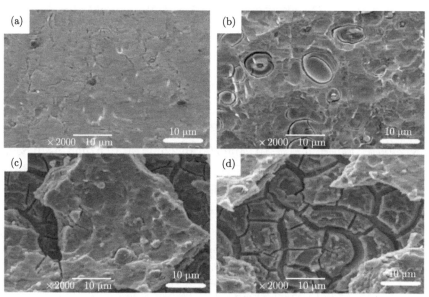

图 4-37　TZM 钼合金在 10%KOH 溶液中腐蚀后的 SEM 图
(a) T-A10; (b) T-A30; (c) T-A50; (d) T-A70

综上所述，由于 TZM 钼合金在 KOH 溶液中耐蚀性能差，所以工业生产实践活动中，不能在 KOH 溶液或气氛环境下，直接使用 TZM 钼合金。

4.4.2　不同 OH⁻ 浓度下极化曲线分析

图 4-38 是 TZM 钼合金在不同 OH^- 浓度条件下进行电化学腐蚀得到的极化曲线。比较 TZM 钼合金在三种不同 OH^- 浓度介质中的电化学腐蚀极化曲线，可以看出，TZM 钼合金在不同 OH^- 浓度下的钝化特征较为显著，同时，从极化曲线整体也可以看出，合金在三种 OH^- 浓度下的腐蚀速率也存在较大差异。从图

4-38 中可以看出，随着电势的升高，TZM 钼合金的电流密度下降到最低，表明合金进入致钝区，在其表面开始生成致密的钝化膜。随着电势的持续升高，合金的电流密度基本保持不变，即合金进入维钝区，此时钝化膜的生成速率与溶解速率达到动态平衡，可以看出，TZM 钼合金在不同 OH⁻ 浓度下均呈现出明显的钝化特征。维钝电流密度表征了金属钝化膜的溶解速度，其值的增大表明钝化膜的保护性能下降。从图中可以看出，随着 OH⁻ 浓度的增大，TZM 钼合金的维钝电流密度表现出逐渐递减的趋势，说明 TZM 钼合金的钝化膜在 OH⁻ 浓度为 5% 的溶液中保护性能较差，也更易发生点蚀。当电势进一步升高时，电流密度逐渐上升并持续增大，合金表面钝化膜的动态平衡被打破，此时钝化膜的溶解速率大于其生成速率，导致钝化膜开始破裂，说明试样表面发生了稳态点蚀。

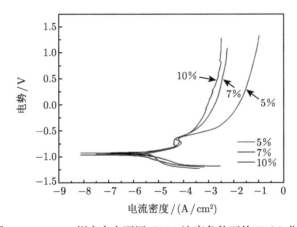

图 4-38   TZM 钼合金在不同 OH⁻ 浓度条件下的 Tafel 曲线

图 4-39 为 TZM 钼合金在不同 OH⁻ 浓度下的自腐蚀电流密度和点蚀电势的比较。通常，在相同的腐蚀条件下，自腐蚀电流密度越小，材料的腐蚀倾向性越弱，即表明材料的耐蚀性越好。从图 4-39(a) 中可以看出，TZM 钼合金的自腐蚀电流密度随着 OH⁻ 浓度的升高呈现降低的趋势，即合金的腐蚀倾向性逐渐降低，表明合金在 OH⁻ 浓度为 10% 时表现出的耐蚀性最好。点蚀电势则表征材料耐点腐蚀的能力，超过此电势，材料表面的钝化膜破裂，电流急剧增大，蚀孔也会不断长大。因此，合金的点蚀电势越高，表明其耐点蚀性能越好。从图 4-39(b) 中也可以看出 TZM 钼合金的点蚀电势随着 OH⁻ 浓度的升高先降低后升高，说明其耐点蚀性能在 OH⁻ 浓度为 10% 时最佳。当 TZM 钼合金在碱性条件下发生电化学腐蚀时，首先，在杂质富集区域、不规则表面以及窄缝处大量积聚 OH⁻，蚀孔表面发生金属溶解和阴极还原反应 ($M \longrightarrow M^+ + e^-$; $O_2 + 2H_2O + 4e^- \longrightarrow 4OH^-$)，金属与溶液中的电荷发生迁移来维持系统的电荷守恒。当蚀孔内的氧逐渐被消耗，

蚀孔内出现贫氧现象时，氧化还原反应暂时停止，但金属仍继续溶解，当腐蚀液中正电荷 (M^+) 过量时，需要腐蚀液中更多的阴离子迁移到蚀孔内以维持电荷守恒。随着蚀孔内腐蚀加剧，邻近表面的氧化还原反应速率也增加，使得蚀孔外部区域表面得到阴极保护。由于点蚀进行时，在屏蔽区域内腐蚀受到限制，其余表面则很少甚至不遭到腐蚀。在 OH^- 浓度从 5% 增至 10% 的过程中，腐蚀速率越来越小，腐蚀程度越来越轻，表明随着腐蚀浓度的增大，点蚀作用在 OH^- 浓度为 10% 时出现了瓶颈，腐蚀被局限在了屏蔽区域，即蚀孔内腐蚀液浓度达到饱和，减缓了阳极溶解，使点蚀速率减慢。

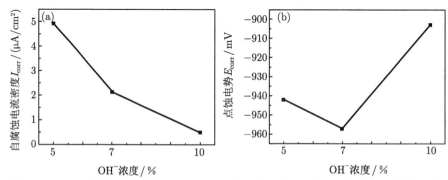

图 4-39　TZM 钼合金在不同 OH^- 浓度条件下的自腐蚀电流密度与点蚀电势的比较

(a) 自腐蚀电流密度；(b) 点蚀电势

4.4.3　不同 OH^- 浓度下交流阻抗谱图分析

图 4-40 为 TZM 钼合金在不同 OH^- 浓度下的交流阻抗谱图。交流阻抗谱图半径的大小表明了合金耐蚀性的强弱，通常，交流阻抗谱的半径越大，说明其电荷传导阻力越大，腐蚀速率越小，即合金的耐蚀性愈好。从图中可以看出，TZM 钼合金在三种不同 OH^- 浓度下均表现出单一的容抗弧特征，且随着 OH^- 浓度的降低，TZM 钼合金阻抗弧的半径逐渐递减，表明其耐蚀性随着 OH^- 浓度的降低而减弱，这与上述极化曲线反映的规律相一致 (图 4-38)。

由于 TZM 钼合金在不同 OH^- 浓度的腐蚀液中均有钝化膜覆盖在其表面，并且两者的交流阻抗谱图均呈现出单一的容抗弧特征，故其所对应的等效电路与图 3-16 一致，这里便不再赘述。用图 4-34 所示的等效电路 R(Q(R(QR))) 对 TZM 钼合金在不同 OH^- 浓度的腐蚀液中的交流阻抗谱进行拟合，可得到如表 4-11 所示的各电路元件参数。从表中数据可以看出，随着 OH^- 浓度的升高，一方面转移电阻 R_{ct} 表现出增大的趋势，其中浓度为 10% 时增大较为明显，且与浓度为 7% 的数据较为接近，相比于浓度为 5% 时的转移电阻 R_{ct} 提高较为明显，说明高浓度的腐蚀介质抑制了离子在钝化膜间的交换作用，使具有腐蚀性的 OH^- 不易达到引起钝化膜破裂的临界浓度；另一方面，TZM 钼合金在 OH⁻ 浓度较高的腐蚀过程中形成了更为致密的保护层，提高合金的电荷转移电阻 R_{ct}，腐蚀过程中离子与电荷的传输阻力增大，减缓了合金钝化膜的破坏过程，降低了合金的腐蚀速率，提高了合金的抗电化学腐蚀能力，这一结论与极化曲线的测量结果一致 (图 4-38)。

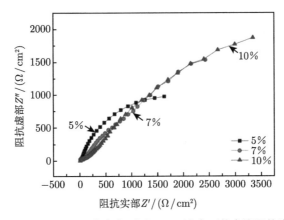

图 4-40　TZM 钼合金在不同 OH⁻ 浓度下的交流阻抗谱

表 4-11　TZM 钼合金在不同 OH⁻ 浓度下的交流阻抗谱拟合数据

	溶液 OH⁻ 浓度		
	5%	7%	10%
$R_s/(\Omega\cdot cm^2)$	3.111	18.01	25.32
$Q_1/(F/cm^2)$	1.352×10^{-3}	6.803×10^{-4}	3.146×10^{-4}
$R_r/(\Omega\cdot cm^2)$	4.969×10^{1}	1.129×10^{2}	2.078×10^{2}
$Q_2/(F/cm^2)$	1.04×10^{-3}	4.766×10^{-4}	6.479×10^{-4}
n	0.846	0.599	0.589
$R_{ct}/(\Omega\cdot cm^2)$	0.333×10^{4}	1.008×10^{4}	1.168×10^{4}

4.4.4　不同 OH⁻ 浓度下表面微观组织形貌特征

图 4-41 为 TZM 钼合金在不同 OH⁻ 浓度下的腐蚀表面 SEM 照片。从图 4-41 中可以看出，合金在三种不同 OH⁻ 浓度下的腐蚀均表现为点蚀特征。从图 4-41(b)、(d)、(f) 可以看出，合金经不同浓度 OH⁻ 侵蚀后，表面形貌结构基本相类似，且均由添加合金元素处、杂质富集区域、不规则表面以及窄缝处开始发生点蚀。当腐蚀开始时，点蚀作用程度较低，同时在合金缺陷处的受蚀区域出现黑色或深褐色环状斑点，这些环状斑点即为蚀孔的最初形貌。随着腐蚀时间的延长及腐蚀程度的加剧，这些点蚀区域的环形斑点逐渐变为漩涡状般凹凸不平的腐蚀形貌，当这些腐蚀漩涡扩大汇合时，进一步加剧合金表面的侵蚀，进而以该方式逐层侵蚀合金基体内部。

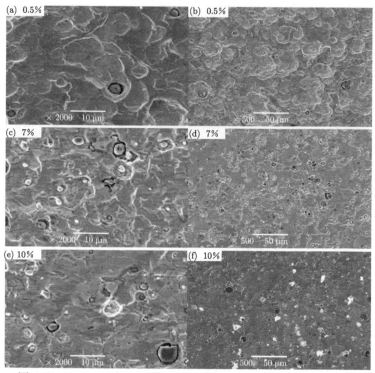

图 4-41　TZM 钼合金在不同 OH⁻ 浓度下的腐蚀表面 SEM 照片
(a)、(b) 5%；(c)、(d) 7%；(e)、(f) 10%

此外，由图 4-41(a)、(c)、(e) 可以看出，点蚀作用发生的变化较为明显，蚀孔数量、孔径和深度均随腐蚀浓度的递增而减小。另外，在所有 OH⁻ 浓度条件下，TZM 钼合金均有亚稳态点蚀的产生，表明 OH⁻ 较易通过钝化膜传递到合金/氧化物界面，在钝化膜尚未达到引起稳态点蚀的条件下，促进合金基体发生短暂地活性溶解，从而加速点蚀的发生。当 OH⁻ 浓度为 10% 时，合金表面腐蚀程度最轻，蚀孔数量、孔径和深度都较小；5% 浓度下合金腐蚀程度加剧，蚀孔数量、孔径和深度都较多，旋涡状的腐蚀形貌经交联汇合使合金表层已经被侵蚀，且部分添加的合金元素已经被腐蚀脱落，故图 4-41(a) 中仅剩下大颗粒的合金元素未被全部腐蚀，表层已被完全侵蚀。TZM 钼合金表面腐蚀的剧烈程度随 OH⁻ 浓度的升高而减弱，表明浓度的减小加速了合金的腐蚀过程，导致合金的腐蚀倾向性逐渐增强。这与上述电化学测试结果相一致 (图 4-38 和图 4-40)。

4.4.5　不同 OH⁻ 浓度对 TZM 钼合金电化学腐蚀机理分析

当 TZM 钼合金在碱性条件下发生电化学腐蚀时，在添加合金元素处、杂质富集区域、不规则表面以及窄缝处大量积聚 OH⁻，在该处易发生点蚀，使得蚀孔表面发生金属的溶解和阴极还原反应 M $\longrightarrow$ M$^+$ + e$^-$；O$_2$+2H$_2$O + 4e$^-$ $\longrightarrow$4OH$^-$，其中，金属与溶液中的电荷保持守恒。金属溶解过程中生成的一个金属离子及一个电子，在阴极还原过程中被氧化还原反应用掉。同样，对腐蚀液中的每一个金属离子，相应会产生一个 OH$^-$。当蚀孔内的氧逐渐被消耗而出现贫氧现象时，该区域内的氧化还原反应不再进行，金属仍继续溶解，腐蚀液中生成的正电荷 (M$^+$) 将会过量，此时，需要腐蚀液中等量的阴离子迁移到蚀孔内以维持电荷守恒。当蚀孔内腐蚀加剧时，邻近表面的氧化还原反应速率也增加，使得蚀孔外部区域的表面得到阴极保护。因此，当点蚀进行时，在屏蔽区域内腐蚀受到限制，其余表面则很少甚至不遭到腐蚀。

4.4.6　小结

(1) 在 OH-浓度为 5%~10% 的腐蚀条件下，TZM 合金的抗腐蚀性能随 OH-浓度的升高而逐渐增强，在 OH-浓度为 10% 时抗腐蚀性能最佳。

(2) TZM 合金在电流作用下发生金属溶解和阴极还原反应，腐蚀作用随时间的延长不断破坏基体表层，蚀孔交联侵蚀，加剧合金的腐蚀程度。

4.5　Mo 金属与 TZM 钼合金电化学腐蚀行为

主要研究传统 TZM 钼合金和 Mo 金属在酸性、中性和碱性三种腐蚀介质中的电化学腐蚀行为，探究传统 TZM 钼合金和 Mo 金属在三种介质中的腐蚀规律和机理，在此基础上，为 TZM 钼合金和 Mo 金属在酸性、中性和碱性环境中的应用提供必要的理论依据。

4.5.1　不同腐蚀介质中极化曲线分析

图 4-42 是在酸性、中性和碱性三种腐蚀介质中通过电化学腐蚀测试得到的传统 TZM 钼合金和 Mo 金属的极化曲线。比较 TZM 钼合金和 Mo 金属在酸性介质中的极化曲线可以看出，相同极化电压下，TZM 钼合金的自腐蚀电流密度比 Mo 金属大，且 TZM 钼合金的腐蚀速率较快，因此 TZM 钼合金的耐腐蚀性能比 Mo 金属差。从钝化膜情况分析，TZM 钼合金在三种浓度的酸性介质中都有部分钝化膜生成，但由于 TZM 钼合金自腐蚀电压较低，腐蚀倾向性较大，容易发生腐蚀，部分钝化膜的生成虽能减缓其腐蚀速率，但与 Mo 金属相比，其耐腐蚀性能仍然较差。比较 TZM 钼合金和 Mo 金属在中性介质中的极化曲线，可以看出 TZM 钼合金的腐蚀速率略快，TZM 钼合金的自腐蚀电流密度略大，TZM 钼合金的耐腐蚀性能稍差。从钝化膜情况分析，TZM 钼合金和 Mo 金属在三种浓度的中性介质中都有部分钝化膜生成，TZM 钼合金和 Mo 金属二者自腐蚀电压相差较小，二者腐蚀倾向性相差不大，但相较 Mo 金属，TZM 钼合金腐蚀倾向性仍略大，表明其更容易腐蚀。比

较 TZM 钼合金和 Mo 金属在碱性介质中的极化曲线，可以看出 TZM 钼合金的腐蚀速率较快，TZM 钼合金的自腐蚀电流密度较高，TZM 钼合金的耐腐蚀性能较差。通过对钝化膜的分析可以得出，TZM 钼合金在 5％浓度的碱性介质中显示出典型的钝化膜形成，在 7％和 10％浓度的碱性介质中有部分钝化膜生成，但由于 TZM 钼合金的自腐蚀电压低，腐蚀倾向大，容易发生腐蚀，钝化膜的生成虽能减缓其腐蚀速率，但与 Mo 金属相比，其耐腐蚀性能仍然较差。综合酸性、中性和碱性三种腐蚀介质中传统 TZM 钼合金和 Mo 金属的极化结果可以看出，在三种不同性质介质中，传统 TZM 钼合金均比 Mo 金属耐腐蚀性能差。尤其是在酸性和碱性介质中，传统 TZM 钼合金耐蚀性约为 Mo 金属的 1/10，表明第二相会降低 TZM 钼合金的耐腐蚀性能，增强钼合金腐蚀倾向。

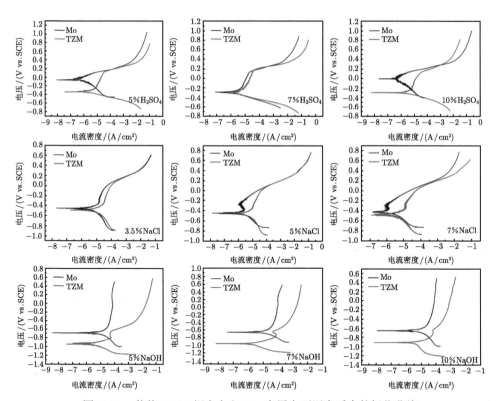

图 4-42　传统 TZM 钼合金和 Mo 金属在不同介质中的极化曲线

对极化曲线进行进一步分析，得到表 4-12，表 4-13 和表 4-14 数据。表 4-12 是传统 TZM 钼合金和 Mo 金属在酸性介质中的电化学测试结果，可以看出，随着酸性介质浓度从 5％增加到 10％，传统 TZM 钼合金的耐腐蚀性能逐渐降低，但差异不明显。而 Mo 金属随着酸性介质浓度的增加，其耐腐蚀性能先降低后增强，且差异较大，相差约一个数量级。因此可以得出，第二相的存在会改变钼合金的耐腐蚀性能规律，使其适用环境发生改变，在酸性条件下，传统 TZM 钼合金适用于浓度较低的环境；表 4-13 是传统 TZM 钼合金和 Mo 金属在中性介质中的电化学测试结果，可以看出，随着中性介质浓度从 3.5% 增加到 7%，传统 TZM 钼合金的耐腐蚀性能先增强后降低，但差异不明显。而随着中性介质浓度的增加，Mo 金属耐腐蚀性能逐渐增强，差异较小。同样可以得出，第二相的存在会改变钼合金的耐腐蚀性能规律，使其适用环境发生改变，在中性条件下，传统 TZM 钼合金适用于浓度为 5% 的环境；表 4-14 是传统 TZM 钼合金和 Mo 金属在碱性介质中的电化学测试结果，可以看出，随着碱性介质浓度从 5% 增加到 10%，传统 TZM 钼合金的耐腐蚀性能逐渐增强，差异较大。而随着碱性介质浓度的增加，Mo 金属耐腐蚀性能先增强后减弱，且差异较小。同样可以得出，第二相的存在会改变钼合金的耐腐蚀性能规律，使其适用环境发生改变，在碱性条件下，传统 TZM 钼合金适用于浓度为 10% 的环境。

表 4-12　传统 TZM 钼合金和 Mo 金属在酸性介质中的电化学测试结果

样品	浓度	腐蚀电压 E_{corr}/V	腐蚀电流密度 I_{corr}/(A/cm^2)
传统 TZM 钼合金	5%	−0.336	1.10×10^{-6}
	7%	−0.298	1.63×10^{-6}
	10%	−0.297	2.66×10^{-6}
Mo 金属	5%	−0.061	1.07×10^{-7}
	7%	−0.288	1.15×10^{-6}
	10%	−0.006	3.76×10^{-7}

表 4-13　传统 TZM 钼合金和 Mo 金属在中性介质中的电化学测试结果

样品	浓度	腐蚀电压 E_{corr}/V	腐蚀电流密度 I_{corr}/(A/cm^2)
传统 TZM 钼合金	3.5%	−0.487	6.94×10^{-6}
	5%	−0.456	4.17×10^{-6}
	7%	−0.484	4.71×10^{-6}
Mo 金属	3.5%	−0.554	3.27×10^{-6}
	5%	−0.443	2.96×10^{-6}
	7%	−0.422	2.15×10^{-6}

表 4-14　传统 TZM 钼合金和 Mo 金属在碱性介质中的电化学测试结果

样品	浓度	腐蚀电压 E_{corr}/V	腐蚀电流密度 I_{corr}/(A/cm^2)
传统 TZM 钼合金	5%	−0.936	2.61×10^{-5}
	7%	−0.955	1.54×10^{-5}
	10%	−0.917	8.34×10^{-6}
Mo 金属	5%	−0.677	3.02×10^{-6}
	7%	−0.656	1.25×10^{-6}
	10%	−0.657	4.32×10^{-6}

4.5.2　不同腐蚀介质中交流阻抗谱图分析

为了对传统 TZM 钼合金和 Mo 金属的耐腐蚀性能进行进一步分析，对二者的交流阻抗谱进行了测试，测试结果如图 4-43～图 4-45 所示，结合 Nyquist 图和 Bode 图，从动力学方面对比二者耐腐蚀性能差异。

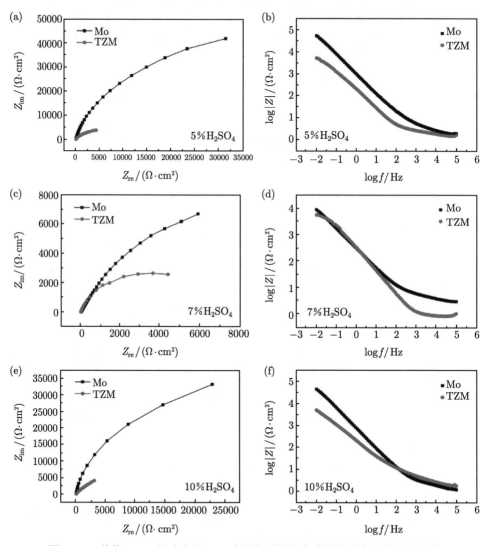

图 4-43　传统 TZM 钼合金和 Mo 金属在不同浓度酸性介质中的交流阻抗谱

Z_{re} 为阻抗实部 Z'，Z_{im} 为阻抗虚部 Z''

图 4-43 为传统 TZM 钼合金和 Mo 金属在不同浓度酸性介质中的交流阻抗谱。从 Nyquist 图中可以看出，传统 TZM 钼合金和 Mo 金属在不同浓度酸性介

质中的交流阻抗谱均呈现单一的容抗弧。阻抗谱半径大小表现电极反应过程阻力大小，TZM 钼合金在不同浓度酸性介质中阻抗谱半径都远小于 Mo 金属阻抗谱半径，说明传统 TZM 钼合金电极反应过程阻力远小于 Mo 金属电极反应阻力，传统 TZM 钼合金耐腐蚀性能较差。从 Bode 图中可以看出，传统 TZM 钼合金比 Mo 金属电极反应过程阻力小，传统 TZM 钼合金耐腐蚀性能较差。当酸性介质浓度为 5% 时，传统 TZM 钼合金的极化阻抗约为 Mo 金属的 1/9，如图 4-43(b) 所示，二者耐腐蚀性能在此条件下差异最大。综合以上分析结果可以看出，交流阻抗谱分析结果与极化曲线结果一致 (图 4-42)。

图 4-44 为传统 TZM 钼合金和 Mo 金属在不同浓度中性介质中的交流阻抗

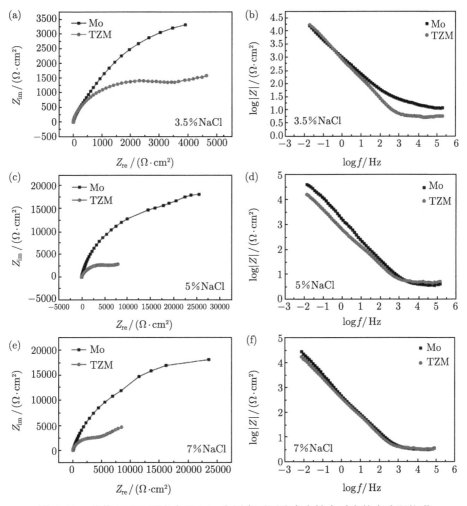

图 4-44   传统 TZM 钼合金和 Mo 金属在不同浓度中性介质中的交流阻抗谱

谱。从 Nyquist 图中可以看出，Mo 金属在不同浓度中性介质中的交流阻抗谱呈现单一的容抗弧，而传统 TZM 钼合金的交流阻抗谱除单一容抗弧外，还具有扩散弧，说明在腐蚀过程中，腐蚀溶液离子在钼合金表层发生了扩散。通过阻抗谱半径大小可以看出电极反应过程阻力大小，传统 TZM 钼合金在不同浓度中性介质中阻抗谱半径都远小于 Mo 金属阻抗谱半径，说明传统 TZM 钼合金极化阻抗远小于 Mo 金属极化阻抗，传统 TZM 钼合金耐腐蚀性能较差。从 Bode 图中同样可以看出，传统 TZM 钼合金比 Mo 金属极化阻抗小，传统 TZM 钼合金耐腐蚀性能较差。当中性介质浓度为 5% 时，传统 TZM 钼合金的极化阻抗约为 Mo 金属的 2/5，如图 4-44(d) 所示，二者耐腐蚀性能在此条件下差异最大。综合以上分析结果可以看出，交流阻抗谱测试结果与极化曲线结果一致 (图 4-42)。

图 4-45 为传统 TZM 钼合金和 Mo 金属在不同浓度碱性介质中的交流阻抗谱。从 Nyquist 图中可以看出，传统 TZM 钼合金和 Mo 金属在不同浓度碱性介质中的交流阻抗谱呈现单一的容抗弧。传统 TZM 钼合金在不同浓度碱性介质中阻抗谱半径均小于 Mo 金属阻抗谱半径，说明传统 TZM 钼合金电极反应过程阻力远小于 Mo 金属电极反应过程阻力，传统 TZM 钼合金极化阻抗较小，耐腐蚀性能较差。从 Bode 图中同样可以看出，传统 TZM 钼合金比 Mo 金属电极反应过程阻力小，传统 TZM 钼合金耐腐蚀性能较差。当碱性介质浓度为 10% 时，

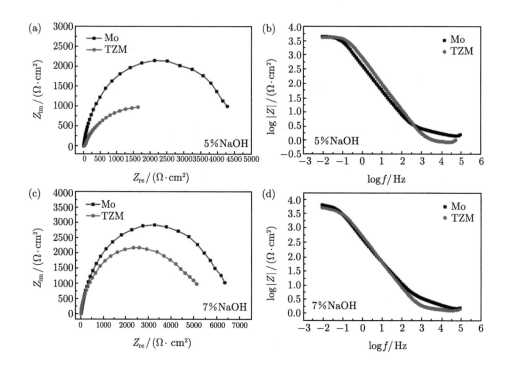

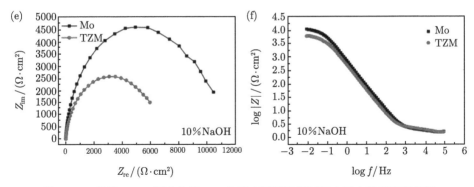

图 4-45 传统 TZM 钼合金和 Mo 金属在不同浓度碱性介质中的交流阻抗谱

传统 TZM 钼合金的极化阻抗约为 Mo 金属的 1/2，如图 4-45(f) 所示，二者耐腐蚀性能在此条件下差异最大。综合以上分析结果可以看出，交流阻抗谱测试结果与极化曲线结果一致 (图 4-42)。

4.5.3 等效电路分析

为了对传统 TZM 钼合金和 Mo 金属的腐蚀机理进行研究，进一步阐明第二相对 TZM 钼合金耐腐蚀性能影响的机制，本课题采用 ZSimpWin 软件，对传统 TZM 钼合金和 Mo 金属在酸性、中性和碱性介质中的交流阻抗谱进行了电路拟合，得到了拟合最优的等效电路，分别如图 4-46～图 4-48 所示。

图 4-46 为 Mo 金属在三种浓度碱性介质中交流阻抗谱的拟合电路，拟合最优的等效电路为 R(QR) 型。R_s 为腐蚀溶液电阻，Q_{dl} 为腐蚀介质与工作电极表面之间所形成的双电层电容的常相位角元件 (通常每一个界面之间都会存在一个电容)，R_{ct} 为电荷转移电阻。由于工作电极在制备过程中，需进行打磨和抛光，表面不可避免地存在微划痕，所以经常用常相位角元件 Q 代替电容器 C 来补偿不均匀性。从电路拟合结果可以看出，在此三种腐蚀条件下，Mo 金属工作电极表面没有钝化膜生成，电极表面发生了单一的阳极金属溶解。反应过程的阻力主要由电荷转移电阻 R_{ct} 控制，R_{ct} 是衡量电化学反应难易程度的关键，也是评价 Mo 金属在此三种电化学体系中腐蚀阻抗和耐腐蚀性能的重要依据。

图 4-47 为 Mo 金属在不同浓度酸性和中性介质，传统 TZM 钼合金在不同浓度酸性和碱性介质中交流阻抗谱的拟合电路，拟合最优的等效电路为 R(Q(R(QR))) 型。电路图中 R_s、Q_{dl} 和 R_{ct} 所表示电路元件含义与前述一致，Q_f 为常相位角元件，R_f 为钝化膜电阻。对于 Mo 金属，由于工作电极在打磨和抛光过程中，表面不可避免地存在微划痕，所以经常用常相位角元件 Q 代替电容器 C 来补偿不均匀性，对于 TZM 钼合金，除制备过程不可避免的微划痕，其表面还存在第二相粒子和钝化膜，因此也需要用常相位角元件 Q 代替电容器 C 来

补偿不均匀性。从电路拟合结果可以看出，在此 12 种腐蚀条件下，TZM 钼合金和 Mo 金属工作电极表面均有钝化膜生成，减缓了电极腐蚀速率。由于 TZM 钼合金和 Mo 金属在此 12 种腐蚀条件下，钝化特征不是特别显著，反应只有部分钝化膜生成，因此，R_{ct} 仍是衡量电化学反应难易程度的关键，也是评价 Mo 金属和 TZM 钼合金在此 12 种电化学体系中腐蚀阻抗和耐腐蚀性能的重要依据。

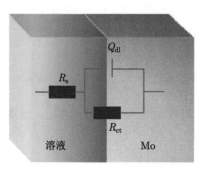

图 4-46　Mo 金属在不同浓度碱性介质中的等效电路

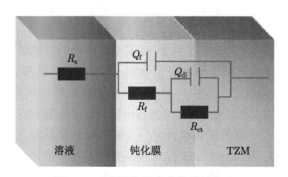

图 4-47　有钝化膜生成的等效电路

图 4-48 为传统 TZM 钼合金在不同浓度中性介质中的交流阻抗谱的拟合电路，拟合最优的等效电路为 R(Q(R(Q(RW)))) 型。电路图中 R_s、Q_f、R_f、Q_{dl} 和 R_{ct} 所表示电路元件含义与前述一致。Z_w 表示扩散元件，是电化学反应过程中由于扩散过程引起的阻抗特征。由于 TZM 钼合金制备过程不可避免地存在微划痕，其表面还存在第二相粒子和钝化膜，因此需要用常相位角元件 Q 代替电容器 C 来补偿不均匀性。从电路拟合结果可以看出，在此三种腐蚀条件下，TZM 钼合金工作电极表面均有部分钝化膜生成，减缓了电极腐蚀速率，另外在腐蚀过程中伴随着离子扩散过程。反应过程的阻力主要由钝化膜电阻 R_f、电荷转移电阻 R_{ct} 和扩散阻抗 Z_w 构成。由于 TZM 钼合金在此三种腐蚀条件下，钝化特征不是特别显著，只能反应有部分钝化膜生成，因此，R_{ct} 和 Z_w 是衡量电化学反应难易程度

的关键，也是评价 TZM 钼合金在此三种电化学体系中腐蚀阻抗和耐腐蚀性能的重要依据。

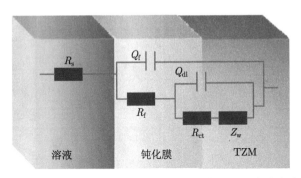

图 4-48 TZM 钼合金在不同浓度中性介质中的等效电路

综合分析传统 TZM 钼合金和 Mo 金属在不同腐蚀介质中交流阻抗谱的拟合电路，可以得出，第二相的存在会改变 TZM 钼合金交流阻抗谱的最优拟合电路，改变控制合金反应难易程度的阻抗参数，改变合金的腐蚀机理。在酸性介质中，传统 TZM 钼合金和 Mo 金属的拟合电路相同，拟合最优的等效电路均为 R(Q(R(QR))) 型。反应过程的阻力主要由钝化膜电阻 R_f 和电荷转移电阻 R_{ct} 构成，但由于反应生成的钝化膜不致密，因此，R_{ct} 仍是衡量电化学反应难易程度的关键；在中性介质中，传统 TZM 钼合金和 Mo 金属的拟合电路不同，Mo 金属交流阻抗谱的最优拟合等效电路为 R(Q(R(QR))) 型，反应过程的阻力主要由钝化膜电阻 R_f 和电荷转移电阻 R_{ct} 构成，R_{ct} 是衡量电化学反应难易程度的关键。而传统 TZM 钼合金交流阻抗谱的最优拟合等效电路为 R(Q(R(Q(RW)))) 型，过程伴随着离子扩散过程，并且反应过程的阻抗主要由钝化膜电阻 R_f、电荷转移电阻 R_{ct} 和扩散阻抗 Z_w 构成，R_{ct} 和 Z_w 是衡量电化学反应难易程度的关键；在碱性介质中，传统 TZM 钼合金和 Mo 金属的拟合电路也不同，传统 TZM 钼合金交流阻抗谱的最优拟合等效电路为 R(Q(R(QR))) 型，反应过程的阻抗主要由钝化膜电阻 R_f 和电荷转移电阻 R_{ct} 构成，R_{ct} 是衡量电化学反应难易程度的关键。而 Mo 金属交流阻抗谱的最优拟合等效电路为 R(QR) 型，在电极表面上发生了单一的阳极金属溶解，反应过程的阻抗主要由电荷转移电阻 R_{ct} 控制。

4.5.4 不同腐蚀介质中表面微观组织形貌特征

为了对传统 TZM 钼合金和 Mo 金属在三种不同浓度腐蚀介质中的耐腐蚀性能和腐蚀机制进行分析，本实验对二者腐蚀后的表面形貌进行了观察和分析。

图 4-49 是在不同浓度酸性腐蚀介质中传统 TZM 钼合金和 Mo 金属腐蚀后的表面 SEM 照片。

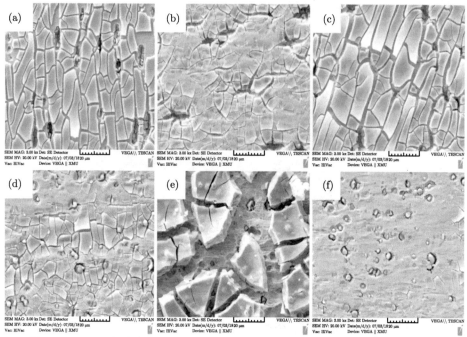

图 4-49　TZM 钼合金和 Mo 金属在不同浓度酸性介质中的腐蚀表面 SEM 照片
(a) Mo-5%；(b) Mo-7%；(c) Mo-10%；(d) TZM-5%；(e) TZM-7%；(f) TZM-10%

　　图 4-49(a)、(b)、(c) 分别为 Mo 金属在 5%、7%、10%浓度的酸性介质中的表面 SEM 照片，图 4-49(d)、(e)、(f) 分别为传统 TZM 钼合金在 5%、7%、10%浓度的酸性介质中的表面 SEM 照片。对比传统 TZM 钼合金和 Mo 金属的腐蚀形貌可以看出，在同一浓度酸性介质中，TZM 钼合金比 Mo 金属腐蚀程度严重，其耐腐蚀性能比 Mo 金属差，第二相的存在降低了 TZM 钼合金的耐腐蚀性能。单独对比 Mo 金属在三种浓度酸性介质中的腐蚀形貌可以看出，其在 7%浓度的酸性介质中腐蚀程度最严重，除了龟裂，还出现数量较多、面积较大的腐蚀坑，在其余两种浓度介质中，除龟裂外，有少量面积较小的腐蚀坑出现，随着酸性介质浓度从 5%增加到 10%，Mo 金属的耐腐蚀性能先降低后增强。单独对比传统 TZM 钼合金在三种浓度酸性介质中的腐蚀形貌可以看出，三者均出现了龟裂和点蚀，腐蚀程度相似，随着酸性介质浓度从 5%增加到 10%，TZM 钼合金的耐腐蚀性能依次降低，说明第二相的存在改变了合金的耐腐蚀性能规律。对比二者的腐蚀过程可以得出，Mo 金属在酸性介质中，于晶界或者表面不平整处首先发生腐蚀，最终形成龟裂腐蚀形貌，在部分区域由于溶液离子的聚集，腐蚀较严重，形成了腐蚀坑。TZM 钼合金在酸性介质中，除类似于 Mo 金属形成龟裂，还在第二相与基体的交界处形成了点蚀，点蚀弥散分布在基体表面，这是造成钼

合金耐腐蚀性能降低的主要原因。

图 4-50 是在不同浓度中性腐蚀介质中传统 TZM 钼合金和 Mo 金属腐蚀后的表面 SEM 照片。

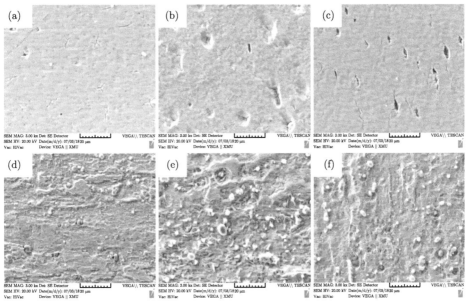

图 4-50 TZM 钼合金和 Mo 金属在不同浓度中性介质中的腐蚀表面 SEM 照片
(a) Mo-3.5%; (b) Mo-5%; (c) Mo-7%; (d) TZM-3.5%; (e) TZM-5%; (f) TZM-7%

图 4-50(a)、(b)、(c) 分别为 Mo 金属在 3.5%、5%、7%浓度的中性介质中的表面 SEM 照片,图 4-50(d)、(e)、(f) 分别为传统 TZM 钼合金在 3.5%、5%、7%浓度的中性介质中的表面 SEM 照片。对比传统 TZM 钼合金和 Mo 金属的腐蚀形貌可以看出,在同一浓度中性介质中,TZM 钼合金比 Mo 金属腐蚀程度严重,其耐腐蚀性能比 Mo 金属差,第二相的存在降低了 TZM 钼合金的耐腐蚀性能。单独对比 Mo 金属在三种浓度中性介质中的腐蚀形貌可以看出,其在三种浓度的中性介质中腐蚀程度相似,出现轻微龟裂,还出现少量腐蚀坑。单独对比传统 TZM 钼合金在三种浓度中性介质中的腐蚀形貌可以看出,三者腐蚀程度相似,表面均出现了腐蚀坑和点蚀,由于样品腐蚀较严重,在后期清洗过程中,腐蚀层在水流冲击下已剥落。对比二者的腐蚀过程可以得出,Mo 金属在中性介质中,于晶界或者表面不平整处首先发生腐蚀,最终形成龟裂腐蚀形貌,在部分区域由于溶液离子的聚集,腐蚀较严重,形成了腐蚀坑。TZM 钼合金在中性介质中,首先在第二相与基体的交界处形成了点蚀,点蚀扩展后,第二相与基体失去结合力,从基体表面掉落,这是造成钼合金耐腐蚀性能降低的主要

原因。

图 4-51 是在不同浓度碱性腐蚀介质中传统 TZM 钼合金和 Mo 金属腐蚀后的表面 SEM 照片。

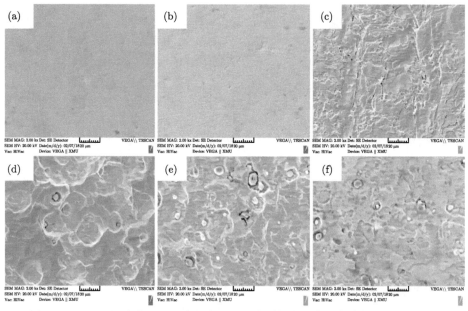

图 4-51   TZM 钼合金和 Mo 金属在不同浓度碱性介质中的腐蚀表面 SEM 照片
(a) Mo-5%；(b) Mo-7%；(c) Mo-10%；(d) TZM-5%；(e) TZM-7%；(f) TZM-10%

图 4-51(a)、(b)、(c) 分别为 Mo 金属在 5%、7%、10%浓度的碱性介质中的表面 SEM 照片，图 4-51(d)、(e)、(f) 分别为传统 TZM 钼合金在 5%、7%、10%浓度的碱性介质中的表面 SEM 照片。对比传统 TZM 钼合金和 Mo 金属的腐蚀形貌可以看出，在同一浓度碱性介质中，TZM 钼合金比 Mo 金属腐蚀程度严重，其耐腐蚀性能比 Mo 金属差，第二相的存在降低了 TZM 钼合金的耐腐蚀性能。单独对比 Mo 金属在三种浓度碱性介质中的腐蚀形貌可以看出，其在 10%浓度的碱性介质中腐蚀程度最严重，整个表面被均匀腐蚀，呈现河流状腐蚀形貌，有部分点蚀，在其余两种浓度介质中，除点蚀外，有少量面积较小、腐蚀较浅的腐蚀坑出现，随着碱性介质浓度从 5%增加到 10%，Mo 金属的耐腐蚀性能先增强后降低。单独对比传统 TZM 钼合金在三种浓度碱性介质中的腐蚀形貌可以看出，三者均出现了腐蚀坑和点蚀，随着碱性介质浓度从 5%增加到 10%，TZM 钼合金的耐腐蚀性能依次增强，说明第二相的存在改变了合金的耐腐蚀性能规律。对比二者的腐蚀过程可以得出，Mo 金属在碱性介质中，整个表面被均匀腐蚀，于表面不平整处首先发生腐蚀，形成腐蚀坑或点蚀。TZM 钼合金在碱性介质中，腐蚀首先在第二相与基体的

交界处形成点蚀，点蚀弥散分布在基体表面，随着腐蚀继续深入，第二相与基体失去结合力，发生脱落，形成严重的腐蚀坑，这是造成钼合金耐腐蚀性能降低的主要原因。

综合传统 TZM 钼合金和 Mo 金属在不同浓度酸性、中性和碱性介质中的腐蚀形貌可以看出，在相同的腐蚀条件下，传统 TZM 钼合金的腐蚀程度较严重，耐腐蚀性能较差，TZM 钼合金中第二相的存在会降低合金的耐腐蚀性能。此外，传统 TZM 钼合金和 Mo 金属在不同浓度的同性介质中，耐腐蚀性能规律也不同，说明第二相的存在会改变合金的耐腐蚀性能规律。通过对 TZM 钼合金腐蚀过程的仔细分析，发现在各种不同的腐蚀条件下，总是易在第二相与合金基体的交界处发生点蚀，随着腐蚀的深入，点蚀发生扩展，最终第二相失去与基体的结合力，从基体脱落，形成严重的腐蚀坑，这是 TZM 钼合金耐腐蚀性能降低的主要原因。

4.5.5 小结

(1) 第二相会降低 TZM 钼合金的耐腐蚀性能，增强钼合金腐蚀倾向。在酸性、中性和碱性三种腐蚀介质中，传统 TZM 钼合金均比 Mo 金属耐腐蚀性能差。微纳化第二相会显著降低 TZM 钼合金的耐腐蚀性能，在酸性和中性介质中，第二相微纳化 TZM 钼合金和传统 TZM 钼合金自腐蚀电流密度相差约一个数量级。

(2) TZM 钼合金中第二相的存在会改变合金的耐腐蚀性能规律。对比 Mo 金属、传统 TZM 钼合金及第二相微纳化 TZM 钼合金在同种介质不同浓度腐蚀条件下的腐蚀行为，三者耐腐蚀性能规律皆不相同，第二相的存在和第二相的尺寸不同均会改变 TZM 钼合金交流阻抗谱的拟合电路，改变控制合金反应难易程度的阻抗参数，改变合金的腐蚀机理。

(3) 微观电偶促使点蚀在第二相与基体的交界处优先形成，加速了 TZM 钼合金的腐蚀。TZM 钼合金中第二相为 Ti 和 Zr 氧化物的混合物，其比 Mo 基体的电势高，易形成微观电偶，第二相作微观阴极。在腐蚀过程中，第二相与基体交界处在微观电偶作用下，优先形成点蚀，基体被加速腐蚀，随着腐蚀的继续，点蚀发生扩展，使得腐蚀加剧。

4.6 微纳第二相 TZM 钼合金的腐蚀行为

4.6.1 第二相对 TZM 钼合金耐腐蚀性能影响的机制

由极化曲线结果、交流阻抗谱结果和腐蚀形貌分析结果可知，传统 TZM 钼合金中第二相的存在会降低合金的耐腐蚀性能，腐蚀过程中，第二相与基体交界处发生的点蚀是其耐腐蚀性能降低的主要原因，为了分析第二相对 TZM 钼合金耐腐蚀性能影响的机制，本节实验对传统 TZM 钼合金的第二相成分进行了分析，对第二相和基体的电势进行了测量。

图 4-52 为传统 TZM 钼合金第二相粒子能谱分析，可以得出，第二相粒子为 Ti 和 Zr 氧化物的混合物。

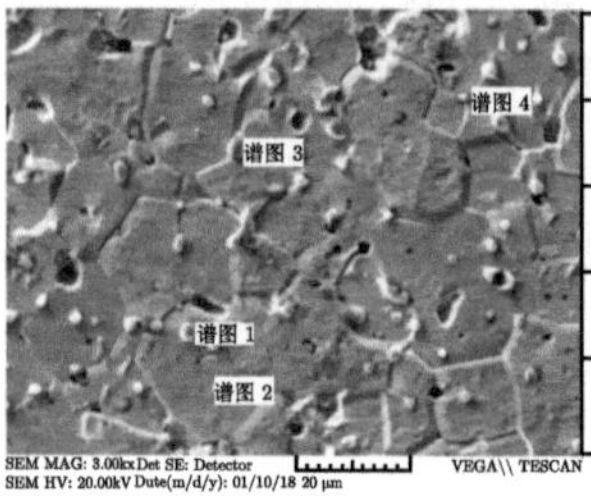

谱图	O	Ti	Zr	Mo	总量
谱图 1	42.25%	41.21%	3.49%	13.05%	100%
谱图 2	37.96%	38.91%	5.11%	18.02%	100%
谱图 3	40.29%	43.33%	2.90%	13.48%	100%
谱图 4	38.15%	39.47%	5.93%	16.45%	100%

图 4-52　传统 TZM 钼合金第二相粒子能谱分析

图 4-53 为传统 TZM 钼合金中第二相和基体的电势测量结果，可以看出，第二相与 Mo 基体的电势差为 73.7mV，电势差较大，二者之间易形成微观电偶。第二相电势高于 Mo 基体，作微观阴极，加速了合金基体的腐蚀。

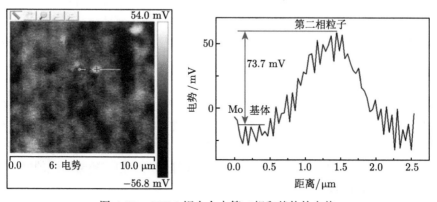

图 4-53　TZM 钼合金中第二相和基体的电势

图 4-54 为第二相对 TZM 钼合金耐腐蚀性能影响的机理图。在腐蚀过程中，第二相与基体交界处在微观电偶作用下，优先形成点蚀，合金基体被腐蚀，随着腐蚀的继续，点蚀发生扩展，导致第二相从基体表面脱落，形成面积较大，深度较深的腐蚀坑，使得腐蚀加剧。由此可得，第二相的存在确实降低了合金的耐腐蚀性能，这也是 TZM 钼合金腐蚀倾向性比 Mo 金属大的主要原因。

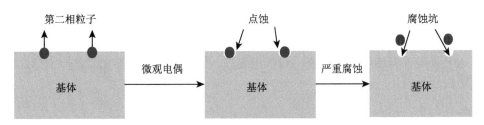

图 4-54 第二相对 TZM 钼合金耐腐蚀性能影响的机理图

4.6.2 不同尺寸第二相对 TZM 钼合金耐腐蚀性能的影响规律

由极化曲线结果、交流阻抗谱结果和腐蚀形貌分析结果可知，微纳化第二相会降低 TZM 钼合金的耐腐蚀性能，为了分析不同尺寸第二相对 TZM 钼合金耐腐蚀性能影响的机制，本节对第二相微纳化 TZM 钼合金的第二相成分进行了表征，与传统 TZM 钼合金的第二相成分进行对比，深入分析两种 TZM 钼合金中不同尺寸第二相对合金耐腐蚀性能影响的不同。

图 4-55 为第二相微纳化 TZM 钼合金第二相粒子能谱分析，可以得出，微纳化第二相粒子为 Ti 和 Zr 氧化物的混合物，Na 元素被检测到是由于腐蚀过程中发生了离子扩散，Na 原子进入到了腐蚀层。与传统 TZM 钼合金第二相粒子能谱分析 (图 4-52) 进行对比，发现二者第二相粒子成分相同，皆为 Ti 和 Zr 氧化物的混合物。因此，两种 TZM 钼合金中，第二相的成分对合金耐腐蚀性能的影响作用相同。

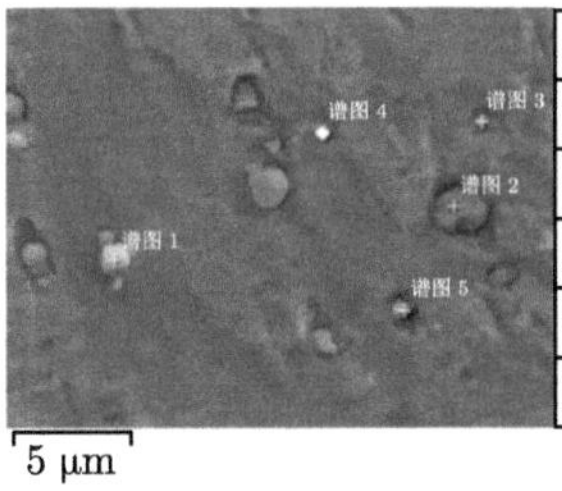

谱图	O	Ti	Zr	Mo	Na	总量
谱图 1	35.60%	39.31%	2.35%	21.12%	1.62%	100%
谱图 2	39.85%	43.28%	6.83%	9.40%	0.64%	100%
谱图 3	26.25%	16.44%	4.05%	51.73%	1.53%	100%
谱图 4	23.80%	14.01%	2.62%	58.32%	1.25%	100%
谱图 5	28.40%	18.39%	10.35%	40.71%	2.15%	100%

5 μm

图 4-55 第二相微纳化 TZM 钼合金第二相粒子能谱分析

第二相微纳化 TZM 钼合金和传统 TZM 钼合金中第二相粒子成分相同，都会降低两种钼合金的耐腐蚀性能。由于第二相粒子电势较高，与基体形成微观电偶，在各种不同的腐蚀条件下，易在第二相与合金基体的交界处发生点蚀，随着腐蚀的深入，点蚀发生扩展，最终第二相失去与基体的结合力，从基体脱落，加速合金基体的腐蚀。然而在相同的腐蚀条件下，第二相微纳化 TZM 钼合金的腐蚀程度比传统 TZM 钼合金严重，其耐腐蚀性能比传统 TZM 钼合金差，说明第二相尺寸微纳化会严重降低 TZM 钼合金的耐腐蚀性能。这是由于在合金元素含量一定的情况下，第二相微纳化 TZM 钼合金第二相尺寸较小，数量较多，更易形成数量较多的点蚀，随着腐蚀继续深入，点蚀发生扩展，第二相脱落，同时形成数量较多的腐蚀坑，合金表面被严重腐蚀，因此第二相微纳化 TZM 钼合金耐腐蚀性能较差。

4.6.3　小结

(1) 第二相尺寸微纳化会显著降低 TZM 钼合金的耐腐蚀性能。第二相微纳化 TZM 钼合金和传统 TZM 钼合金中第二相粒子成分相同，均为高电势的氧化物。在合金元素含量一定的情况下，由于第二相微纳化 TZM 钼合金第二相尺寸较小，数量较多，更易形成数量较多的点蚀，随着腐蚀继续深入，同时形成数量较多的腐蚀坑，在相同的腐蚀条件下，第二相微纳化 TZM 钼合金比传统 TZM 钼合金耐腐蚀性能差。

(2) 第二相微纳化 TZM 钼合金适用于力学性能要求较高的环境，不适用于腐蚀条件苛刻的环境。第二相微纳化 TZM 钼合金晶粒更细小，平均第二相尺寸更小，分布更均匀，与传统 TZM 钼合金相比，第二相微纳化 TZM 钼合金抗拉强度提高 14.8%，延伸率提高 12.6%，第二相微纳化 TZM 钼合金适用于对力学性能要求较高的环境。但其在酸性、中性和碱性三种腐蚀介质中，耐腐蚀性能均比传统 TZM 钼合金差，相较于传统 TZM 钼合金，第二相微纳化 TZM 钼合金不适用于腐蚀条件苛刻的环境。

参 考 文 献

[1] Moerkurova H H. 钼冶金. 徐克玷，译. 北京：冶金工业出版社, 1984.

[2] Gupta C K. Extractive Metallurgy of Molybdenum. Boca Raton: CRC Press, Inc., 1992.

[3] 武洲, 孙院军. 神奇的金属: 钼. 中国钼业, 2010, 34(2): 1-6.

[4] 向铁根. 钼冶金. 长沙: 中南大学出版社, 2002.

[5] 魏世忠, 韩明儒, 徐流杰. 钼合金的制备与性能. 北京: 科学出版社, 2012.

[6] 王发展, 李大长, 孙院军. 钼材料及其加工. 北京: 冶金工业出版社, 2008.

[7] 《有色金属提取冶金手册》编辑委员会. 有色金属提取冶金手册: 稀有高熔点金属 (上). 北京：冶金工业出版社, 1999.

[8] Werner A, Bender R. Molybdenum and molybdenum alloys// Corrosion Handbook.New York: Wiley-VCH Verlag GmbH & Co. KGaA, 2008.

[9] 张文钲. 钼冶炼. 西安：西安交通大学出版社, 1991.

[10] 刘国钊. 金属材料脆性断裂原因的实验探讨. 冶金与材料, 2018, 38(6): 62-63.

[11] 陈响明. 变形钼丝再结晶过程的电镜观察. 中国钼业, 1997, (6): 53-56.

[12] 谭望, 陈畅, 汪明朴, 等. 不同因素对钼及钼合金塑脆性能影响的研究. 材料导报, 2007, 21(8): 80-83, 87.

[13] 杨政伟. 钼合金及其粉末冶金技术研究现状与发展趋势. 有色金属加工, 2013, 42 (4): 4-7.

[14] Park K K, Cho J H, Han H N, et al. Texture evolution during deep drawing of Mo sheet. Key Engineering Materials, 2003, 233-236 (9): 567-572.

[15] 罗明. 粉末冶金钼合金热锻的性能和显微组织研究. 长沙: 中南大学, 2009.

[16] Ermishkin V A, Plastinin V M. Crystallographic features of the brittle fracture of molybdenum single crystals. Strength of Materials, 1978, 10 (4): 464-469.

[17] Krajnikov A V, Morito F, Slyunyaev V N. Impurity-induced embrittlement of heat-affected zone in welded Mo-based alloys. International Journal of Refractory Metals & Hard Materials, 1997, 15 (5-6): 325-339.

[18] 左铁镛, 周美玲, 王占一. 间隙杂质及其分布对烧结钼脆性的影响. 中南矿冶学院学报, 1982, 13(1): 47-54+127-128+131.

[19] Kumar A, Eyre B L. Grain boundary segregation and intergranular fracture in molybdenum. Proc. R. Soc. London, 1980, 370 (1743): 431-458.

[20] 梁基谢夫 H II. 金属二元系相图手册 (精). 郭青蔚, 等译. 北京: 化学工业出版社, 2009.

[21] Morito F. Effect of impurities on the weldability of powder metallurgy, electron-beam melted and arc-melted molybdenum and its alloys. Journal of Materials Science, 1989, 24 (9): 3403-3410.

[22] Babinsky K, Weidow J, Knabl W, et al. Atom probe study of grain boundary segregation in technically pure molybdenum. Materials Characterization, 2014, 87 (1): 95-103.

[23] Miller M K, Kenik E A, Mousa M S, et al. Improvement in the ductility of molybdenum alloys due to grain boundary segregation. Scripta Materialia, 2002, 46 (4): 299-303.

[24] Leichtfried G, Schneibel J H, Heilmaier M. Ductility and impact resistance of powdermetallurgical molybdenum-rhenium alloys. Metallurgical & Materials Transactions A, 2006, 37 (10): 2955-2961.

[25] 冯鹏发, 赵虎, 杨秦莉, 等. 钼金属的脆性与强韧化技术研究进展. 铸造技术, 2011, 32 (4): 554-558.

[26] 丁青青, 余倩, 李吉学, 等. 铼在镍基高温合金中作用机理的研究现状. 材料导报, 2018, 32 (1): 110-115.

[27] 黄锦元. 高强韧性超细晶变形铝合金的制备. 南宁: 广西大学, 2013.

[28] 中山大学金属系. 稀土物理化学常数. 北京: 冶金工业出版社, 1978.

[29] 黄培云. 粉末冶金原理. 北京: 冶金工业出版社, 1997.

[30] Iorio L E, Bewlay B P, Larsen M. Dopant particle characterization and bubble evolution in aluminum-potassium-silicon-doped molybdenum wire. Metallurgical & Materials Transactions A, 2002, 33 (11): 3349-3356.

[31] Yin W, Chen Q, Fu J, et al. Fabrication industry of niobium and its products in China. Rare Metal Materials & Engineering, 1998, 27(1): 1-8.

[32] 周宇航, 胡平, 常恬, 等. 钼合金强韧化方式及机理研究进展. 功能材料, 2018, 49 (1): 1026-1032.

[33] Lim L C, Tan L K, Zeng H. Bubble formation in Czochralski-grown lead molybdate crystals. Journal of Crystal Growth, 1996, 167 (3-4): 686-692.

[34] 谢辉, 张国君, 王德志. 钼粉末冶金过程及钼材料. 北京: 科学出版社, 2012.

[35] 刘拼拼, 范景莲, 成会朝, 等. 稀土 La 对钼合金组织和性能的影响. 粉末冶金技术, 2009, 27(3): 185-188.

[36] 崔忠圻, 刘北兴. 金属学与热处理原理. 2 版. 哈尔滨: 哈尔滨工业大学出版社, 2004.

[37] 刘戊生. 镧、钇复合稀土钼合金的研究. 中国钼业, 1999, 23(6): 19-22.

[38] 罗建海, 王林, 孙院军. 掺杂方式对 Mo-La$_2$O$_3$ 合金断裂韧性及掺杂粒子显微结构的影响. 中国钼业, 2015, 39(5): 54-56.

[39] Yang X, Tan H, Lin N, et al. The influences of La doping method on the microstructure and mechanical properties of Mo alloys. International Journal of Refractory Metals & Hard Materials, 2015, 51: 301-308.

[40] Sandim H R Z, Padilha A F, Randle V, et al. Grain subdivision and recrystallization in oligocrystalline tantalum during cold swaging and subsequent annealing. International Journal of Refractory Metals & Hard Materials, 1999, 17(6): 431-435.

[41] 王林, 孙军, 孙院军, 等. 掺杂方式对 Mo-La$_2$O$_3$ 合金组织和力学性能的影响. 稀有金属材料与工程, 2007, 36(10): 1827-1830.

[42] 赵敬世. 位错理论基础. 北京: 国防工业出版社, 1989.

[43] Iorio L E, Bewlay B P, Larsen M. Analysis of AKS- and lanthana-doped molybdenum wire. Int. J. Refract. Met. Hard Mater. 2006, (24): 306.

[44] Sturm D, Heilmaier M, Schneibel J H, et al.The influence of silicon on the strength and fracture toughness of molybdenum. Mater. Sci. Eng. A, 2007, 463: 107.

[45] Duan S H, Zhang G S, Wei S Z, et al. High temperature tensile properties of Mo-La$_2$O$_3$ sheet. Trans. Mater. Heat Treat., 2011, 32: 29.

[46] Feng P, Fu J, Zhao H, et al. Effects of doping technologies on mechanical properties and microstructures of RE$_x$O$_y$, doped molybdenum alloys. Metal Powder Report, 2016, 71(6): 437-440.

[47] 李世磊, 胡平, 段毅, 等. 掺杂方式对钼合金组织与力学性能影响的研究进展. 材料导报, 2020, 34(9): 9132-9142.

[48] 王振东, 郑剑平, 杨启法, 等. 高温退火对 TZM 钼合金拉伸性能的影响. 原子能科学技术, 2005, 39(S1): 42-45.

[49] 孙远, 王妍, 徐伟, 等. 再结晶态 TZM 钼合金热变形特征的研究. 稀有金属, 2010, 34(5): 689-693.

[50] 张丹丹, 倪锋, 徐流杰, 等. 掺杂方式对 Al$_2$O$_3$/Mo 复合材料组织及性能的影响. 稀有金属与硬质合金, 2011, 39(3): 35-37, 71.

[51] 张丹丹. Al$_2$O$_3$ 增强钼基复合材料的机械合金化及性能研究. 洛阳: 河南科技大学, 2012.

[52] 安乐. 铼添加量对钼合金组织和性能的影响. 西安: 西安理工大学, 2011.

[53] Kurishita H, Tokunaga O, Yoshinaga H. Effect of nitrogen on the intergranular brittleness in molybdenum. Mater. Trans. JIM, 1990, 31(3)：190-194.

[54] Majumdar S S. Processing of Molybdenum and TZM Alloy. Germany: Lambert Academic Publishing, 2012.

[55] 吴新光, 杜晓斌. TZM 合金及其特性. 中国钼业, 2005, 29(5): 30-34.

[56] Sharma I G, Chakraborty S P, Suri A K. Preparation of TZM alloy by aluminothermicsmelting and its characterization. Journal of Alloys and Compounds, 2005, 393(1-2): 122-127.

[57] 曹冬, 朱琦. 低氧 TZM 合金的制备机理研究. 中国钼业, 2011, 35(6): 57-60.

[58] 韩强. 钼及其合金的氧化、防护与高温应用. 中国钼业, 2002, 26(4): 32-34.

[59] 向铁根, 刘海湘. 还原工艺对钼粉粒度和氧含量的影响. 中国钼业, 2004, 28(2): 42-45.

[60] 王德志, 汪异, 程仕平, 等. 料层厚度对还原钼粉性能的影响. 中国钼业, 2007, 31(3): 20-22.

[61] 马全智. 温度变化趋势对还原钼粉的影响. 中国钨业, 2012, 27(4): 36-40.

[62] 刘仁智, 李晶, 安耿, 等. 层片状二氧化钼还原过程模型化研究. 中国钼业, 2009, 33(3): 37-40.

[63] 唐惠庆, 郭兴敏, 张圣弼, 等. CO/CO$_2$ 气氛下含碳球团还原动力学模型及其应用. 钢铁研究学报, 2000, 12(6): 1-6.

[64] 王增民, 宋光涛. 钼合金坯料烧结过程中氧含量的变化. 稀有金属材料与工程, 2002, 31: 119-120.

[65] 梁静, 李来平, 奚正平, 等. TZM 合金真空烧结脱氧的机制分析. 稀有金属材料与工程, 2011, 40(6): 998.

[66] 曹欢, 温治, 刘训良, 等. 烧结过程碳燃烧模拟研究. 冶金能源, 2014, 3(33): 36-41.

[67] 梁静, 林小辉, 王国栋, 等. 碳含量对真空烧结钼合金的影响. 中国钼业, 2012, 36(5): 41-43.

[68] 林宇霖, 陈同云, 黄宪法, 等. 两段碳还原 MoO$_3$ 反应产物的成分研究 [J]. 稀有金属与硬质合金, 2013, 41(1): 28-31.

[69] 张宝宏, 丛文博, 杨萍. 金属电化学腐蚀与防护. 北京: 化学工业出版社, 2005.

[70] 梁成浩. 金属腐蚀学导论. 北京: 机械工业出版社, 1999.

[71] Pistorius P C, Burstein G T. Metastable pitting corrosion of stainless steel and the transition to stability. Philosophical Transactions of the Royal Society A Mathematical Physical & Engineering Sciences, 1992, 341(1662): 531-559.

[72] Shreir L L, Jarman R A, Burstein G T. Corrosion. Oxford: Butterworth-Heinemann, 1998.

[73] Kim J M, Tae-Hyung H A, Park J S, et al. Oxidation resistance of Si-coated TZM alloy prepared through combined process of plasma spray and laser surface melting. Transactions of Nonferrous Metals Society of China, 2016, 26(10): 2603-2608.

[74] Besson J, Drautzburg G. Das anodische verhalten der metalle molybdän und wolfram. Electrochimica Acta, 1960, 3(1-2): 158-168.

[75] 易丹青, 曹昱, 刘沙. Mo 在水溶液中的耐腐蚀性能. 腐蚀科学与防护技术, 2003, 15(3): 151-153, 160.

[76] Badawy W A, Al-Kharafi F M. Corrosion and passivation behaviors of molybdenum in aqueous solutions of different pH. Electrochimica Acta, 1998, 44(4): 693-702.

[77] Bellucci F, Farina C A, Faita G. The anodic dissolution of nickel and molybdenum in methanol and water-methanol mixtures. Materials Chemistry, 1980, 5(3): 185-198.

[78] Kozhevnikov V B, Belova I D, Roginskaya Y E, et al. High-spin configuration of Co (Ⅲ) in nonstoichiometric Co$_3$O$_4$ films. XPS investigations. Materials Chemistry and Physics, 1984, 11(1): 29-48.

[79] Lu Y C, Clayton C R. An XPS study of the passive and transpassive behavior of molybdenum in deaerated 0.1 M HCl. Corrosion Science, 1989, 29(8): 927-937.

[80] Acherman W L, Carter J P, Kenahan C P, et al. Corrosion properties of molybdenum, tungsten, vanadium and some vanadium alloys. Report of Investigations No 6715, US Bureau of Mines, 1966.

[81] Behrens D. DECHEMA Corrosion Handbook. Dechema: John Wiley & Sons Ltd, 1992, 5: 212.

[82] Freeman F T, Briggs J Z. Climax Molybdenum Co. New York: Mountain Press Publishing Company, 1959.

[83] Jackson H, Chance M H. American Society for Metals.Ohio: Metal Park, 1954(16): 157.

[84] Smolik G R, Petti D A, Schuetz S T. Oxidation and volatilization of TZM alloy in air. Journal of Nuclear Materials, 2000, 283-287: 1458-1462.

[85] Yang F, Wang K S, Hu P, et al. La doping effect on TZM alloy oxidation behavior. Journal of Alloys and Compounds, 2014, 593: 196-201.

[86] 臧纯勇, 汤慧萍, 王建永, 等. 钼金属高温抗氧化能力的研究概况. 热加工工艺, 2008, 37(24): 125-128.

[87] 欧阳德刚, 周明石, 张其光. 高温金属抗氧化无机涂层的作用机理与设计原则. 钢铁研究, 1999, 27(4): 52-54.

[88] 林翠, 杜楠, 赵晴. 高温涂层研究的新进展. 材料保护, 2001, 34(6): 4-7, 1.

[89] Allan M. Handbook of Hard Coatings. Tribology International, 2001, 34: 203.

[90] Fei X A, Niu Y R, Ji H, et al. A comparative study of MoSi$_2$ coatings manufactured by atmospheric and vacuum plasma spray processes. Ceramics International, 2011, 37 (3): 813.

[91] Sidky P S, Hocking M G. Review of inorganic coatings and coating processes for reducing wear and corrosion. British Corrosion Journal, 1999, 34 (3): 171.

[92] Wang Y, Wang D Z, Yan J H, et al. Preparation and characterization of molybdenum disilicide coating on molybdenum substrate by air plasma spraying. Applied Surface Science,2013, 284 (nov.1), 881.

[93] Wu H, Li H J, Lei Q, et al. Effect of spraying power on microstructure and bonding strength of MoSi$_2$-based coatings prepared by supersonic plasma spraying. Applied Surface Science, 2011, 257 (13): 5566.

[94] Gu S C, Zhu S Z, Ma Z, et al. Preparation and properties of ZrB$_2$-MoSi$_2$-glass composite powders for plasma sprayed high temperature oxidation resistance coating on C/SiC composites. Powder Technology, 2019, 345: 544.

[95] Yan J H, Xu J J, Rafi-ud-din, et al. Preparation of agglomerated powders for air plasma spraying MoSi$_2$ coating. Ceramics International, 2015, 41 (9): 10547.

[96] Tului M, Marino G, Valente T. Plasma spray deposition of ultra high temperature

ceramics. Surface & Coatings Technology, 2006, 201 (5): 2103.

[97] Chen H, Zeng Y, Ding C X. Microstructural characterization of plasma-sprayed nano-structured zirconia powders and coatings. Journal of the European Ceramic Society, 2003, 23(3): 491.

[98] Yao X Y, Li H J, Zhang Y L, et al. Ablation behavior of ZrB$_2$-based coating prepared by supersonic plasma spraying for SiC-coated C/C composites under oxyacetylene torch. Journal of Thermal Spray Technology, 2013, 22(4): 531.

[99] Martinz H P, Nigg B, Matej J, et al. Properties of the SIBOR® oxidation protective coating on refractory metal alloys. International Journal of Refractory Metals & Hard Materials, 2006, 24 (4): 283-291.

[100] 王璟, 白书欣, 李顺, 等. Mo 基体上沉积 La$_{1.4}$Nd$_{0.6}$Zr$_2$O$_7$ 涂层的热循环失效机制. 2010, 35(1): 72.

[101] 汪异, 王德志. 钼基合金高温抗氧化涂层的制备及其性能研究 [D]. 长沙: 中南大学, 2014.

[102] Edward K N, Michael A K, Steven L S. Formation of MoSi$_2$-SiO$_2$ coatings on molybdenum substrates by CVD/MOCVD [J]. Surface & Coatings Technology, 2006, 200(12-13): 3980-3986.

[103] Yoon J K, Kim G H, Byun J Y, et al. Effect of Cl/H input ratio on the growth rate of MoSi$_2$ coatings formed by chemical vapor deposition of Si on Mo substrates from SiCl$_4$–H$_2$ precursor gases. Surface and Coatings Technology, 2003, 172(2-3): 176.

[104] 汪异. 钼基合金高温抗氧化涂层的制备及其性能研究. 长沙中南大学, 2014.

[105] 金和玉. 生产二硅化钼的反应气相渗透新技术. 中国钼业, 1994, 18 (6): 55.

[106] 吴恒, 李贺军, 王永杰, 等. 低压化学气相沉积 MoSi$_2$ 涂层微观结构及氧化性能. 材料科学与工艺, 2012, 20 (1): 26.

[107] Choy K L. Chemical vapour deposition of coatings. Progress in Materials Science, 2003, 48 (2): 57.

[108] 关志峰, 宁伟, 汪庆卫, 等. 钼电极表面玻璃基防氧化涂层的研究 [J]. 玻璃与搪瓷, 2008, 36(5): 6.

[109] 汪庆东, 宁伟, 王宏志, 等. 热处理对钼电极表面 ZrO$_2$-玻璃基抗氧化涂层性能的影响. 热加工工艺, 2010, 39(24): 170-172.

[110] 夏斌, 张虹, 白书欣, 等. Mo 合金高温抗氧化涂层的研究. 金属热处理, 2007, 32(4): 54-57.

[111] 汪乾, 余长太, 刘军. 二硅化钼电阻浆料性能的改进. 混合微电子技术, 1991, 2 (3): 56.

[112] 马小冲, 李继文, 魏世忠. 玻璃窑炉用钼电极表面抗氧化涂层的研究. 稀有金属与硬质合金, 2014, 42(5): 51.

[113] 贾中华. 料浆法制备铌合金和钼合金高温抗氧化涂层. 粉末冶金技术, 2001, 19(2): 3.

[114] 张稳稳, 林涛, 邵慧萍. 料浆法制备 Mo 表面硅化物涂层的研究. 粉末冶金技术, 2013, 31 (1): 18.

[115] Yan Z Q, Xiong X, Xiao P, et al. MoSi₂-SiC formation process by sintering of Mo and Si mixture slurries. Materials Science and Engineering of Powder Metallurgy, 2008, 13 (1): 23.

[116] 曹俊, 刘伟, 朱鹏飞, 等. 料浆包渗法制备 MoSi₂ 高温抗氧化涂层. 表面技术, 2019, 48 (1): 69.

[117] 邵红红, 徐涛, 王晓静, 等. 磁控溅射硅钼薄膜的抗氧化性能研究. 功能材料, 2012, 43 (15): 2095.

[118] 信绍广, 张茂国, 朱伟, 等. 气压对磁控溅射硅钼薄膜结构及内应力的影响. 金属世界, 2012, (4): 28.

[119] 张茂国, 陈华. 磁控溅射法制备硅钼薄膜及其性能表征. 稀有金属材料与工程, 2005, 34 (7): 1158.

[120] 李公平, 张小东, 丁宝卫, 等. 载能钼团簇束与单晶硅碰撞室温下合成二硅化钼. 核技术, 2005, 28 (3): 54.

[121] 汤德志, 阮建明. 钼合金表面涂层的制备及性能研究. 长沙: 中南大学, 2014.

[122] 李梅, 田晓东, 王甜甜, 等. 纯钼 Cr-Si 共渗层的组织及形成机理. 金属热处理, 2016, 041 (7): 83.

[123] 肖来荣, 蔡志刚, 易丹青, 等. MoSi₂ 涂层的组织结构与高温抗氧化性能. 中国有色金属学报, 2006, 16 (6): 1028.

[124] 杨涛, 杜继红, 严鹏, 等. 钼网表面 MoSi₂ 涂层的制备及其 1500℃ 高温抗氧化性能. 材料保护, 2018, 51 (3): 43.

[125] 曹正, 田晓东, 李宁, 等. Nb-Ti-Si 合金表面辉光离子渗 Mo/包埋渗 Si 制备 MoSi₂ 涂层的研究. 表面技术, 2015, 44 (1): 68.

[126] 冉丽萍, 易茂中, 蒋建献, 等. 炭/炭复合材料 MoSi₂/SiC 高温抗氧化复合涂层的制备及其结构. 新型炭材料, 2006, 21 (3): 231.

[127] 张厚安, 吴艺辉, 古思勇, 等. 钼表面 (Mo,W)Si₂-Si₃N₄ 复合涂层的低温氧化行为研究. 厦门理工学院学报, 2013, 21 (3): 231.

[128] Zhang H A, Lv J X, Wu Y H, et al. Oxidation behavior of (Mo,W)Si₂-Si₃N₄ composite coating on molybdenum substrate at 1600℃. Ceramics International, 2015, 41 (10): 14890.

[129] 詹磊, 杨克明, 王军霞, 等. 碳保护下钼金属表面 MoSi₂ 涂层的可控制备及表征. 中国陶瓷, 2019, 55 (8): 23.

[130] 周小军, 郑金凤, 赵刚. 钼及其合金高温抗氧化涂层的制备. 金属材料与冶金工程, 2008, 36(2): 6-10.

[131] 美国国家材料咨询委员会所属涂层委员会. 高温抗氧化涂层. 北京: 科学出版社, 1980: 177.

[132] 赵猛, 李争显, 张欣, 等. MoSi₂ 在高温抗氧化涂层中的应用. 材料保护, 2011, 44(1): 42-45, 7-8.

[133] Benesovsky F. Warmfest and Korrosionbestandige Sinterwer-katoffe. Vienna: Springer,

1956: 56.

[134] Cockeram B V, Rapp R A. The Formation and oxidation resistance of boron-modified and germanium-doped silicide diffusion coatings for titanium and molybdenum. Materials Science Forum, 1997, 251-254 (2): 723.

[135] Majumdar S, Kapoor R, Raveendra S, et al. A study of hot deformation behavior and microstructural characterization of Mo-TZM alloy. Journal of Nuclear Materials, 2009, (385): 545.

[136] 孙伟, 花银群, 陈瑞芳, 等. 激光熔覆 MoSi$_2$-NiCrSiB 复合涂层的组织和性能. 热加工工艺, 2014, 43 (22): 149.

[137] 古思勇, 张厚安, 谢能平. 金属钼表面 Mo-Si-N-B 涂层的抗高温氧化性能研究. 矿冶工程, 2012, 32 (5): 116.

[138] 闫凯. TZM 钼合金高温抗氧化涂层的研究. 南京: 南京航空航天大学, 2010.

[139] 郭珊云, 周月光, 陈志全, 等. 铂族金属化学气相沉积. 贵金属, 2001, 21(4): 49-53.

[140] Fukumoto M, Matsumura Y, Hayashi S, et al. Coating of Nb-based alloy by Cr and Al pack cementations its oxidation behavior in air at 1273~1473K. Materials Transactions, 2003, 44 (4): 731-735.

[141] Huang C, Zhang Y, Vilar R. Microstructure and anti-oxidation behavior of laser clad Ni-20Cr coating on molybdenum surface. Surface and Coatings Technology, 2010, 205 (3): 835-840.

[142] Huang C, Zhang Y, Jin J, et al. Isothermal oxidation behavior of laser clad Ni-20Cr coating on molybdenum substrates at 600℃. Rare Metals, 2009, 28: 761.

[143] 孙传富, 刘新庆, 邵忠财. 钼丝表面镀铂工艺的研究. 电镀与环保, 2013, 33(2): 26-28.

[144] 李洪桂. 稀有金属冶金学. 北京: 冶金工业出版社, 1990.

[145] 康轩齐, 王快社, 胡平, 等. TZM 合金抗氧化性研究进展. 热加工工艺, 2013, 42(4): 11-13, 17.

[146] 成会朝, 范景莲, 刘涛, 等. TZM 钼合金制备技术及研究进展. 中国钼业, 2008, 32(6): 40-45.

[147] 崔超鹏, 张国赏, 魏世忠, 等. TZM 合金的研究现状. 中国钼业, 2011, 35(1): 26-28.

[148] 黄强, 李青, 宋尽霞, 等. TZM 合金的研究进展. 材料导报, 2009, 23(11): 38-42, 54.

[149] Gonzalez-Rodriguez J G, Rosales I, Casales M, et al. Corrosion performance of molybdenum silicides in acid solutions. Materials Science & Engineering A, 2004, 371(1-2): 217-221.

[150] 孙院军, 王林, 孙军, 等. 前驱粉团聚度对钼粉及后期制品性能的影响. 中国钼业, 2006, 30(1): 31-34.

[151] 成会朝, 范景莲, 等. 合金元素 Ti 对 Mo 合金性能及组织结构的影响. 中南大学学报, 2009, 40(2): 395-399.

[152] 范景莲, 成会朝, 卢明园, 等. 微量合金元素 Ti、Zr 对 Mo 合金性能和显微组织的影响.

稀有金属材料与工程, 2008, 37(8): 1471-1474.

[153] 朱爱辉, 吕新矿, 王快社. 交叉钼板在 Mo-1 钼板生产中的应用. 材料开发与应用, 2006, 21(4): 38-40.

[154] 朱爱辉, 吕新矿, 王快社. 轧制方式对 Mo-1 钼板组织和性能的影响. 硬质合金, 2006, 23(2):97-99.

[155] 宋维锡. 金属学. 北京: 冶金工业出版社, 1989.

[156] 余永宁. 金属学原理. 北京: 冶金工业出版社, 2000.

[157] 包永千. 金属学基础. 北京: 冶金工业出版社, 1986.

[158] Liu X Y, Wang D Z. A study on the structure and property of sintered Mo doped with La_2O_3. Transactions of NFsoc, 1994, 5(4): 100.

[159] 李湘波, 张久兴, 周文元, 等. 热阴极用稀土钼丝材的组织和性能的研究 [J]. 中国钼业, 2003, 27(4): 28-31.

[160] 张久兴, 刘燕琴, 周美玲, 等. $Mo-La_2O_3$ 板材室温拉伸变形与断裂研究. 稀有金属材料与工程, 2005, 34(2): 221-225.

[161] 傅小俊. La-Mo 合金板轧制工艺及组织性能研究. 西安: 西安建筑科技大学, 2009.

[162] Inouea T, Hiraokaa Y, Sukedaib E, et al. Hardening behavior of dilute Mo-Ti alloys by two-step heat-treatment. International Journal of Refractory Metals & Hard Materials, 2007, 25(2): 138-143.

[163] Liu G, Zhang G J, Jiang F, et al. Nanostructured high-strength molybdenum alloys with unprecedented tensile ductility. Nature Materials, 2013, 12 (4): 344-350.

[164] 梁静, 奚正平, 汤慧萍, 等. TZM 合金中碳化物生成机制分析. 稀有金属材料与工程, 2011, 40(S2): 210-214.

[165] Gao S L, Yang Z P, Yang B Y. Study on heat decomposition mechanism of $La(NO_3)_3\cdot6H_2O$ and $La(NO_3)_3\cdot4H_2O$. Journal of Northwestern Institute of Architectural Engineering, 1988, 265-272.

[166] 张世荣, 涂赣峰, 张成祥, 等. 氧化镧碳化行为的研究. 稀土,1997, (5): 24-26.

[167] Mrotzek T, Hoffmann A, Martin U. Hardening mechanisms and recrystallization behaviour of several molybdenum alloys. International Journal of Refractory Metals & Hard Materials, 2006, 24(4): 298-305.

[168] 高胜利, 杨祖培, 杨丙雨. 六水、四水合硝酸镧热分解机理的研究. 长安大学学报 (建筑与环境科学版), 1988, 5(2): 65-72.

[169] Liu Y, Deng C, Gong B, et al. Effects of heterogeneity and coarse secondary phases on mechanical properties of 7050-T7451 aluminum alloy friction stir welding joint. Materials Science and Engineering: A, 2019, 764: 138223.

[170] Deng K, Shi J, Wang C, et al. Microstructure and strengthening mechanism of bimodal size particle reinforced magnesium matrix composite. Composites Part A, 2012, 43 (8): 1280-1284.

[171] 张龙江. 微米、纳米 SiC_p/Al2014 复合材料的制备及组织性能. 长春: 吉林大学, 2015.

[172] Liu D, Zhang S Q, Li A, et al. High temperature mechanical properties of a laser melting deposited TiC/TA15 titanium matrix composite. Journal of Alloys & Compounds, 2010, 496 (1-2): 189-195.

[173] Lu W J, Xiao L, Geng K, et al. Growth mechanism of in situ synthesized TiB_w in titanium matrix composites prepared by common casting technique. Materials Characterization, 2008, 59 (7): 912-919.

[174] Zhang C J, Kong F T, Xiao S L, et al. Evolution of microstructure and tensile properties of in situ titanium matrix composites with volume fraction of (TiB + TiC) reinforcements. Materials Science & Engineering A, 2012, 548: 152-160.

[175] Starink M J, Wang P, Sinclair I, et al. Microstructure and strengthening of Al-Li-Cu-Mg alloys and MMCs: II. Modelling of yield strength. Acta Materialia, 1999, 47 (14): 3855-3868.

[176] Mahon G J, Howe J M, Vasudevan A K. Microstructural development and the effect of interfacial precipitation on the tensile properties of an aluminum/silicon-carbide composite. Acta Metallurgica et Materialia, 1990, 38 (8): 1503-1512.

[177] Mao X, Oh K H, Kang S H, et al. On the coherency of $Y_2Ti_2O_7$ particles with austenitic matrix of oxide dispersion strengthened steel. Acta Materialia, 2015, 89: 141-152.

[178] Hu P, Yang F, Wang K S, et al. Preparation and ductile-to-brittle transition temperature of the La-TZM alloy plates. International Journal of Refractory Metals & Hard Materials, 2015, 52: 131-136.

[179] 程开甲. 评价《界面电子结构与界面性能》. 自然科学进展, 2002, 12 (11): 1231-1232.

[180] 宫建红. 含硼金刚石单晶的微观结构、性能与合成机理的研究. 济南: 山东大学, 2006.

[181] 余瑞璜. The empirical electron theory of solids and molecules-equivalent valence electron hypothesis. A Monthly Journal of Science, 1981, 26: 506.

[182] 赵岩, 王丽雪, 迟春雷. 合金电子理论及其在钛合金研究中的应用. 黑龙江工程学院学报, 2010, 24 (4): 51-54

[183] Zhang S, Kontsevoi O Y, Freeman A J, et al. First principles investigation of zinc-induced embrittlement in an aluminum grain boundary. Acta Materialia, 2011, 59 (15): 6155-6167.

[184] 余瑞璜. 固体与分子经验电子理论. 科学通报, 1978, 26(4): 206-209.

[185] Smallman R E, Ngan A H W. Mechanical properties II: Strengthening and toughening. Physical Metallurgy & Advanced Materials Engineering, 2007: 385-446.

[186] 杨秦莉, 赵虎, 庄飞. Mo-La 合金棒烧结密度的影响因素浅析. 中国钨业, 2011, 26 (6): 43-46.

[187] Bogy D B. On the plane elastostatic problem of a loaded crack terminating at a material interface. Journal of Applied Mechanics, 1971, 38 (4): 911-918.

[188] 李凡国, 于思荣. 颗粒增强金属基复合材料界面研究进展. 中国铸造装备与技术, 2015, (4): 43-46.

[189] Bai Y, Zhao L, Wang Y, et al. Fragmentation of in-flight particles and its influence on the microstructure and mechanical property of YSZ coating deposited by supersonic atmospheric plasma spraying. Journal of Alloys & Compounds, 2015, 632: 794-799.

[190] Wang L, Wang Y, Sun X G, et al. Thermal shock behavior of 8YSZ and double-ceramic-layer $La_2Zr_2O_7$ /8YSZ thermal barrier coatings fabricated by atmospheric plasma spraying. Ceramics International, 2012, 38(5): 3595-3606.

[191] Chaneliere C, Autran J L, Devine R A B, et al. Tantalum pentoxide (Ta_2O_5) thin films for advanced dielectric applications. Materials Science & Engineering R Reports, 1998, 22(6): 269-322.

[192] Wang C, Li K, Shi X, et al. High-temperature oxidation behavior of plasma-sprayed ZrO_2, modified La-Mo-Si composite coatings. Materials & Design, 2017, 128: 20-33.

[193] Song X, Liu Z, Kong M, et al. Thermal stability of yttria-stabilized zirconia (YSZ) and $YSZ-Al_2O_3$ coatings. Ceramics International, 2017, 43(16): 14321-14325.

[194] Cao X Q, Zhang Y F, Zhang J F, et al. Failure of the plasma-sprayed coating of lanthanum hexaluminate. Journal of the European Ceramic Society, 2008, 28(10): 1979-1986.

[195] Chen X, Cao X, Zou B, et al. Corrosion of lanthanum magnesium hexaaluminate as plasma-sprayed coating and as bulk material when exposed to molten V_2O_5 containing salt. Corrosion Science, 2015, 91: 185-194.

[196] Yang X, Liang S, Wang X, et al. Effect of WC and CeO_2 on micro structure and properties of W-Cu electrical contact material. Int. J. Refract. Met. H., 2010, 28(2): 305-311.

[197] Qian K, Liang S, Peng X, et al. *In situ* synthesis and electrical properties of CuW-La_2O_3 composites. Int. J. Refract. Met.H., 2012, 31: 147-151.

[198] Wu C, Yi D, Weng W, et al. Arc erosion behavior of Ag/Ni electrical contact materials. Mater. Des., 2015, 85: 511-519.

[199] Hu P, Hu B L, Wang K S, et al. Arc erosion behavior of La-doping titanium-zirconium-molybdenum alloy. J. Alloy Compd., 2016, 685: 465-470.

[200] Zheng X, Liu L, Zhang H, et al. Effect of oxide particle size on electron emission and vacuum arc characteristic of Mo-La_2O_3 cathode, Rare Metal. Mater. Eng., 2015, 44: 2114-2119.

[201] Wang J Q, Wang B Z. Study on the behavior of silver rare earth oxide contact material. Proceedings of the Forty-Sixth IEEE Holm Conference, 2000: 231-234.